21世纪高等教育规划教材

理论力学简明教程

（中、少学时）

主　编　孟庆东　钟云晴
副主编　韩淑洁　刘　会
参　编　高晓芳　夏培伟　闫　芳　高存平
主　审　王长连

机械工业出版社

本书是根据国家教育部审订的《理论力学教学基本要求》教学要求,总结长期教学实践经验,结合当前教学实际而编写的。

本书内容共 14 章,包括:静力学(静力学的基本概念和物体的受力分析、平面基本力系、平面任意力系、摩擦、空间力系)、运动学(点的运动学、刚体的基本运动、点的合成运动、刚体的平面运动)、动力学(质点及刚体的运动微分方程、达朗贝尔原理、动能定理、动量定理和动量矩定理、机械振动基础)三部分。书后附有几种常见刚体的重心(或形心)、均质物体的转动惯量和回转半径。

本书注重工程实际应用,在各章中精选了大量的易于学生理解的工程和生活实例,在各章后均有思考题和习题,以方便学生学习总结。

与本书配套的、亦由机械工业出版社出版的《理论力学辅导与习题解》,也可供使用本教材的学生复习、解题及教师备课时使用。

另外,为方便教与学,还制作了配套使用的电子课件,其内容包括电子教案、动画演示、实例分析、问题讨论等。

本书可作为机械类、近机类专业本、专科学生学习"理论力学"课程(中、少学时)的教学用书,还可供考研学生入学考试以及有关工程技术人员参考。

图书在版编目(CIP)数据

理论力学简明教程(中、少学时)/孟庆东,钟云晴主编. —北京:机械工业出版社,2012.1(2025.8 重印)
21 世纪高等教育规划教材
ISBN 978-7-111-36503-7

Ⅰ. ①理… Ⅱ. ①孟… Ⅲ. ①理论力学-高等学校-教材 Ⅳ. ①O31

中国版本图书馆 CIP 数据核字(2011)第 242841 号

机械工业出版社(北京市百万庄大街 22 号　邮政编码 100037)
策划编辑:张金奎　责任编辑:张金奎　版式设计:霍永明
责任校对:张　媛　封面设计:张　静　责任印制:单爱军
北京华宇信诺印刷有限公司印刷
2025 年 8 月第 1 版第 10 次印刷
184mm×260mm・12.5 印张・307 千字
标准书号:ISBN 978-7-111-36503-7
定价:34.00 元

电话服务　　　　　　　网络服务
客服电话:010-88361066　机 工 官 网:www.cmpbook.com
　　　　　010-88379833　机 工 官 博:weibo.com/cmp1952
　　　　　010-68326294　金 书 网:www.golden-book.com
封底无防伪标均为盗版　机工教育服务网:www.cmpedu.com

前　言

"理论力学"是高等理工科院校普遍开设的一门技术基础课，是后续力学课程和相关专业课程的基础。在我国高等教育的改革与发展中，学校的层次和类型不断增加，不同学校和专业对理论力学课程提出了不同的要求，课程的学时一般有所减少；同时，随着高等教育的普及化，学生的基础知识情况也发生了一些变化。为满足这些变化所产生的对教材的新的需求，特编写了可作为高校的机械、土建、水利、动力等专业学生的中、少学时（60学时左右）的《理论力学简明教程》。略去带星号"*"标记的章节后，也可用作其他专业少学时"理论力学"课程的教材。本书亦可作成人高校、高职高专的理论力学教材及有关工程技术人员的参考书。

在本书的编写过程中，紧密结合了当前力学教学改革的需要，既注意学习、吸收有关院校力学课程改革的成果，又尽量反映著作者长期教学积累的经验与体会，严格把握读者定位，力求概念清晰，论证严谨，叙述简要。在阐明基本概念和基本理论的基础上，为突出工程实际，书中列举了较多实例。

学生学习"理论力学"中普遍感到的困难是在于如何独立地解题，针对这一问题，在各章节中选用了较多的有代表性的例题，例题编排由易到难，并适度增加了综合性练习。在习题中体现基本理论和方法的应用。本书各章后均有思考题及习题，便于学生对知识的回顾与总结。

总之，归纳起来讲，本书具有下列特色：

1. 定位明确。本教材的基本使用对象为高校中上述专业的本、专科学生。而对于不同专业的需要，以及学有余力的学生和部分学生的考研需要，也编写标有"*"或"**"的加深、加宽内容，备选学。

2. 篇幅紧凑，内容精练。教材内容以课程基本要求为主，在理论体系上不过分追求严谨，基本概念、原理的阐述简明准确，力求通俗易学。例如简化公式推导，贯彻"以应用为目的"的原则等。

3. 针对本课程是在大学低年级开设的一门技术基础课，学生尚缺乏工程实际知识的特点，在书中提供了众多日常生活和工程实例的立体图例及其相关图片，以激发学习兴趣，提高想象力。

4. 在例题和习题选材中，也尽量选自生活中和工程实际中常见到的、易理解的题目，有利于学生解题能力的培养。例题的分析和解题过程叙述详尽，思路清晰，对每类问题一般都做了归纳性的解题方法小结。

5. 除重视基本理论分析外，特别注重理论的应用，如题型的归纳和分析、难点的剖析等。

6. 为方便教与学，还编写出版了与本书配套的《理论力学辅导与习题解》，以方便于自学、函授及远程教育学员学习，也可供教师备课，尤其在扩展教学内容时参考。

7. 针对高校对学生掌握外语的要求日益提高，本书对遇到的常用力学专业的名词术语标注了英语，这样不仅可以帮助学生更准确地理解名词术语含义，同时也使他们得到专业英语的实践锻炼，利于他们今后阅读相关英文资料。

特别值得一提的是，本书对平面静定桁架内力的传统求解方法作了修改，摒弃了"截面法"，取而代之的是"局部法"。这样处理避免了由于直接引自"结构力学"而导致前后知识衔接的不对称，更适合学生的现有程度。因此，这是本教材有别于传统的《理论力学》的又一特色。

另外，为方便教学，本书还配套了电子课件，供选用本教材的教师免费下载（www.cmpedu.com），内容包括了电子教案、动画演示、实例分析和问题讨论等。

本书由孟庆东、钟云晴主编并统稿；韩淑洁、刘会为副主编。参加编写的还有高晓芳、夏培伟、闫芳、高存平。

本书承蒙王长连教授主审，并提出一些宝贵意见。在编写中，我们曾借鉴、引用了许多国内外兄弟院校的有关教材、参考书中的资料、图表或题例；参阅了许多专著和文献。本书的出版还得到了机械工业出版社和有关院校的大力支持与协助。对上述单位和个人谨此一并表示衷心感谢。

限于作者的水平，书中难免存在疏漏、缺点和不妥之处，敬请广大读者批评指正。

编　者

目 录

前言
绪论 …………………………………………… 1
第一篇　静力学 ……………………………… 3
引言 …………………………………………… 3
第一章　静力学的基本概念和物体的
　　　　受力分析 …………………………… 3
　　第一节　静力学基本概念 ……………… 3
　　第二节　力的四个公理及刚化原理 …… 5
　　第三节　约束和约束力 ………………… 8
　　第四节　物体的受力分析与受力图 …… 12
　　思考题 …………………………………… 15
　　习题 ……………………………………… 16
第二章　平面基本力系 ……………………… 18
　　第一节　平面汇交力系 ………………… 18
　　第二节　平面力对点之矩 ……………… 25
　　第三节　平面力偶系 …………………… 28
　　思考题 …………………………………… 31
　　习题 ……………………………………… 31
第三章　平面任意力系 ……………………… 35
　　第一节　力的平移定理 ………………… 35
　　第二节　平面任意力系的简化与平衡 … 36
　　第三节　平面平行力系的平衡方程 …… 42
　　第四节　静定与超静定的概念　物体系统
　　　　　　的平衡问题 …………………… 43
　*第五节　平面静定桁架的内力计算 …… 46
　　思考题 …………………………………… 50
　　习题 ……………………………………… 50
第四章　摩擦 ………………………………… 54
　　第一节　滑动摩擦 ……………………… 54
　　第二节　考虑滑动摩擦的平衡问题 …… 57
　*第三节　滚动摩阻简介 ………………… 59
　　思考题 …………………………………… 61
　　习题 ……………………………………… 61
第五章　空间力系 …………………………… 64
　　第一节　力在空间直角坐标轴上的投影
　　　　　　及其计算 ……………………… 64

　　第二节　力对轴之矩　合力矩定理 …… 65
　　第三节　空间任意力系的平衡方程 …… 67
　　第四节　空间平衡力系的平面解法 …… 69
　　第五节　重心和形心 …………………… 71
　　思考题 …………………………………… 75
　　习题 ……………………………………… 75
第二篇　运动学 ……………………………… 78
引言 …………………………………………… 78
第六章　点的运动学 ………………………… 79
　　第一节　描述点运动的矢径法 ………… 79
　　第二节　描述点运动的直角坐标法 …… 80
　　第三节　描述点运动的自然法 ………… 83
　　思考题 …………………………………… 87
　　习题 ……………………………………… 88
第七章　刚体的基本运动 …………………… 91
　　第一节　刚体的平行移动 ……………… 91
　　第二节　刚体绕定轴转动 ……………… 92
　　第三节　定轴转动刚体上点的速度和加
　　　　　　速度 …………………………… 93
　　第四节　刚体基本运动问题的举例 …… 95
　　思考题 …………………………………… 97
　　习题 ……………………………………… 98
第八章　点的合成运动 ……………………… 100
　　第一节　点的合成运动的概念 ………… 100
　　第二节　点的速度合成定理 …………… 101
　*第三节　点的加速度合成定理 ………… 104
　　思考题 …………………………………… 106
　　习题 ……………………………………… 106
第九章　刚体的平面运动 …………………… 109
　　第一节　刚体平面运动的运动特征与运
　　　　　　动分解 ………………………… 109
　　第二节　平面图形上点的速度分析 …… 110
　*第三节　用基点法求平面图形内各点的
　　　　　　加速度 ………………………… 114
　　思考题 …………………………………… 115
　　习题 ……………………………………… 115
第三篇　动力学 ……………………………… 118

引言 …………………………………………… 118
第十章　质点及刚体的运动微分方程 … 119
第一节　动力学基本定律 ………………… 119
第二节　质点运动微分方程及其应用 …… 120
第三节　刚体定轴转动的微分方程及转
动惯量 ……………………………… 125
思考题 ……………………………………… 130
习题 ………………………………………… 130
第十一章　达朗贝尔原理（动静法） … 134
第一节　惯性力与质点的达朗贝尔原理 … 134
*第二节　刚体惯性力系的简化 …………… 137
第三节　用动静法解质点系统动力学问
题的应用举例 …………………… 139
第四节　定轴转动刚体轴承的附加动约
束力 ……………………………… 141
思考题 ……………………………………… 142
习题 ………………………………………… 142
第十二章　动能定理 ……………………… 146
第一节　力的功 …………………………… 146
第二节　功率与机械效率 ………………… 149
第三节　动能 ……………………………… 150
第四节　动能定理 ………………………… 153
思考题 ……………………………………… 156
习题 ………………………………………… 157

第十三章　动量定理和动量矩定理 …… 160
第一节　动量定理 ………………………… 160
第二节　质心运动定理和质心运动守恒
定律 ……………………………… 163
第三节　动量矩定理 ……………………… 167
第四节　刚体的平面运动微分方程 ……… 170
第五节　动力学普遍定理的综合应用 …… 171
思考题 ……………………………………… 173
习题 ………………………………………… 174
*第十四章　机械振动基础 ……………… 177
第一节　单自由度系统的自由振动 ……… 177
第二节　单自由度有阻尼的自由振动 …… 180
*第三节　单自由度系统的强迫振动 …… 182
第四节　隔振 ……………………………… 185
思考题 ……………………………………… 187
习题 ………………………………………… 188
附录 …………………………………………… 190
附录 A　几种常见刚体的重心（或
形心）…………………………… 190
附录 B　均质物体的转动惯量和回转
半径 ……………………………… 191
附录 C　关于习题参考答案的说明 ……… 192
参考文献 …………………………………… 193

绪 论

一、理论力学的研究内容和任务

理论力学是研究物体机械运动一般规律的一门学科。

运动是物质的固有属性。大至宇宙，小至基本粒子，无不处在不断运动变化之中，没有不运动的物质，也不能离开物质谈运动。物质的运动有多种形式，从简单的位置变动到复杂的思维活动，呈现出多种多样的运动形态，如天体的运动，飞机、车辆、机器等的运动，发热发光等物理现象，化合与分解等化学变化，生命的生长过程以及社会现象等，这一切都是物质运动的不同表现形式。对各种物质和各种运动形式以及它们之间的相互转化规律的研究，形成了许多科学的分支。机械运动是指物体在空间的位置随时间的变化过程。机器上零件的旋转或移动，飞机、舰艇、车辆的运动，地球围绕太阳的公转和本身的自转，地震时地壳的振动，空气相对飞机等的运动，地层中石油的流动等都是机械运动的现象。对各种不同形态的机械运动的研究产生了不同的力学分支。理论力学是研究机械运动的最普遍和最基本规律的学科。因此，理论力学既是各门力学学科的基础，又是各门与机械运动密切联系的工程技术学科的基础。

理论力学原是物理学的一个独立的分支，但它的内容远远超过了物理学中力学的内容。理论力学不仅要建立与力学有关的各种基本概念与理论，而且要求能运用理论知识去解决某些工程实际问题。理论力学所研究的力学规律仅限于经典力学范畴，一般认为，经典力学是以牛顿定律为基础建立起来的力学理论。它仅适用于运动速度远小于光速的宏观物体的运动。绝大多数工程实际问题都属于这个范围。至于速度接近于光速的宏观物体和微观粒子的运动，则是相对论和量子力学研究的范畴。

理论力学内容由三部分组成：静力学、运动学和动力学。各部分研究内容如下：

静力学：研究力系的简化以及物体在力系作用下的平衡规律，即物体平衡时作用力所应满足的条件。

运动学：从几何观点研究物体的运动（如轨迹、速度、加速度），而不研究引起物体运动的物理原因。

动力学：研究物体的运动变化与作用于物体的力之间的关系。

其中的静力学可视为动力学的一种特殊情况，但由于工程技术发展的需要，静力学积累了丰富的内容而成为一个相对独立的组成部分。

二、学习理论力学的目的

理论力学研究的是力学中最普遍和最基本的规律，同时又是与工程实际有着密切关系的一门技术基础课。有些工程实际问题，可以直接应用理论力学的概念、理论和结论去解决；有些比较复杂的工程实际问题，则需要理论力学和其他专门知识共同解决。因此，学习理论力学将为解决工程实际问题打下一定的理论基础。

学习理论力学的另一个重要的目的，就是为一些后续课程的学习打下基础，如材料力学、机械原理、机械零件、结构力学、弹塑性力学、流体力学、飞行力学、振动理论、断裂力学等许多技术基础课程和专业课题，都要用到理论力学的知识。此外，随着科学技术的迅速发展，理论力学除了向纵深发展形成许多力学学科以外，还越来越多地横向渗入到其他学科而形成新的边缘学科，如地质力学、生物力学、化学流体力学、物理力学、爆炸力学等。因此，学习理论力学将为其他课程的学习和探索新的科学领域奠定基础。

三、理论力学的研究方法

通过实践发现、证实和发展真理是任何一门科学研究和发展所遵循的客观规律。

理论力学的形成和发展同样遵循着"实践—理论—实践"的辩证认识论的过程。观察和实验是理论力学发展的基础。通过观察和实验，经过分析、归纳和综合，人们可从复杂的自然现象中，突出影响事物发展的主要因素，并且能够定量地测定各个因素之间的关系，概括形成理论，并且又经过反复实践，得到证实和发展，总结出力学的最基本的规律。

抽象化方法是形成和建立力学概念和理论的重要方法，也是理论力学研究中普遍采用的方法。任何实际的自然现象和问题都与周围事物有很复杂的联系，人们在研究复杂的客观事物时，必将观察到各种复杂的相关因素，抓住事物本质性的因素，撇开一些次要的因素，抽象为对自然界和工程技术中复杂的实际研究对象合理简化的力学模型。例如，在研究物体受力时，可以忽略物体自身的变形，认为是不变形的物体（这样的物体称为"刚体"）。由于有了这样的性质，理论力学中在对物体进行受力分析时，问题得到简化。

四、理论力学的学习环节

理论力学是理论严谨、概念抽象、系统性较强的一门技术基础课。因此准确理解和掌握基本概念，熟悉基本定理和公式，并能正确、灵活应用是学好理论力学的关键。理论力学又是应用性较强的技术基础课，为了加深对概念和理论的理解，必须独立完成足够数量的习题，这是达到本门课程要求的重要环节。解题时必须运用所学的概念和理论，有理有据地按步骤进行，力求做到融会贯通、深化认识，达到应有的学习效果。

第一篇 静 力 学

引 言

静力学(statics)研究物体机械运动的特殊情况,即物体的平衡问题。所谓物体的平衡是指物体相对地球保持静止或匀速直线运动状态。如桥梁、高层建筑物、作匀速直线飞行的飞机等等都处于平衡状态。平衡是物体机械运动的一种特殊形式。

研究物体的平衡就是要研究物体在外力作用下平衡应满足的条件,以及如何应用这些条件解决工程实际问题。为此往往需要将作用于物体上较复杂的力系简化。所以,静力学主要是解决如下三方面问题:

(1) <u>物体的受力分析</u> 即分析物体共受多少力,哪些是已知力,哪些是未知力,以及每个力的大小、方向和作用线位置,以便对所要研究的力系有系统和全面的了解。

(2) <u>力系的简化</u> 即用一个简单的力系来等效替换一个复杂的力系,从而抓住不同力系的共同本质,明确力系对物体作用的总效果。

(3) <u>建立力系的平衡条件</u> 即研究物体平衡时,作用在物体上的各种力系所必须满足的条件。

在工程实际中存在着大量的静力学问题,例如,在对各种工程结构的构件(如梁、桥墩、屋架等)设计时,须用静力学理论进行受力分析和计算;在机械工程设计时,也要应用静力学知识分析机械零部件的受力情况作为强度计算的依据。对于运转速度缓慢或速度变化不大的构件的受力分析通常都可简化为平衡问题来处理。

另外,静力学中力系的简化理论和物体受力分析方法可直接应用于动力学和其他学科,而且动力学问题还可从形式上变换成平衡问题,应用静力学理论求解。

因此,静力学是工程力学的基础部分,不仅在力学理论上占有重要的地位,而且在工程中也有着极其广泛的应用。

第一章 静力学的基本概念和物体的受力分析

本章首先阐述作为静力学理论基础的几个基本概念和公理,然后介绍工程中常见的约束和约束力的分析及物体的受力图。本章是理论力学,乃至一切固体力学、工程设计计算的基础,是本课程中最重要的章节之一。

第一节 静力学基本概念

一、力的概念

1. 力的概念

力的概念是人们在生产实践中逐渐形成的。当人们用手推、举、掷物体时，手臂肌肉发生紧张和收缩。由对肌肉紧张收缩的感觉，逐渐产生了对力的感性认识。随着生产的发展，又逐渐认识到：物体运动状态的改变和物体的变形都是由于其他物体对该物体施加力的结果。这样，由感性到理性逐步建立了力的概念。

力是物体间的相互机械作用。这种作用，一般有两种情况。一种是通过物体间的直接接触产生的，例如机车牵引车厢的拉力、物体之间的压力、摩擦力和粘结力等。另一种是通过"场"对物体的作用，例如地球引力场对物体吸引产生的重力，电场对电荷产生的引力或斥力等。

2. 力的三要素

实践表明，力对物体的作用效果应取决于三个要素：即力的大小、力的方向和力的作用点，因而，力是<u>矢量</u>(vector)。可以用一个矢量来表示力的三要素，如图1-1所示。这个矢量的长度(AB)按一定的比例尺表示力的大小；矢量的方向表示力的方位和指向；矢量的始端(点 A)或末端(点 B)表示力的作用点；沿着矢量$\overrightarrow{AB}$的直线(图1-1中的虚线)称为力的作用线。我们常用粗体字 F 表示力矢量，而用普通字体 F 表示力的大小。

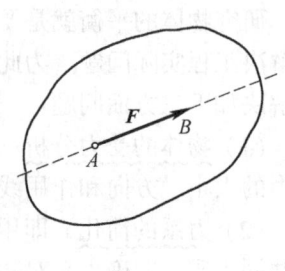

图 1-1

3. 力对物体的作用效应

力对物体的作用效果称为力的效应。力的效应可分为两类：一类是使物体运动状态发生变化，称为力的运动效应或<u>外效应</u>(external effect)；另一类是使物体形状或尺寸大小发生变化，称为力的变形效应或<u>内效应</u>(internal effect)。理论力学中把物体都假设为不变形的物体，因而只研究力的运动效应即力的外效应。

在国际单位制中，以"N"作为力的单位符号，称作牛[顿]。有时也以"kN"作为力的单位符号，称作千牛[顿]。

4. 集中力和载荷集度

作用于物体上某一点处的力称为<u>集中力</u>(concentrated force)，如图1-1所示的 F 力。

物体之间相互接触时，其接触处多数情况下并不是一个点，而是一个面。因此，无论是施力物体还是受力物体，其接触处所受的力都是作用在接触面上的，这种分布在一定面积上的力称为<u>分布力</u>。例如，水对容器内壁的压力就是分布力。分布力的大小用<u>载荷集度</u>(load density)表示，单位是 N/m^2 或 kN/m^2。而分布在长度、狭长面积或体积上的力可视为<u>线分布力</u>(linear distributed force)，其集度单位为 N/m 或 kN/m。图1-2表示在梁 AB 上沿长度方向作用着铅垂向下的均匀线分布力，其集度为 $q=2\ kN/m$。

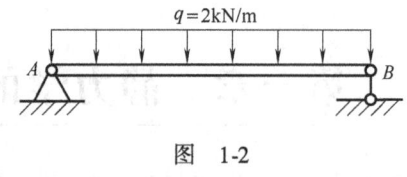

图 1-2

5. 力系、平衡力系、等效力系、合力的概念

作用于一个物体上的若干个力称为<u>力系</u>(force system)。如果作用于物体上的力系使物体处于平衡状态，则称该力系为<u>平衡力系</u>(equilibrium force system)。如果作用于物体上的力系可以用另一个力系代替，而不改变原力系对物体所产生的效应，则这两个力系互称为等效力系。如果一个力与一个力系等效，则称这个力为该力系的<u>合力</u>(the resultant of forces in system),而该力系中的每一个力称为合力的分力(a component of resultant force)。

二、刚体的概念

前面讲过,力对物体的效应,除了使物体的运动状态发生改变外,还使物体发生变形。在正常情况下,工程上的机械零件和结构构件在力的作用下发生的变形是很微小的,通常只有用专门的仪器才能测量出来。这种微小的变形在研究力对物体的外效应时影响极小,因此可以略去不计,这时就可以把物体看做是不变形的。在受力情况下保持形状和大小不变的物体称为刚体(rigid body)。刚体是对物体进行抽象后得到的一种理想模型,它可使理论推导和计算大大简化。

在静力学中不研究物体的内效应,只研究力的外效应,因而可将物体视为刚体。然而,当变形这一因素在所研究的问题中是处于主要地位时,即使变形量很小,也不能把物体看做是刚体。例如,在研究飞机的平衡问题或飞行规律时,我们可以把飞机视为刚体;但在研究机翼的震颤问题时,尽管机翼的变形非常小,但都必须把它看做可以变形的物体。又如,建筑工地上常见的塔式吊车(图1-3a),为使其具有足够的承载能力,对零部件及整体进行结构设计以确定其几何形状和尺寸时,就必须考虑其变形,不能把它们看做刚体。但是,为确保塔式吊车在各种工作状态下都不发生倾覆,计算所需的配重时,整个塔式吊车又可以视为刚体(图1-3b)。

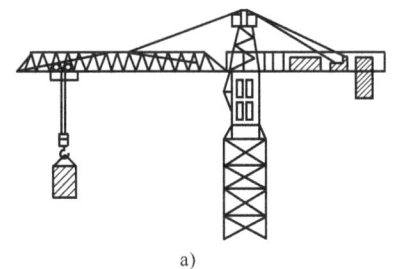
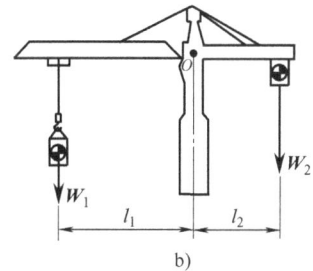

图 1-3

第二节 力的四个公理及刚化原理

一、力的四个公理

实践证明,力具有下述四个公理:

性质1:二力平衡公理(two force balance principle)

作用在刚体上的两个力,使刚体处于平衡的必要和充分条件是:这两个力的大小相等,方向相反,且作用在同一直线上。如图1-4所示,即

$$F_1 = -F_2 \tag{1-1}$$

二力平衡公理总结了作用在刚体上最简单的力系平衡时所必须满足的条件。它对刚体来说既必要又充分;但对非刚体,却是不充分的。如绳索受两个等值、反向的拉力作用可以平衡,而受两个等值、反向的压力作用就不平衡。

工程上将只受两个力作用而处于平衡的物体称为二力体(two force body)。二力杆在工程中是很常见的,如图1-5a所

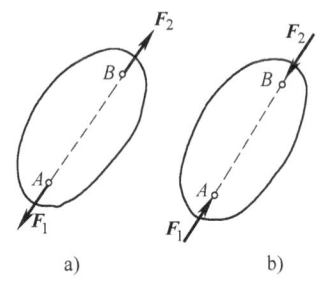

图 1-4

示结构中的 BC 杆，不计其自重时，就可视为二力杆（二力构件）或链杆。其受力如图 1-5b 所示。

性质 2：力的平行四边形公理（parallelogram rule of force）

作用在物体上同一点的两个力 F_1 和 F_2 可以合成为一个合力 F_R。合力的作用点也在该点，合力的大小和方向可由这两个力的力矢为邻边所构成的平行四边形的对角线矢量 F_R 确定。如图 1-6 所示，如果将原来的两个力 F_1 和 F_2 称为分力，此法则可简述为合力 F_R 等于两分力的矢量和，即

$$F_R = F_1 + F_2 \tag{1-2}$$

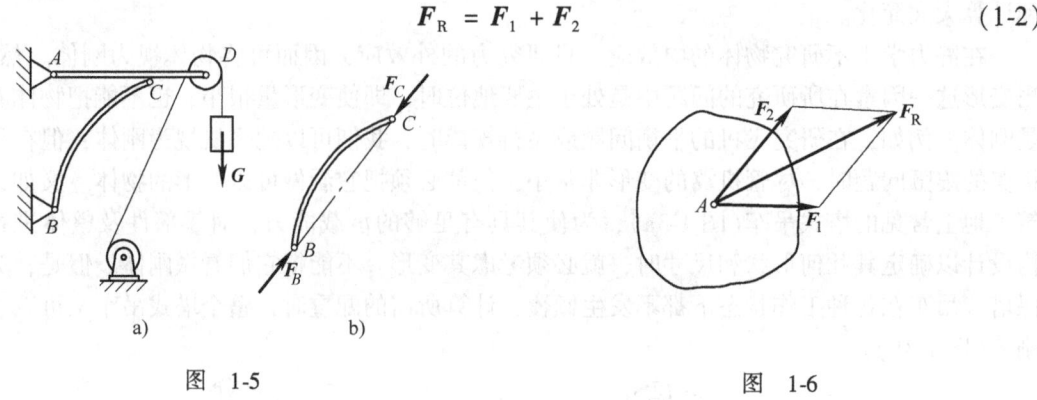

图 1-5　　　　　　　　　　　　图 1-6

这个公理总结了最简单的力系的简化规律，它是其他复杂力系简化的基础。

性质 3：加、减平衡力系公理（principle of add or reduce equilibrium force system）

在已知力系上加上或减去任意的平衡力系，并不改变原力系对刚体的作用。

这个性质的正确性也是很明显的，因为平衡力系对于刚体的平衡或运动状态没有影响。这个性质是力系简化的理论根据之一。

根据性质 3 可以导出如下两个推论：

推论 1：力在刚体上的可传性（transmissibility of force acting on rigid body）

作用在刚体上的某点的力，可以沿其作用线移到刚体内任意一点，而不改变该力对刚体的作用。该性质称为力在刚体上的可传性。

我们有这样的体会：在水平道路上用水平力 F 作用于 A 点推车或用 F 力作用于 B 点拉车（图 1-7）可以产生同样效果。

由此可见，对刚体来说，力的作用点已不是决定力的作用效果的要素，它可用力的作用线所代替，即力的三要素是：力的大小、方向和作用线。作用于刚体上的力可以沿其作用线移动，这种矢量称为**滑移矢量**（slip vector）。

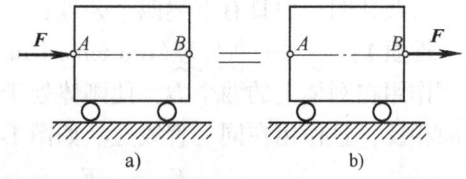

图 1-7

必须注意，加、减平衡力系原理和力的可传性只适用于刚体；不适用于变形体。

推论 2：三力平衡汇交定理（Three Equilibrium Theorem）

作用于刚体上三个相互平衡的力，若其中两个力的作用线汇交于一点，则此三力必在同一平面内，且第三个力的作用线通过汇交点。

证明：如图 1-8 所示，在刚体的 A、B、C 三点上，作用三个相互平衡的力 F_1、F_2、F_3。

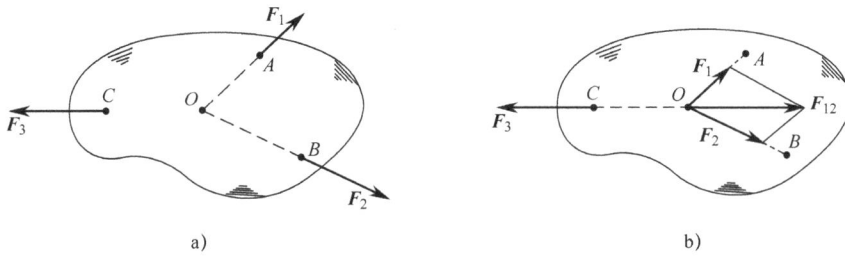

图 1-8

根据力的可传性，将力 F_1 和 F_2 移到汇交点 O，然后根据力的平行四边形规则，得合力 F_{12}。现刚体上只有力 F_{12} 和 F_3 作用。由于 F_{12} 和 F_3 两个力平衡必须共线，所以 F_3 必定与力 F_1 和 F_2 共面，且通过力的交点 O。于是定理得到证明。

性质4：作用力和反作用力公理

若将两物体间相互作用之一称为<u>作用力</u>（action force），则另一个就称为<u>反作用力</u>（reaction force）。两物体间的作用力与反作用力必定等值、反向、共线，分别同时作用于两个相互作用的物体上。

本公理阐明了力是物体间的相互作用，其中作用与反作用的称呼是相对的，力总是以作用与反作用的形式存在的，且以作用与反作用的方式进行传递。

这里应该注意二力平衡公理与作用力和反作用力公理之间的区别，前者叙述了作用在同一物体上两个力的平衡条件，后者却是描述两物体间相互作用的关系。读者试分析图1-9所示各力之间是什么关系。

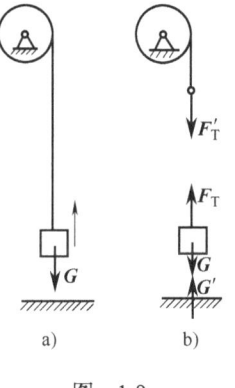

有时我们考察的对象是一群物体的组合，称之为<u>物体系统</u>（简称<u>物系</u>），物系外的物体与物系间的作用力称为系统外力，而物系内部物体间的相互作用力称为系统内力。系统内力总是成对出现且呈等值、反向、共线的特点，所以就物系而言，系统内力的合力总是为零。因此，系统内力不会改变物系的运动状态。但内力与外力的划分又与所取物系的范围有关，随着所取对象范围的不同，内力与外力是可以互相转化的。

图 1-9

二、刚化原理（principle of rigidization）

当变形体在已知力系作用下处于平衡时，如将此变形体变为刚体（刚化），则平衡状态保持不变。

这个原理提供了把变形体看做刚体模型的条件。处于平衡状态的变形体，我们总可以把它视为刚体来研究，这就建立了刚体力学与变形体力学之间的联系。

必须指出，刚体的平衡条件对于变形体来说，只是必要条件，而非充分条件。如图 1-10 所示，绳索在等值、反向、共线的两个拉力作用下处于平衡，如果将绳索刚化成刚体，其平衡状态保持不变。若绳索在两个等值、反向、共线的压力作用下并不能平衡，这时绳索就不能被刚化为刚体。而刚体在上述两

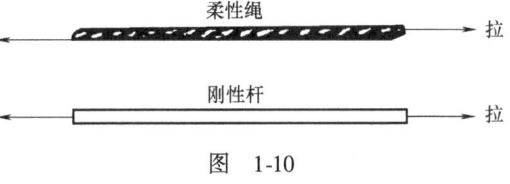

图 1-10

种力系的作用下都是平衡的。

由此可见，对于变形体的平衡来说，除了要满足刚体静力学的平衡条件外，还应该满足与变形体的物理性质有关的某些附加条件。

静力学的全部理论都可以由上述公理推证而得到，如前述的推论1和推论2。

第三节 约束和约束力

在分析物体的受力情况时，将力分为主动力和约束力。

工程上把能使物体产生某种形式的运动或运动趋势的力称为主动力（active force）（又称为载荷）。主动力通常是已知的，常见的主动力有重力、磁力、流体压力、弹簧的弹力和某些作用于物体上的已知力。

物体在主动力的作用下，其运动大多受到某些限制。对物体运动起限制作用的其他物体，称为约束物，简称为约束（constraint）。被限制的物体称为被约束物。如吊式电灯被电线限制使电灯不能掉下来，电线就是约束（物），电灯是被约束物。约束作用于被约束物的力称为约束力（constraint force），又称为反力。如电线作用于吊式电灯的力即为约束力。显然，约束力是由于有了主动力的作用才引起的，所以约束力是被动力。约束（物）是通过约束力来实现限制被约束物的运动的，所以约束力的方向总是与约束物所能阻止的运动方向相反。至于约束力的大小，则需要通过以后几章研究的平衡条件求出。

一、常见的约束形式和确定约束力的分析

1. 柔性约束

由绳索、链条或传动带等柔性物体构成的约束称为柔性约束（flexible constraint）。由于柔性物体本身只能受拉，不能受压，因此，柔性约束对物体的约束力，必沿着柔性物体的轴线方向，作用于连接点处，并背离被约束物体。这类约束力通常用 F_T 表示。如图1-11a所示的用绳子悬吊一重物 G，绳子对重物 G 的约束力为 F'_T。图1-11b所示的传动带对带轮的约束力为 $F_{T1}(F'_{T1})$ 和 $F_{T2}(F'_{T2})$。

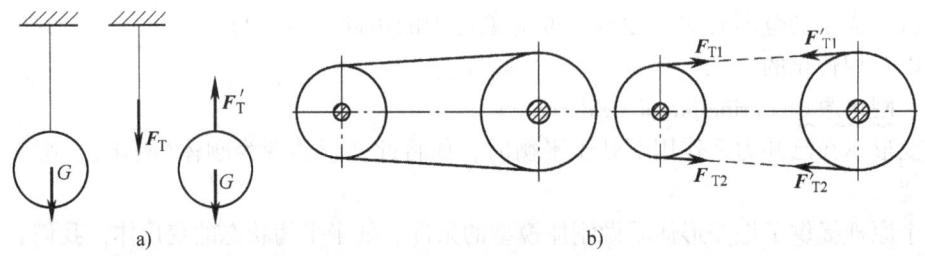

图 1-11

2. 光滑接触面（线、点）约束

当两物体的接触处摩擦力很小而忽略不计时，就可以认为接触面是"光滑"的，称为光滑接触面约束（smoothy contact constraint）。光滑面约束只能阻止物体在接触点处沿公法线方向压入接触面内部的位移（图1-12a），但不能限制物体沿接触面切线方向的位移，以及在接触点处沿公法线方向离开接触面的位移。所以，光滑面对物体的约束力，必然作用在接触处，方向沿接触面的公法线，并指向被约束物体，通常用符号 F_N 表示。

如果两物体在一个点或沿一条线相接触,且摩擦力可以略去不计,则称为光滑接触点或光滑接触线约束。例如图1-12b所示为一圆球(或圆柱)O放置在光滑圆球(或圆柱)A上,则A对O就构成约束。它们的约束力 F_N 作用在接触点(或接触线), F_N 应沿接触点(或接触线)的公法线,并指向受力物体。

3. 圆柱销铰链约束

将两零件A、B的端部钻孔,用圆柱形销钉C把它们连接起来,如图1-13a所示。如果销钉和圆孔是光滑的,且销钉与圆孔之间有微小的间隙,那么销钉只限制两零件的相对移动,而不限制两零件绕销钉轴线的相对转动。具有这种特点的约束称为铰链(hinge)。销钉与零件A、B相接触,实际上是两个光滑内孔与圆柱面相接触。按照光滑面约束的约束力特点,以零件A为例,销钉给A的约束力 F_R 应沿销钉与圆孔的接触点K的公法线,即沿孔的半径指向零件A(图1-13b)。但因接触点K一般不能预先确定,故约束力的指向也无法预先确定。在受力分析中常用通过孔中心的两个正交分力 F_x、F_y 来表示,如图1-13c所示。同理,若分析零件B,也可得到同样结果,只不过与上述力的方向相反。读者可自行验证。图1-13d所示为其简化图。

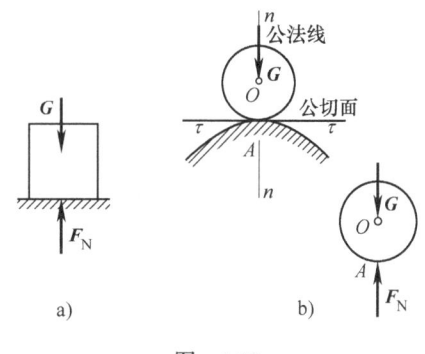

图 1-12

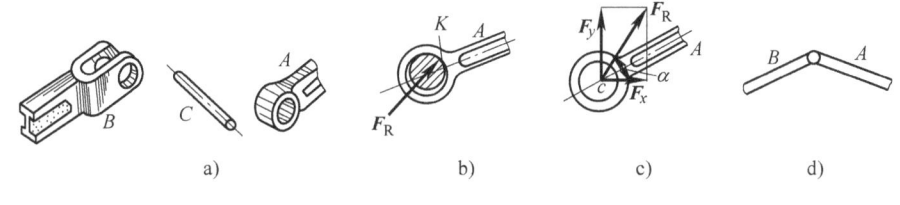

图 1-13

4. 圆柱销铰链支座约束

将构件连接在机器的底座上的装置称为支座(support)。用圆柱销钉将构件与底座连接起来,构成圆柱销铰链支座约束。如图1-14a所示的钢桥架A、B端用铰链支座支承。根据铰链支座与支承面的连接方式不同,分成固定铰链支座和活动铰链支座。

(1) 固定铰链支座 如图1-14a所示钢桥架A端的铰链支座为固定铰链支座(fixed hinge support)。其结构如图1-14b所示。它可用地脚螺栓将底座与固定支承面连接起来,如图1-14c所示。其约束力与铰链约束力有相同的特征,所以也可用两个通过铰心的正交分力 F_x、F_y 来表示。固定铰链支座的简图如图1-14d所示。

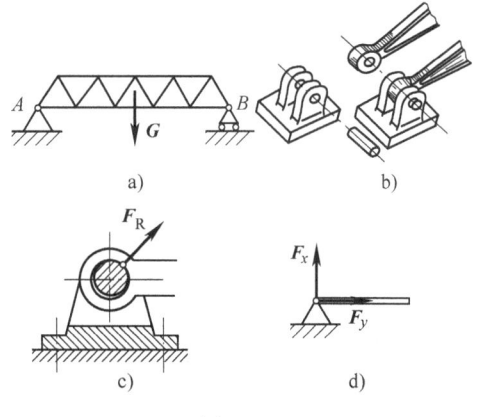

图 1-14

(2) 活动铰链支座 如果在支座和支承面之间有辊轴,就成为活动铰链支座(moved hinge support),又称辊轴支座(roller support)。如图1-14a钢桥架的B端支座即是。其结构如图1-15a所示,简图如图1-15b所示。这种支座的约束力 F_R 垂直于支承面,指向待定(图

1-15c)。

5. 径向轴承(向心轴承)

轴承约束是工程中常用的支撑形式，图1-16a即为径向轴承约束(bearing constrain)的示意图。轴可以在孔内任意转动，也可以沿孔的中心线移动；但是，

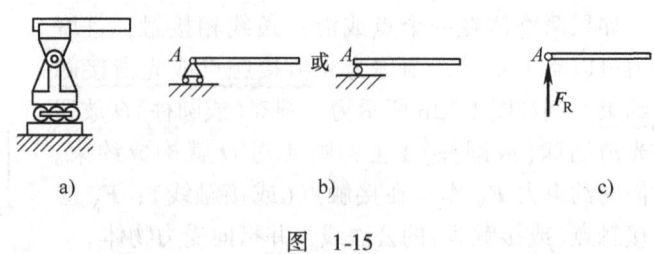

图 1-15

轴承阻碍着轴沿孔径向向外的位移。忽略摩擦力，当轴和轴承在某点 A 光滑接触时，轴承对轴的约束力 F_A 作用在接触点 A 上，且沿公法线指向轴心。由于接触点 A 不能预先确定，故用通过轴心的两个正交分力 F_x、F_y 来表示，如图1-16b、c所示。

除以上几种比较简单的常见约束外，还有固定端等形式的约束，将在适当的章节作介绍。

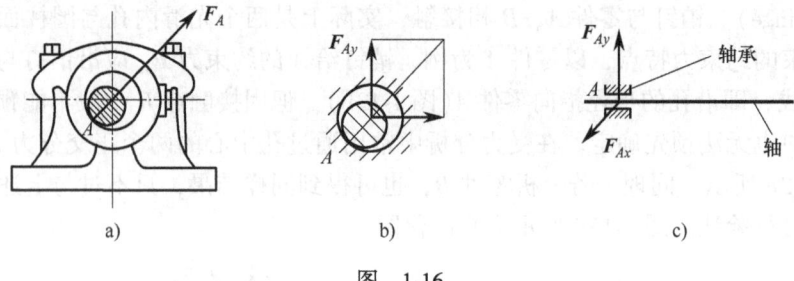

图 1-16

二、工程实物与模型的对应分析

图1-17a是一种固定铰链支座的实际图形，图1-17b是构件与支座连接示意图，图1-17c是简化模型。

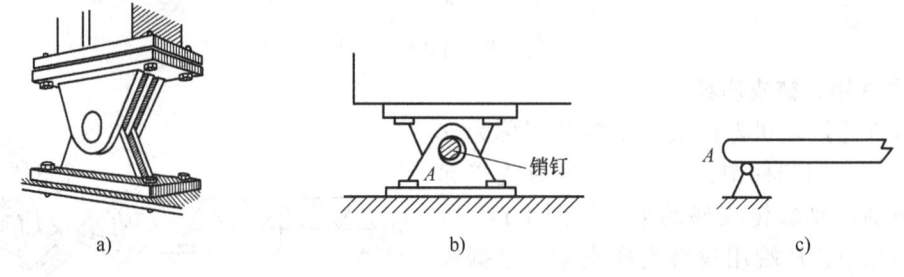

图 1-17

图1-18a是一种活动铰链支座的实际图形，图1-18b是活动铰链支座的示意图，图1-18c是简化模型。

图1-19a是推土机的图形。推土机刀架的 AB 杆可简化为二力杆。图1-19b是刀架的简

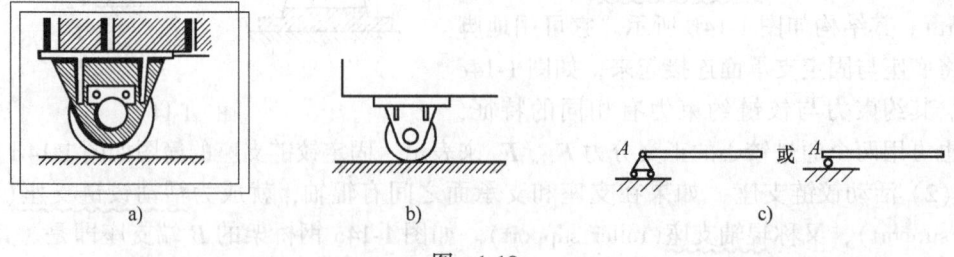

图 1-18

化模型图。二力杆只能阻止物体上与之连接的一点（A 点或 B 点）沿二力杆中心线、指向（或背离）二力杆的运动，其对 A 点产生的约束力如图 1-19c 所示。

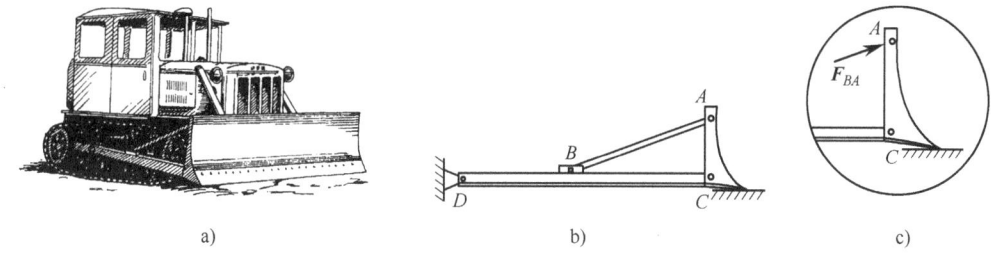

图　1-19

对于任何一个实际问题，在抽象为力学模型和作成计算简图时，一般须从三方面简化，即尺寸、荷载（力）和约束。例如，在图 1-20a 所示的房屋屋顶结构的草图中，在对屋架（工程上称为桁架）进行力学分析时，考虑到屋架各杆件断面的尺寸远比长度小，因而可用杆件中线代表杆件。各相交杆件之间可能用榫接、铆接或其他形式连接，但在分析时，可近似地将杆件之间的连接看做铰接。屋顶的荷载由桁条传至檩子，再由檩子传至屋架，非常接近于集中力，其大小等于两桁架之间和两檩子之间屋顶的荷载。屋架一般用螺栓固定（或直接搁置）于支承墙上。在计算时，一端可简化为固定铰链支座，一端可简化为活动铰链支座。最后就得到如图 1-20b 所示的屋架的计算简图。这样简化后求得的结果，对小型结构已能满足工程要求，对大型结构则可作为初步设计的依据。

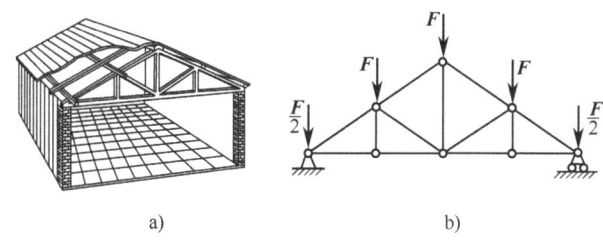

图　1-20

图 1-21a 是自卸载重汽车的原始图形。在进行分析时，首先应将原机构抽象成为力学模型，画出计算简图。例如，对于自卸载重汽车的翻斗，由于翻斗对称，故可简化成平面图形。再由翻斗可绕与底盘连接处 A 转动，故此处可简化为固定铰链支座。油压举升缸筒则可简化为二力杆。于是得到翻斗的计算简图 1-21b。

 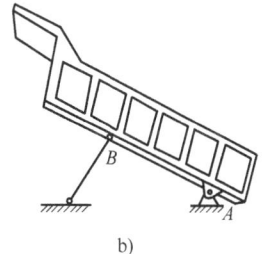

图　1-21

第四节 物体的受力分析与受力图

受力分析就是研究某个指定物体所受到的力(包括主动力和约束力),并分析这些力的三要素;将这些力全部画在图上。该物体称为研究对象,所画出的这些力的图形称为受力图(free-body diagram)。所以,受力分析的结果,体现在受力图上。画受力图的一般步骤为:

(1) 单独画研究对象轮廓 根据所研究的问题首先要确定何者为研究对象。研究对象是受力物,周围的其他物体是施力物。受力图上画的力来自施力物。为清楚起见,一般需将研究对象的轮廓单独画出,并在该图上画出它受到的全部外力。

(2) 画给定力 常为已知或可测定的,按已知条件画在研究对象上即可。

(3) 画约束力 是受力分析的主要内容。研究对象往往同时受到多个约束。为了不漏画约束力,应先判明存在几处约束;为了不画错约束力,应按各约束的特性确定约束力的方向,不要主观臆测。

对物体进行受力分析,即恰当地选取分离体并正确地画出受力图,是解决力学问题的基础,它不仅在本课程的学习中,而且在工程实际中都极为重要。若受力分析错误,据此所作的进一步计算必将出现错误的结果。因此,必须准确、熟练地画出受力图来。在画受力图时还必须注意以下几点:

(1) 物体系统中若有二力构件,分析物体系统受力时,应先找出二力构件,然后依次画出与二力构件相连构件的受力图,这样画出的受力图可得到简化。

(2) 当分析两物体间相互的作用力时,应遵循作用力与反作用力定律。若作用力的方向一旦假定,则反作用力的方向应与之相反。

(3) 研究由多个物体组成的物体系统(简称物系)时,应区分系统外力与内力。物系以外的物体对物系的作用称为系统外力,物系内各部分之间的相互作用力称为系统内力。同一个力可能由内力转化为外力(或相反)。例如,将汽车与拖车这个物系作为研究对象时,汽车与拖车之间的一对拉力是内力,受力图上不必画出;若以拖车这个物系为研究对象,则汽车对它的拉力是系统外力,应当画在拖车的受力图上。

下面举例说明物体受力分析和画受力图的方法。

【例1-1】 如图1-22a所示,画出球形物体的受力图。

【解】 取圆球为研究对象,画出其轮廓简图。首先画主动力 G,再根据约束特性,画约束力。圆球受到斜面的约束,如不计摩擦,则为光滑面接触,故圆球受斜面的约束力 F_N 的位置在接触点 A,方向沿斜面与球面的公法线方向并指向球心;圆球在连接点 B 受到绳索 BC 的约束力 F_T 沿绳索轴线而背离圆球。圆球受力图如图1-22b所示。

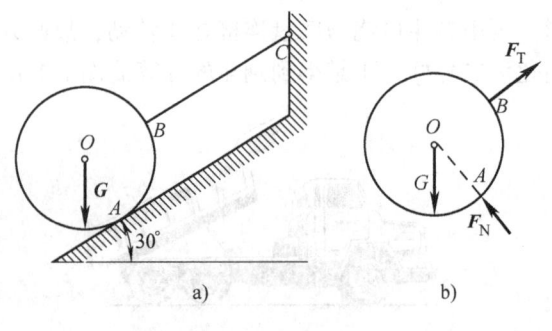

图 1-22

【例1-2】 简支梁 AB 如图1-23a所示。A 端为固定铰链支座,B 端为活动铰链支座,并支承在倾角为 α 的斜面上,在 AC 段受到垂直于梁轴线的均布载荷 q 的作用,梁在 D 点又受到与梁轴线成倾角 β 的载荷 F 的作用,梁的自重不计。试画出梁 AB 的受力图。

【解】 画出梁 AB 的轮廓(图 1-23b)。

画主动力，均布载荷 q 和集中载荷 **F**。

画约束力，梁在 A 端为固定铰链支座，约束力可以用 F_{Ax}、F_{Ay} 两个分力来表示；B 端为活动铰链支座，其约束反力 F_N 通过铰心而垂直于斜支承面。梁的受力图如图 1-23b 所示。

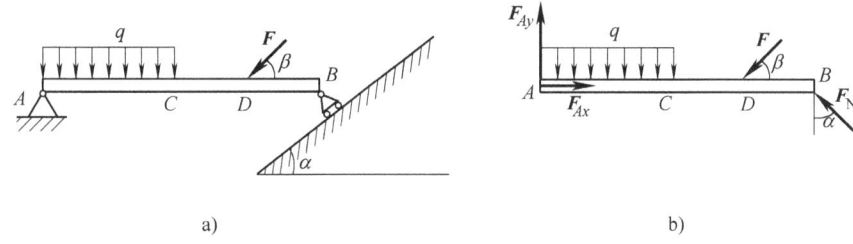

图 1-23

【例 1-3】 如图 1-24a 所示，水平梁 AB 用斜杆 CD 支承，A、C、D 三处均为光滑铰链连接。均质梁 AB 重为 G_1，其上放置一重为 G_2 的电动机。不计 CD 杆的自重。试分别画出横梁 AB(包括电动机)、斜杆 CD 及整体的受力图。

【解】 (1) 确定研究对象 分别以水平梁 AB、斜杆 CD 为研究对象并画出受力图。

水平梁 AB 受的主动力为 G_1、G_2；A 处为固定铰支座，约束力过铰链 A 的中心，方向未知，可用两个正交分力 F_{Ax} 和 F_{Ay} 表示。D 处为圆柱铰链，CD 杆为二力杆(设为受压的二力杆)，给梁 AB 在 D 点一个斜支反力 F_D，如图 1-24b 所示。斜杆 CD 是二力杆，作用于点 C、D 的二力 F_C、F'_D 大小等值，方向相反，作用线在一条直线上。CD 杆受力如图 1-24c 所示。

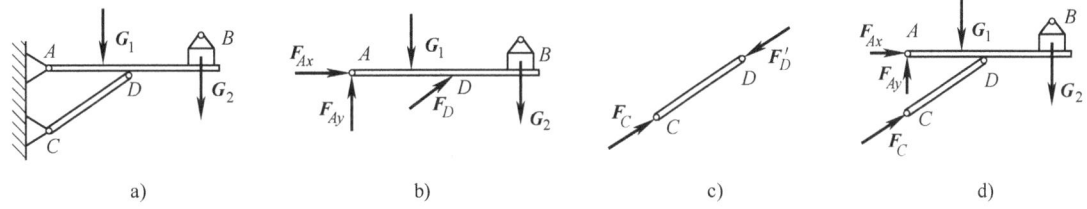

图 1-24

(2) 取整体为研究对象，并画其受力图 如图 1-24d 所示，先画出主动力 G_1、G_2，再画出 A 处固定铰链支座的约束力 F_{Ax} 和 F_{Ay}，以及 C 处的固定铰支座的约束力 F_C。

需要注意的是，整体受力图中某约束力的指向，应与局部受力图中(单件)同一约束力的指向相同。例如画 CD 杆的受力图时，已假定固定铰支座 C 的约束力为压力，在画整体的受力图时，C 处的约束力也应与之相同。

在整体的受力图中，没有画出铰支座 D 处的约束力(F_D 和 F'_D)，这一对约束力是整体的两部分(梁 AB、杆 CD)之间的相互作用力，对整体而言，属于内力。因此在整体的受力图上不应画出。

【例 1-4】 如图 1-25a 所示的三铰拱桥，由左右两拱铰接而成。设各拱自重不计，在拱 AC 上作用载荷 **F**。试分别画出拱 AC、BC 及整体的受力图。

【解】 此题与上题一样，是物体系统的平衡问题，需分别对各个物体及整体进行受力分析。

(1) 先分析拱 BC 的受力 拱 BC 受有铰链 C 和固定铰链支座 B 的约束，其约束力在 C、B 处各有 x 和 y 方向的约束力。但由于拱 BC 自重不计，也无其他主动力作用，所以在 C 和 B 处各只有一个约束力 F_C 和 F_B，故拱 BC 为二力构件。根据二力平衡原理，拱 BC 在两力 F_C 和 F_B 作用下处于平衡，其 F_C 和 F_B 二力的作用线应沿 C、B 两铰心的连线。至于力的指向，一般由平衡条件来确定。此处若假设拱 BC 受压力，则画出拱 BC 的受力如图 1-25b 所示。

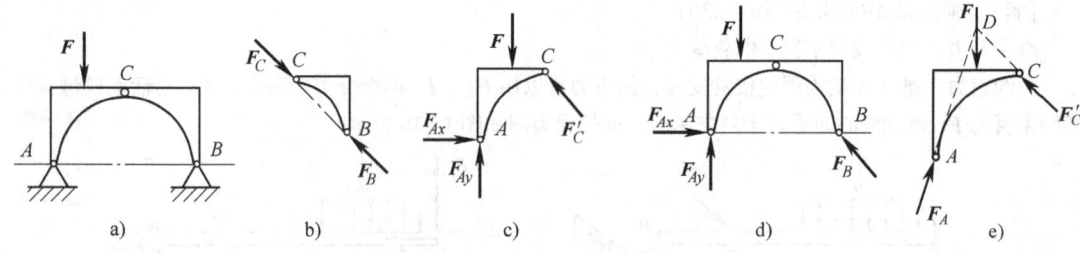

图 1-25

(2) 再取拱 AC 为研究对象　由于自重不计，因此主动力只有载荷 F。铰 C 处给拱 AC 的约束力 F'_C，根据作用和反作用定律，F_C 与 F'_C 等值、反向、共线，可表示为 $F_C = -F'_C$。拱 AC 在 A 处受有固定铰链支座给它的约束力，由于方向未定，可用两个大小未知的正交分力 F_{Ax} 和 F_{Ay} 来表示。此时拱 AC 的受力图如图 1-25c 所示。

(3) 取整体为研究对象　先画出主动力，只有载荷 F，再画出 A 处约束力 F_{Ax} 和 F_{Ay}，B 处约束力 F_B，画出整体受力图如图 1-25d 所示。

(4) 讨论　再进一步分析可知，由于拱 AC 在 F、F_A 及 F'_C 三个力作用下平衡，故也可以根据三力平衡汇交定理，确定铰链 A 处约束力 F_A 的方向。点 D 为力 F 和 F'_C 作用线的交点，当拱 AC 平衡时，约束力 F_A 的作用线必然通过点 D（图 1-25e）；至于 F_A 的指向，暂且假定如图 1-25e 所示，以后由平衡条件确定。

必须再次明确：画受力图是解决一切力学及机械设计等工程问题的基础，必须高度重视，正确、熟练地掌握。为此，下面再举两个较典型例题，按以上总结画受力图的解题思路，进一步巩固练习。

【**例 1-5**】　如图 1-26a 所示，梯子的两个部分 AB 和 AC 在点 A 处铰接，又在 D、E 两点处用水平绳连接。梯子放在光滑水平面上，若其自重不计，但在 AB 的中点 H 处作用一铅直载荷 F。试分别画出绳子 DE 和梯子的 AB、AC 部分以及整个系统的受力图。

【**解**】　(1) 绳子 DE 的受力分析　绳子两端 D、E 分别受到梯子对它的拉力 F_D、F_E 的作用（图 1-26b）。

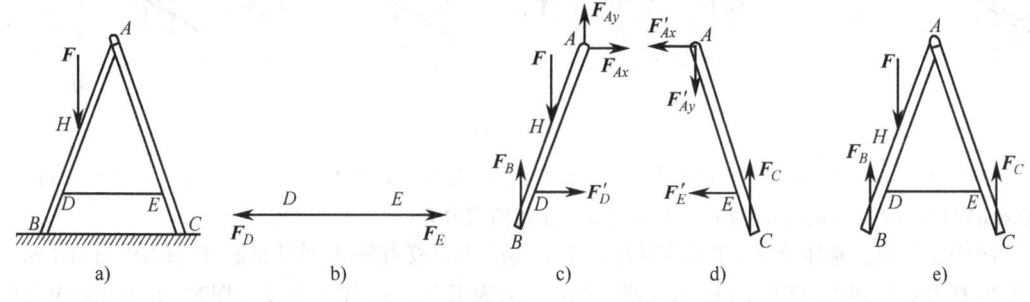

图 1-26

(2) 梯子 AB 部分的受力分析　它在 H 处受载荷 F 的作用，在铰链 A 处受到 AC 部分给它的约束力 F_{Ax} 和 F_{Ay}。在点 D 处受绳子对它的拉力 F'_D，F'_D 是 F_D 的反作用力。在点 B 处受光滑地面对它的法向约束力 F_B。梯子 AB 部分的受力图如图 1-26c 所示。

(3) 梯子 AC 部分的受力分析　在铰链 A 处受到 AB 部分对它的约束力 F'_{Ax} 和 F'_{Ay}，F'_{Ax} 和 F'_{Ay} 分别是 F_{Ax} 和 F_{Ay} 的反作用力。在点 E 处受到绳子对它的拉力 F'_E，F'_E 是 F_E 的反作用力。在 C 处受到光滑地面对它的法向约束力 F_C。梯子 AC 部分的受力图如图 1-26d 所示。

(4) 整个系统的受力分析　当选整个系统为研究对象时，可以把平衡的整个结构刚化为刚体。由于铰链 A 处所受的力互为作用力与反作用力关系，即 $F_{Ax} = -F'_{Ax}$，$F_{Ay} = -F'_{Ay}$；绳子与梯子连接点 D 和 E 所受的力也分别互为作用力与反作用力关系，即 $F_D = -F'_D$，$F_E = -F'_E$，这些力都成对地作用在系统内部，称为系统内力。系统内力对系统的作用效应相互抵消，因此可以被除去，并不影响整个系统的平衡，故内力在受力图上不必画出。在受力图上只需要画出系统以外的物体给系统的作用力，这种力称为系统外力。这里，载荷 F 和约束力 F_B、F_C 都是作用于整个系统的外力。整个系统的受力图如图 1-26e 所示。

应该指出，内力与外力的区分不是绝对的。例如，当我们把梯子的 AB 部分作为研究对象时，F_B、F_{Ax}、F_{Ay}、F'_D 和 F 均属于外力，但取整体为研究对象时，F_{Ax}、F_{Ay}、F'_D 又成为内力。可见，内力与外力的区分，只有相对于某一确定的研究对象才有意义。

*【例 1-6】 如图 1-27a 所示梁 AC 和 CD 用铰链 C 连接，并支承在三个支座上，A 处为固定铰链支座，B、D 处为活动铰支座，梁所受外力为 F，试画出梁 AC、CD 及整梁 AD 的受力图。

【解】 (1) 取 CD 为研究对象，画出分离体 CD 上受主动力 F，D 处为活动铰支座，其约束力垂直于支承面，指向假设向上；C 处为圆柱铰链约束，其约束力由两个正交分力 F_{NCx} 和 F_{NCy} 表示，指向假设如图 1-27b 所示（亦可用三力平衡汇交定理确定 C 处铰链约束力的方向，读者可自行绘制）。

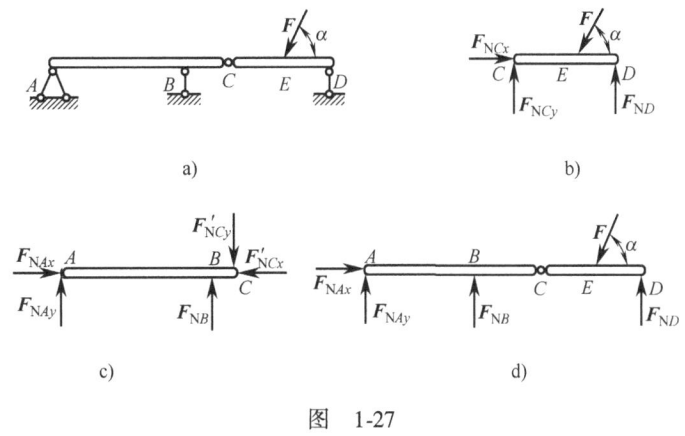

图 1-27

(2) 取 AC 梁为研究对象，画出分离体 A 处为固定铰支座，其约束力可用两正交分力 F_{NAx} 与 F_{NAy} 表示，箭头指向假设方向；B 处为活动铰支座，其约束力 F_{NB} 垂直于支承面，指向假设向上；C 处为圆柱铰链，其约束力 F'_{NCx} 和 F'_{NCy}，与作用在 CD 梁上的 F_{NCx} 与 F_{NCy} 是作用与反作用的关系。AC 梁的受力图如图 1-27c 所示。

(3) 取 AD 整梁为研究对象，画出分离体 其受力图如图 1-27d 所示，此时不必将 C 处的约束反力画上，因为它属内力。A、B、D 三处的约束反力同前。

思 考 题

1. 说明下列式子的意义和区别：
(1) $F_1 = F_2$；(2) $\boldsymbol{F}_1 = \boldsymbol{F}_2$；(3) 力 $\boldsymbol{F}_1$ 等效于力 $\boldsymbol{F}_2$。
2. 何谓约束？何谓约束力？已介绍过常见的约束有哪些？
3. 为什么说二力平衡条件、加减平衡力系原理和力的可传性等都只能适用于刚体？
4. 回答下列问题：
(1) 二力平衡条件与作用反作用定律都提到二力等值、反向、共线，二者有什么区别？
(2) 图 1-28a 中所示三铰拱架上的作用力 F 可否依据力的可传性原理把它移到 D 点？为什么？
(3) 图 1-28b、c 中所画出的两个力三角形各表示什么意思？二者有什么区别？
二力平衡条件、加减平衡力系原理等能否用于变形体？为什么？
(4) 只受两个力作用的构件称为二力构件，这种说法对吗？
(5) 确定约束力方向的基本原则是什么？

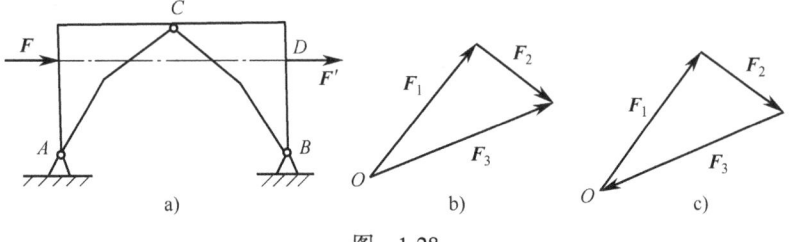

图 1-28

习 题

1-1 根据题 1-1 图所示各物体单件所受约束的特点，分析约束并画出它们的受力图。设各接触面均为光滑面，未画重力的物体表示重力不计。

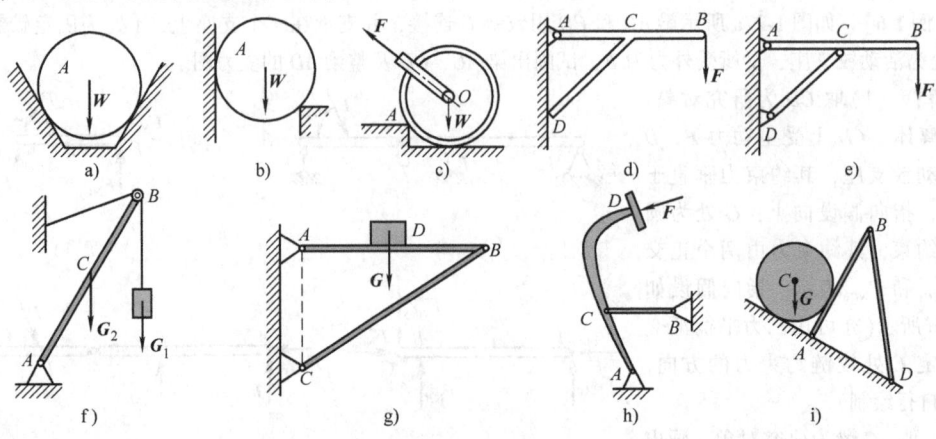

题 1-1 图

1-2 画出题 1-2 图所示各物体系统的单件及整体受力图。设各接触面均为光滑面，未画重力的物体表示重量不计。

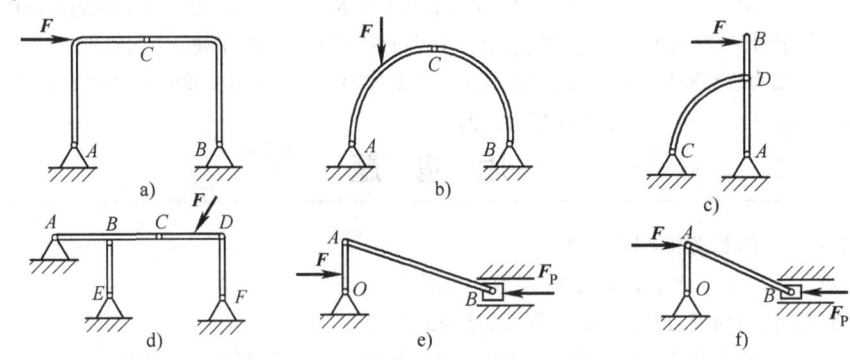

题 1-2 图

1-3 画出题 1-3 图所示各物体系统的单件及整体受力图。设各接触面均为光滑面，各物体重量不计。

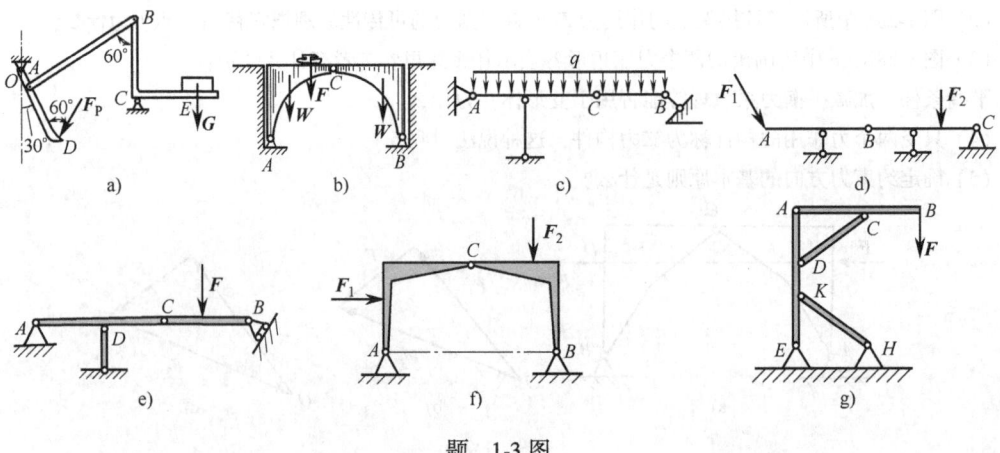

题 1-3 图

1-4 画出题 1-4 图所示物体系统中各物体及整体的受力图。

1-5 画出题 1-5 图所示物体系统中各物体及整体的受力图。

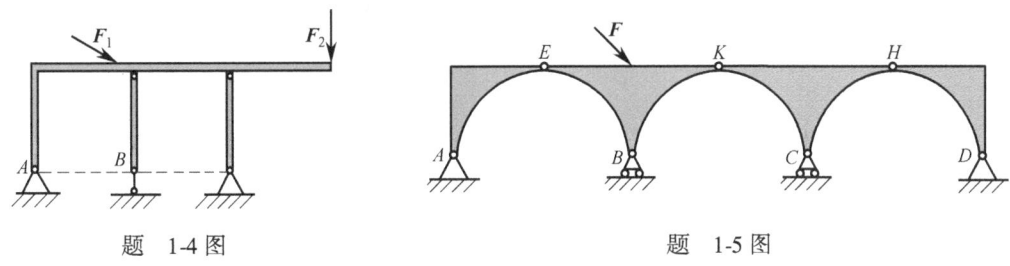

题 1-4 图   题 1-5 图

*1-6 简易起重机如题 1-6 图所示，梁 ABC 一端 A 用铰链固定在墙上，另一端装有滑轮并用杆 CE 支撑，梁上 B 处固定一卷扬机 D，钢索经定滑轮 C 起吊重物 H。不计梁、杆、滑轮的自重，设备接触面均为光滑面。试画出重物 H、杆 CE、滑轮、销钉 C、横梁 ABC 及整体系统的受力图。

*1-7 如题 1-7 图所示结构，不计各构件自重，设各接触面均为光滑面。要求画出各构件受力图、整体受力图及 ACO 与 CED 为一体的受力图。

*1-8 如题 1-8 图所示油压夹紧装置，设各接触面均为光滑面。试分别画出活塞 A（和活塞杆 AB 一起）、滚子 B、压板 COD 和整个夹紧装置（不含活塞缸体）的受力图。

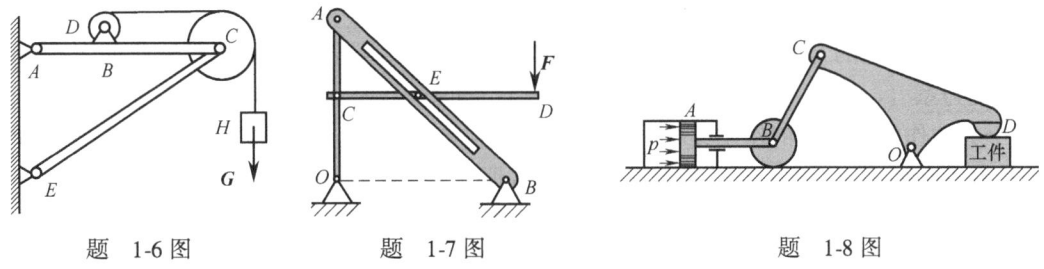

题 1-6 图   题 1-7 图   题 1-8 图

第二章　平面基本力系

在上一章对物体进行受力分析、画出受力图的基础上，接下来的问题是对作用在物体上的未知外力进行计算。

作用于物体上的力系是按照力的作用线在空间位置的分布而分类的。各力的作用线在同一平面内的力系称为平面力系（coplanar force system），在空间分布的力系称为空间力系（Space force system）。

本章先研究两个简单的力系——平面汇交力系和平面力偶系的简化与平衡问题，它们是研究复杂力系的基础，通常称之为基本力系（basic force system）。

第一节　平面汇交力系

一、平面汇交力系的概念与实例

作用于物体上的力系，若各力的作用线在同一平面内，且汇交于一点，这样的力系称为平面汇交力系（coplanar concurrent forces system）。如图 2-1 所示，起重机挂钩受 F_{T1}、F_{T2} 和 F_{T3} 三个力的作用，三力的作用线在同一平面内且汇交于一点。再如图 2-2a 所示的自重为 G 的锅炉搁置在砖墩 A、B 上时，受力图如图 2-2b 所示。这些都是平面汇交力系的实例。

研究平面汇交力系的目的，一方面为了解决工程实际中的这类问题，另一方面也为研究更复杂的力系打下基础。

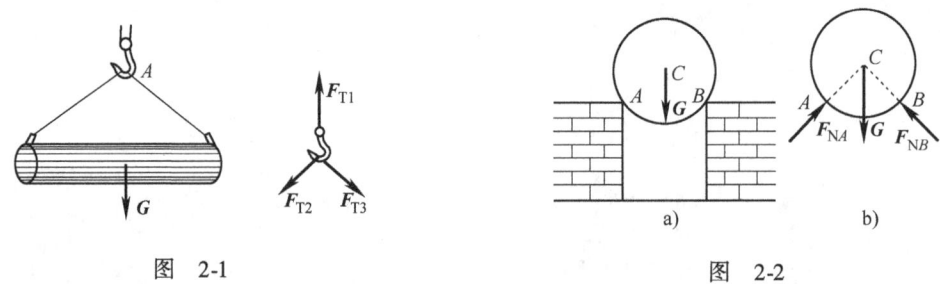

图　2-1　　　　　　　　　　　　图　2-2

二、平面汇交力系的简化

1. 平面汇交力系简化（合成）的几何法——力多边形法则

（1）两汇交力合成的三角形法则

设力 F_1 与 F_2 作用于某刚体上的 A 点，则由前述可知，以 F_1、F_2 为邻边作平行四边形，其对角线即为它们的合力 F_R，并记作 $F_R = F_1 + F_2$，如图 2-3a 所示。

为简便起见，作图时可省略 AC 与 DC，直接将 F_2 连在 F_1 末端，通过三角形 ABD 即可求得合力 F_R，如图 2-3b 所示。此法就称为求两汇交力合力的三角形法则（the triangle principle）。按一定比例作图，可直接量得合力 F_R 的近似值，亦可按三角形的边角关系求出合力 F_R 之大小和方位角 φ_1。

（2）多个汇交力合成——力多边形法则

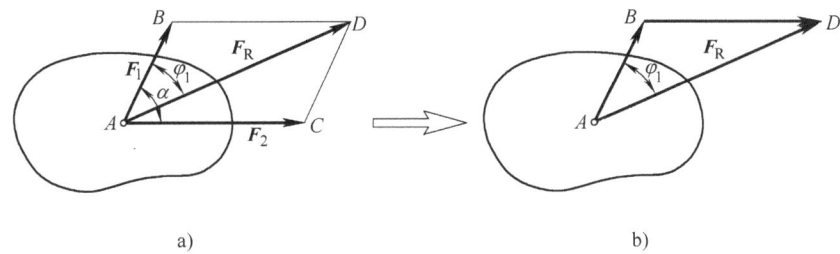

图 2-3

如果刚体上作用有 F_1，F_2，$\cdots$，F_n 等 n 个力组成的平面汇交力系（为简单起见，图2-4a 中只画出了三个力），欲求此力系的合力，使用力三角形法则。先从任一点 A 起画出力 F_1 和 F_2 的力三角形 ABC，求出它们的合力 F_{R1}，再画出 F_{R1} 和 F_3 的力三角形 ACD，求出 F_{R1} 和 F_3 这两力的合力 F_{R2}，就是整个平面汇交力系的合力 F_R（$F_R = F_{R2}$），如图2-4b 所示。由图2-4b 的作图过程略加分析可知，若我们的目的只是求合力 F_R 的大小和方向，中间合力、图中力矢 AC 可不必画出，而只需将力矢由 F_1 开始，沿同一环绕方向，首尾相接地顺次画出各力 F_1、F_2、F_3 的力矢 AB、BC 和 CD，形成一个由 F_1、F_2、F_3 组成的不封闭的多边形，最后自第一个力的始端引向最后一个力的末端作一力矢 F_{R2} 封闭该多边形。此"封闭边"就是力系的合力，不难看出亦即该平面汇交力系的合力 F_{R2}（$F_{R2} = F_R$）。这种用力多边形求汇交力系合力的方法，通常称为力的<u>多边形法则</u>。这种利用几何作图的方法将汇交力系简化的方法，称为<u>几何法</u>。

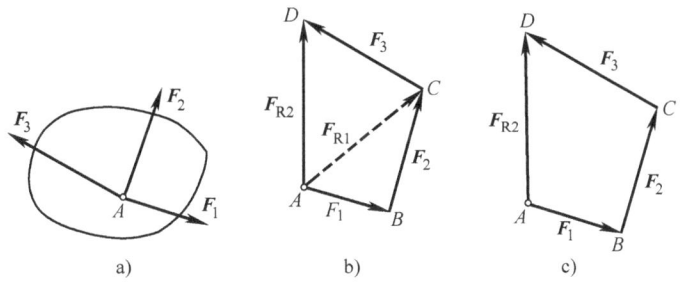

图 2-4

若采用矢量加法的定义，则可简写为

$$F_R = F_1 + F_2 + \cdots + F_n = \sum F \tag{2-1}$$

应用几何法解题时，必须恰当地选择力的比例尺，即取单位长度代表若干牛顿的力，并把比例尺注在图旁。

【例2-1】 如图2-5a 所示，环首螺钉上的作用力为 F_1 和 F_2。求合力的大小和方向。

【解】 若按力的平行四边形法则，由 F_1 和 F_2 构成的平行四边形如图2-5b 所示。两个未知量分别为 F_R 的大小和角度 θ。

若按力的三角形法则，则根据图2-5b，由 F_1 和 F_2 构成的三角形如图2-5c 所示。由余弦定理求 F_R：

$$F_R = \sqrt{(100\text{ N})^2 + (150\text{ N})^2 - 2(100\text{ N})(150\text{ N})\cos 115°}$$
$$= \sqrt{10000 + 22500 - 30000(-0.4226)}\text{ N} = 212.6\text{ N}$$

应用 F_R 的计算值，由正弦定理求得角度 θ 为

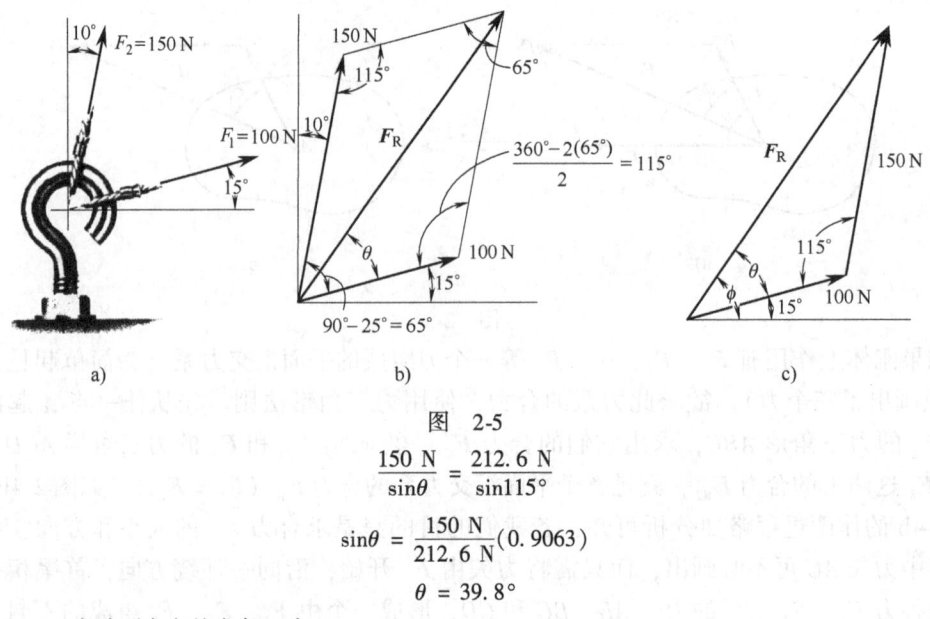

图 2-5

$$\frac{150 \text{ N}}{\sin\theta} = \frac{212.6 \text{ N}}{\sin 115°}$$

$$\sin\theta = \frac{150 \text{ N}}{212.6 \text{ N}}(0.9063)$$

$$\theta = 39.8°$$

因此，F_R 与水平方向的夹角 ϕ 为

$$\phi = 39.8° + 15.0° = 54.8°$$

2. 平面汇交力系简化（合成）的解析法

解析法的基础是力在坐标轴上的投影，它是利用平面汇交力系在直角坐标轴上的投影来求力系合力的一种方法。

（1）力在平面直角坐标轴上的投影

1）投影的概念。如图 2-6 所示，设已知力 F 作用于物体平面内的 A 点，方向由 A 点指向 B 点，且与水平线夹角为 α。相对于平面直角坐标系 Oxy，过力 F 的两端点 A、B 分别向 x 轴作垂线，垂足 a、b 在 x 轴上截下的线段 ab 就称为力 F 在 x 轴上的投影（projection），记作 F_x。

同理，过力 F 的两端点分别向 y 轴作垂线，垂足在 y 轴上截下的线段 $a_1 b_1$ 称为力 F 在 y 轴上的投影，记作 F_y。

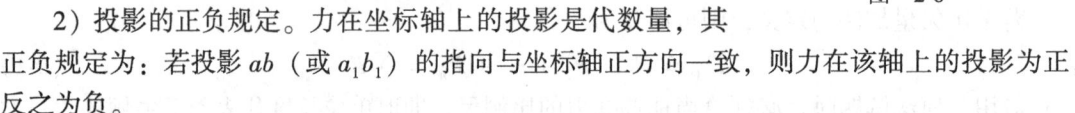

图 2-6

2）投影的正负规定。力在坐标轴上的投影是代数量，其正负规定为：若投影 ab（或 $a_1 b_1$）的指向与坐标轴正方向一致，则力在该轴上的投影为正，反之为负。

若已知力 F 与 x 轴的夹角为 α，则力 F 在 x 轴、y 轴的投影表示为

$$\left. \begin{array}{l} F_x = \pm F\cos\alpha \\ F_y = \pm F\sin\alpha \end{array} \right\} \tag{2-2}$$

3）已知投影求作用力。由已知力求投影的方法可推知，若已知一个力的两个正交投影 F_x、F_y，则这个力 F 的大小和方向为

$$F = \sqrt{F_x^2 + F_y^2}, \quad \tan\alpha = \left|\frac{F_y}{F_x}\right| \tag{2-3}$$

式中，α 表示力 F 与 x 轴所夹的锐角。

（2）合力投影定理　由力的平行四边形公理可知，作用于物体平面内一点的两个力可以合成为一个力，其合力符合矢量加法法则。如图 2-7 所示，作用于物体平面内 A 点的力 $\boldsymbol{F}_1$、$\boldsymbol{F}_2$，其合力 $\boldsymbol{F}_R$ 等于力 $\boldsymbol{F}_1$ 和 $\boldsymbol{F}_2$ 的矢量和，即

$$\boldsymbol{F}_R = \boldsymbol{F}_1 + \boldsymbol{F}_2$$

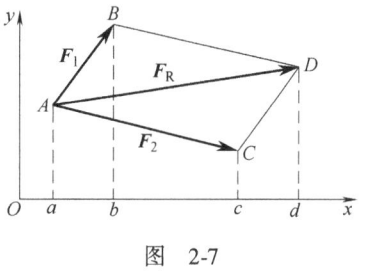

图　2-7

在力作用平面建立平面直角坐标系 Oxy，合力 $\boldsymbol{F}_R$ 和分力 $\boldsymbol{F}_1$、$\boldsymbol{F}_2$ 在 x 轴的投影分别为 $F_{Rx} = ad$，$F_{1x} = ab$，$F_{2x} = ac$。由图可见，$ac = bd$，$ad = ab + bd$。所以

$$F_{Rx} = ad = ab + bd = F_{1x} + F_{2x}$$

同理
$$F_{Ry} = F_{1y} + F_{2y}$$

若物体平面上一点作用着 n 个力 $\boldsymbol{F}_1$，$\boldsymbol{F}_2$，$\cdots$，$\boldsymbol{F}_n$，按力多边形法则，力系的合力等于各分力矢量的矢量和，即

$$\boldsymbol{F}_R = \boldsymbol{F}_1 + \boldsymbol{F}_2 + \cdots + \boldsymbol{F}_n = \sum_{i=1}^{n} \boldsymbol{F}_i$$

或简写成

$$\boldsymbol{F}_R = \boldsymbol{F}_1 + \boldsymbol{F}_2 + \cdots + \boldsymbol{F}_n = \sum \boldsymbol{F}$$

则合力的投影

$$\left. \begin{array}{l} F_{Rx} = F_{1x} + F_{2x} + \cdots + F_{nx} = \sum F_x \\ F_{Ry} = F_{1y} + F_{2y} + \cdots + F_{ny} = \sum F_y \end{array} \right\} \quad (2\text{-}4)$$

式（2-4）表明，力系合力在某一轴上的投影等于各分力在同一轴上投影的代数和。此即为<u>合力投影定理</u>（combined projection theorem）。式中的 $\sum F_x$ 是求和式 $\sum_{i=1}^{n} F_{ix}$ 的简便表示法，本书中的求和式均采用这种简便表示法。

3. 平面汇交力系的合成

若刚体平面内作用力 $\boldsymbol{F}_1$，$\boldsymbol{F}_2$，$\cdots$，$\boldsymbol{F}_n$ 的作用线交于一点，得到作用于一点的汇交力系。由前述可知，平面汇交力系总可以合成为一个合力，其合力在某一轴上的投影等于各分力在同一坐标轴上投影的代数和，即 $F_{Rx} = \sum F_x$，$F_{Ry} = \sum F_y$。则其合力 $\boldsymbol{F}_R$ 的大小和方向分别为

$$F_R = \sqrt{(\sum F_x)^2 + (\sum F_y)^2}, \quad \tan\alpha = \left| \frac{\sum F_y}{\sum F_x} \right| \quad (2\text{-}5)$$

式中，α 为合力 $\boldsymbol{F}_R$ 与 x 轴所夹的锐角。

4. 力沿坐标轴方向正交的分解

可以把一个力沿坐标轴方向分解为两个分力。若分解的两个分力相互垂直，则称为<u>正交分解</u>。

由力的平行四边形公理可知，过力 $\boldsymbol{F}$ 的两端作坐标轴的平行线，平行线相交点构成的矩形 $ACBD$ 的两边 AC 和 AD，就是力 $\boldsymbol{F}$ 沿 x 轴、y 轴的两个正交分力，记作 $\boldsymbol{F}_x$ 和 $\boldsymbol{F}_y$（见图 2-6）。由图可见，正交分力的大小等于力沿其正交坐标轴投影的绝对值，即

$$|\boldsymbol{F}_x| = F\cos\alpha = |F_x|, \quad |\boldsymbol{F}_y| = F\sin\alpha = |F_y| \quad (2\text{-}6)$$

必须指出，分力 $\boldsymbol{F}_x$ 和 $\boldsymbol{F}_y$ 是力矢量，而投影 F_x 和 F_y 是代数量。若分力的指向与坐标轴

的正向同向，则投影为正，反之为负。分力的作用点在原力作用点上，而投影与力的作用点位置无关。

学会力的分解方法，对于正确理解和掌握矢量分解的法则有所帮助，也为以后各章节，如合力矩定理、空间力系以及运动学、动力学等内容的学习打下了基础。

解析法是利用力在坐标轴上的投影求合力的方法，故也称投影法。

【例 2-2】 如图 2-8 所示，作用于吊环螺钉上的四个力 F_1、F_2、F_3 和 F_4 构成平面汇交力系。已知各力的大小和方向为 $F_1 = 360$ N，$\alpha_1 = 60°$；$F_2 = 550$ N，$\alpha_2 = 0°$；$F_3 = 380$ N，$\alpha_3 = 30°$；$F_4 = 300$ N，$\alpha_4 = 70°$。试用解析法求合力的大小和方向。

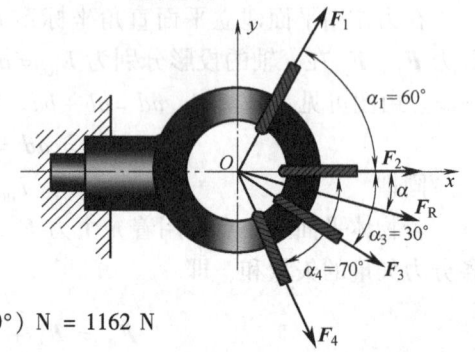

图 2-8

【解】 选取图示坐标系 xOy，则由式 (2-4) 得

$$F_{Rx} = F_{1x} + F_{2x} + F_{3x} + F_{4x}$$
$$= F_1\cos\alpha_1 + F_2\cos\alpha_2 + F_3\cos\alpha_3 + F_4\cos\alpha_4$$
$$= (360\cos60° + 550\cos0° + 380\cos30° + 300\cos70°) \text{ N} = 1162 \text{ N}$$

$$F_{Ry} = F_{1y} + F_{2y} + F_{3y} + F_{4y}$$
$$= F_1\sin\alpha_1 + F_2\sin\alpha_2 - F_3\sin\alpha_3 - F_4\sin\alpha_4$$
$$= -160 \text{ N}$$

由式 (2-5) 得合力的大小和方向分别为

$$F_R = \sqrt{F_{Rx}^2 + F_{Ry}^2} = \sqrt{(1162)^2 + (-160)^2} \text{ N} = 1173 \text{ N}$$

$$\tan\alpha = |F_{Ry}/F_{Rx}| = |-160/1162| = 0.138, \quad \alpha = 7°54'$$

由于 F_{Rx} 为正，F_{Ry} 为负，故合力 F_R 在第四象限，指向如图 2-8 所示。

三、平面汇交力系的平衡

1. 平面汇交力系平衡的几何条件

由于平面汇交力系的合成结果为一合力，显然平面汇交力系平衡的充要条件是该力系的合力等于零，即

$$F_R = \Sigma F = 0 \tag{2-7}$$

在平衡情形下，力多边形中最后一力的终点与第一力的起点重合，此时的力多边形称为自行封闭的力多边形。于是，可得如下结论：平面汇交力系平衡的充要条件是该力系的力多边形自行封闭，这就是平面汇交力系平衡的几何条件。

求解平面汇交力系的平衡问题时可用图解法，即按比例先画出封闭的力多边形，然后用直尺和量角器在图上量得所需求的未知量，也可根据图形的几何关系，用三角公式计算出所要求的未知量。

【例 2-3】 图 2-9a 表示起吊一根预制钢筋混凝土梁的情况。当梁匀速上升时，它处于平衡状态。已知梁重 $W = 10$ kN，$\theta = 45°$，求钢索 AC 和 BC 所受的拉力。

【解】 以梁为研究对象，画出受力图，如图 2-9b 所示。图中的 F_{TA} 和 F_{TB} 分别为钢索 AC 和 BC 对梁的拉力，它们与作用于梁上的重力 W 互相平衡。根据三力平衡汇交定理可知，此三力的作用线汇交于一点，从而组成了一平衡的平面汇交力系。故由此三力所构成的力多边形自行封闭。

选 10mm 代表 2.5kN 的比例尺，画出已知的力矢 W（图 2-9c）。自力矢 W 的起点 a 和终点 b 分别作平行于图 2-9b 中拉力 F_{TB} 和 F_{TA} 的直线，此两直线交于 c 点。作出力多边形（在这里是力三角形）abc，量得 bc 边和 ca 边的长度，均为 28.5mm，故力 F_{TA} 和 F_{TB} 的大小为

$$F_{TA} = F_{TB} = (2.5 \times 2.85) \text{ kN} = 7.05 \text{ kN}$$

即钢索 AC 和 BC 所受的拉力均为 7.05 kN。

显然，如所选的比例尺愈大，作图愈精确，则所得结果也愈准确。

由图 2-9c 可见，当 θ 角增大时，F_{TA} 和 F_{TB} 之值将随之减小。故增加 AC、BC 两段钢索的长度，即可减小它们所受的拉力。但这样一来构件所能起吊的高度也就减小了，所以钢索的长度应根据实际情况适当选取。

在三力平衡的情况下，力多边形成为<u>力三角形</u>（force triangle）。这时，如利用正弦定理，有

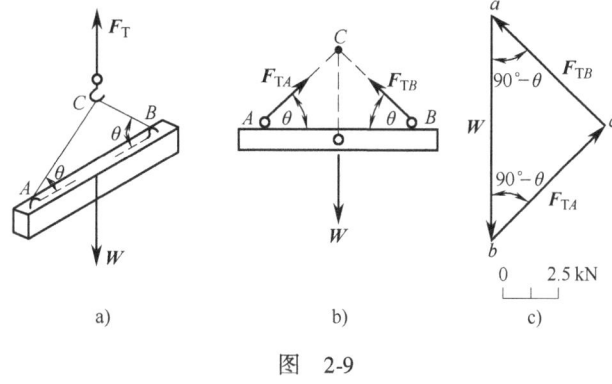

图 2-9

$$\frac{F_{TA}}{\sin(90° - \theta)} = \frac{F_{TB}}{\sin(90° - \theta)} = \frac{W}{\sin 2\theta}$$

故

$$F_{TA} = F_{TB} = \frac{W}{2\sin\theta} = 7.07 \text{ kN}$$

所得结果比图解法更准确。

2. 平面汇交力系平衡的解析条件

由平面汇交力系平衡的必要与充分条件是力系的合力为零，即

$$F_R = \sqrt{(\Sigma F_x)^2 + (\Sigma F_y)^2} = 0$$

则也即有

$$\left.\begin{array}{l}\Sigma F_x = 0\\ \Sigma F_y = 0\end{array}\right\} \tag{2-8}$$

式（2-8）表示平面汇交力系平衡的解析条件是力系中各力在两个坐标轴上投影的代数和均为零。此式亦称为<u>平面汇交力系的平衡方程</u>。

应用平衡方程时，由于坐标轴是可以任意选取的，因而可列出无数个平衡方程，但是其独立的平衡方程只有两个。因此对于一个平面汇交力系，只能求解出两个未知量。

【**例 2-4**】 图 2-10a 所示支架由杆 AB、BC 组成，A、B、C 处均为圆柱销铰链，在铰链 B 上悬挂一重物 G = 5kN，杆件自重不计，试求杆件 AB、BC 所受的力。

【**解**】 1）受力分析 由于杆件 AB、BC 的自重不计，且杆两端均为铰链约束，故均为二力杆件，杆件两端受力必沿杆件的轴线。根据作用与反作用关系，两杆的 B 端对于销 B 有反作用力 F_1、F_2，销 B 同时受重物 G 的作用。

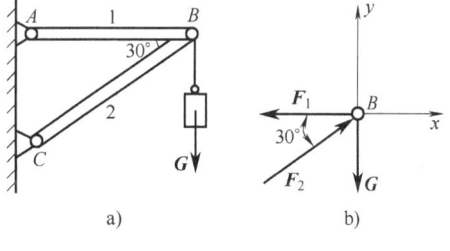

图 2-10

2）确定研究对象 以销 B 为研究对象，取分离体画受力图（图 2-10b）。

3）建立坐标系，列平衡方程求解

$$\Sigma F_y = 0 \qquad F_2 \sin 30° - G = 0$$
$$F_2 = 2G = 10 \text{ kN}$$

$$\sum F_x = 0 \qquad -F_1 + F_2\cos30° = 0$$
$$F_1 = F_2\cos30° = 8.66 \text{ kN}$$

【例 2-5】 如图 2-11a 所示连杆机构 $CABD$ 由三个无重杆铰接组成，在铰链 A、B 处有 F_1、F_2 作用。该机构在图示位置时，试求力 F_1 与 F_2 的关系。

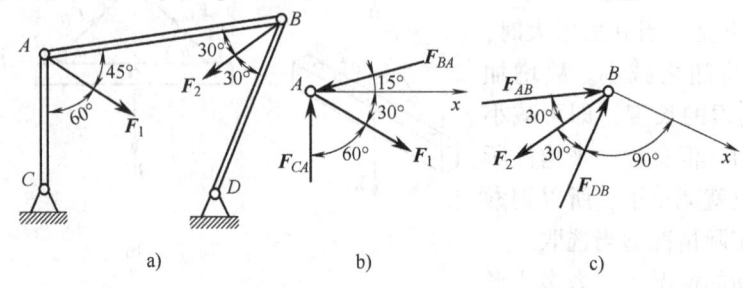

图 2-11

分析：这是一个由几个物体组成的物体系统之平衡问题。从整个机构来看，它受四个力 F_1、F_2、F_{CA}、F_{DB} 作用，不是平面汇交力系（图 2-11a），所以不能取整体作为研究对象求解。要求解的未知力 F_1 与 F_2 分别作用于铰 A、铰 B 上，铰 A 与铰 B 均受平面汇交力系的作用，所以应该通过分别研究铰 A 与铰 B 的平衡来确定 F_1 与 F_2 的关系。

【解】 (1) 取铰 A 为分离体 铰 A 除受未知力 F_1 外，还受有二力杆 AC 和 AB 的约束力 F_{CA} 和 F_{BA} (均设为压力)，其受力图如图 2-11b 所示。因为与所求无直接关系的力 F_{CA} 可不必求出，故选取 x 轴与 F_{CA} 垂直。由平衡方程

$$\sum F_x = 0, \qquad F_1\cos30° - F_{BA}\cos15° = 0 \qquad (1)$$

(2) 取铰 B 为分离体 其受力图如图 2-11c 所示（设 F_{DB} 为压力）。选取 x 轴与约束力 F_{DB} 垂直，由平衡方程

$$\sum F_x = 0, \qquad -F_2\cos60° + F_{AB}\cos30° = 0 \qquad (2)$$

比较式 (1)、式 (2)，并注意到 $F_{AB} = F_{BA}$，解得

$$F_1/F_2 = 0.644$$

通过以上分析和求解过程可以看出，在求解平衡问题时，要恰当地选取分离体，恰当地选取坐标轴，以最简捷、合理的途径完成求解工作。尽量避免求解联立方程，以提高计算的工作效率。这些都是求解平衡问题所必须注意的。

【例 2-6】 如图 2-12a 所示滑轮支架，重物 $G = 20$ kN，用钢丝绳挂在支架上，钢丝绳的另一端缠在绞车 D 上。杆 AB 与 BC 铰接，并以铰链 A、C 与墙连接。如两杆和滑轮的自重不计，并忽略摩擦和滑轮的尺寸，试求平衡时杆 AB 和 BC 所受的力。

【解】 (1) 根据题意，选取滑轮 B 为研究对象 由于 AB 和 BC 两直杆都是二力杆，所以它们所受的力均沿杆的轴线，假设 AB 杆受拉力，BC 杆受压力，如图 2-12b 所示。

(2) 画滑轮 B 的受力图 由于忽略滑轮的尺寸，故滑轮可看成是一个点。B 点受有钢丝绳的拉力 F_{T1}、F_{T2}，以及 AB、BC 两杆的约束力 F_{AB}、F_{BC}，如图 2-12c 所示，已知 $F_{T1} = F_{T2} = G$。且不计摩擦，故这些力可以认为是作用在 B 点的平面汇交力系。

(3) 取坐标轴 Bxy，如图 2-12c 所示 为使未知力在一个轴上有投影，在另一轴上的投影为零，坐标轴应尽量取在与未知力作用线相垂直的方向。这样在一个平衡方程中便只有一个未知量，可不必解联立方程。

(4) 列平衡方程

$$\sum F_x = 0, \qquad -F_{AB} + F_{T1}\cos60° - F_{T2}\cos30° = 0 \qquad (1)$$
$$\sum F_y = 0, \qquad F_{BC} - F_{T1}\cos30° - F_{T2}\cos60° = 0 \qquad (2)$$

得 $\qquad F_{AB} = -0.366G = -7.32$ kN，$\quad F_{BC} = 1.366G = 27.32$ kN

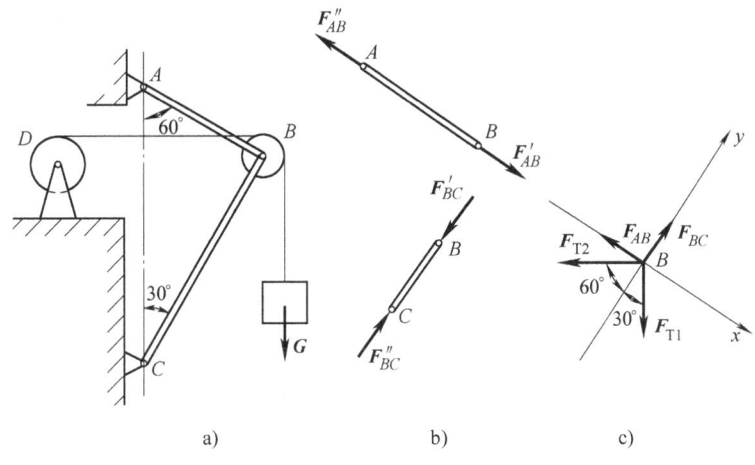

图 2-12

所求结果 F_{BC} 为正值,表示这个力的假设方向与实际方向相同,即杆 BC 受压。F_{AB} 为负值,表示该力与假设方向相反,即杆 AB 也受压力。

第二节 平面力对点之矩

本节将讨论力对物体作用产生转动效果的度量——力矩。

一、力对点之矩

实践经验表明,力对刚体的作用效应不仅可以使刚体移动,而且还可以使刚体转动。转动效应可用力对点的矩来度量。

人们用扳手拧螺栓时,使螺栓产生转动效应,如图 2-13 所示。由经验可知,加在扳手上的力离螺栓中心越远,拧动螺栓就越省力;反之则越费力。这就是说,作用在扳手上的力 F 使扳手绕支点 O 的转动效应不仅与力的大小 F 成正比,而且与支点 O 到力的作用线的垂直距离 d 成正比。因此,规定 F 与 d 的乘积作为力 F 使物体绕支点 O 转动效应的量度,称为力 F 对 O 点之矩(moment of force about a point),简称力矩(moment of force),用符号 $M_O(F)$ 表示,即

$$M_O(F) = \pm Fd \tag{2-9}$$

O 点称为矩心(center of moment)。力 F 的作用线到矩心 O 的垂直距离 d 称为力臂(arm of force)。力 F 使扳手绕矩心 O 有两种不同的转向,产生两种不同的作用效果——或者拧紧,或者松开。通常规定逆时针转向的力矩为正,顺时针转向的力矩为负。力矩的单位在国际单位制中用牛·米(N·m)或千牛·米(kN·m)表示。

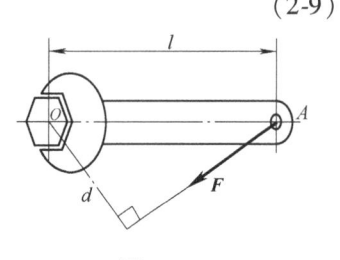

图 2-13

综上所述,平面内的力对点的矩可定义如下:

力对点的矩是一个代数量,它的绝对值等于力的大小与力臂的乘积。它的正负规定如下:力使物体绕矩心沿逆时针转动时为正,反之为负。

二、力矩的性质

(1) 力对点的矩不仅与力的大小有关,而且与矩心的位置有关,同一个力,因矩心的位

置不同,其力矩的大小和正负都可能不同。

(2) 力对点的矩不因力的作用点沿其作用线的移动而改变,因为此时力的大小、力臂的长短和绕矩心的转向都未改变。

(3) 力对点的矩在下列情况下等于零:力等于零或者力的作用线通过矩心,即力臂等于零。

三、合力矩定理

在计算力系的合力对某点 O 之矩时,常用到所谓的合力矩定理:平面汇交力系的合力 F_R 对某点 O 之矩等于各分力 (F_1, F_2, …, F_n) 对同一点之矩的代数和,即

$$M_O(F_R) = M_O(F_1) + M_O(F_2) + \cdots + M_O(F_n) = \sum M_O(F_i)$$

$$M_O(F_R) = \sum M_O(F_i) \tag{2-10}$$

式 (2-10) 即为合力矩定理 (theorem of moment of resultant):力系合力对所在平面内任意点的矩等于力系中各力对同一点之矩的代数和。

合力矩定理建立了合力对点之矩与分力对同一点之矩的关系。该定理也可运用于有合力的其他力系(其证明见第三章第二节)。

合力矩定理提供了计算力对点之矩的另一种方法,此外它还可用于确定力系合力作用线的位置(见第三章第二节)。

由此可知,求平面力对某点的力矩,一般采用以下两种方法:

(1) 用力和力臂的乘积求力矩这种方法的关键是确定力臂 d。需要注意的是,力臂 d 是矩心到力作用线的垂直距离,即力臂一定要垂直力的作用线。

(2) 用合力矩定理求力矩。工程实际中,当力臂 d 的几何关系较复杂,不易确定时,可将作用力正交分解为两个分力,然后应用合力矩定理求原力对矩心的力矩。

【例 2-7】 大小为 $F = 150$ N 的力按图 2-14a、b 和 c 三种情况作用在扳手的一端,试分别求三种情况下力 F 对 O 点之矩。

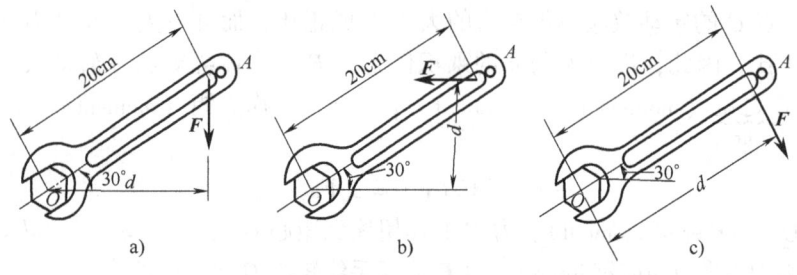

图 2-14

【解】 由式 (2-9) 分别计算三种情况下力 F 对 O 点之矩如下:

a) $M_O(F) = -Fd = (-150 \times 0.20 \times \cos 30°)$ N·m $= -25.98$ N·m

b) $M_O(F) = Fd = (150 \times 0.20 \times \sin 30°)$ N·m $= 15$ N·m

c) $M_O(F) = -Fd = (-150 \times 0.20)$ N·m $= -30$ N·m

比较上述三种情形,同样大小的力,同一个作用点,力臂长者力矩大,显然,情形 c) 的力矩最大,力 F 使扳手转动的效应也最大。

【例 2-8】 力 F 作用于托架上点 C (图 2-15),试分别求出这个力对点 A 的矩。已知 $F = 50$ N,方向如图所示。

【解】 本题若直接根据力矩的定义式求力 F 对 A 点之矩时,显然其力臂的计算很麻烦。但若利用合

力矩定理求解却十分便捷。

取坐标系 Axy，力 F 作用点 C 的坐标是 $x = 10 \text{ cm} = 0.1 \text{ m}$，$y = 20 \text{ cm} = 0.2 \text{ m}$。力 F 沿两坐标轴方向的分力的大小分别为

$$F_x = \left(50 \times \frac{1}{\sqrt{1^2 + 3^2}}\right) \text{N} = 5\sqrt{10} \text{ N}, \quad F_y = \left(50 \times \frac{3}{\sqrt{1^2 + 3^2}}\right) \text{N} = 15\sqrt{10} \text{ N}$$

由合力矩定理求得

$$M_A(\boldsymbol{F}) = M_A(\boldsymbol{F}_y) + M_A(\boldsymbol{F}_x) = (0.1 \times 15\sqrt{10}) \text{ N} \cdot \text{m} - (0.2 \times 5\sqrt{10}) \text{ N} \cdot \text{m} = 1.58 \text{ N} \cdot \text{m}$$

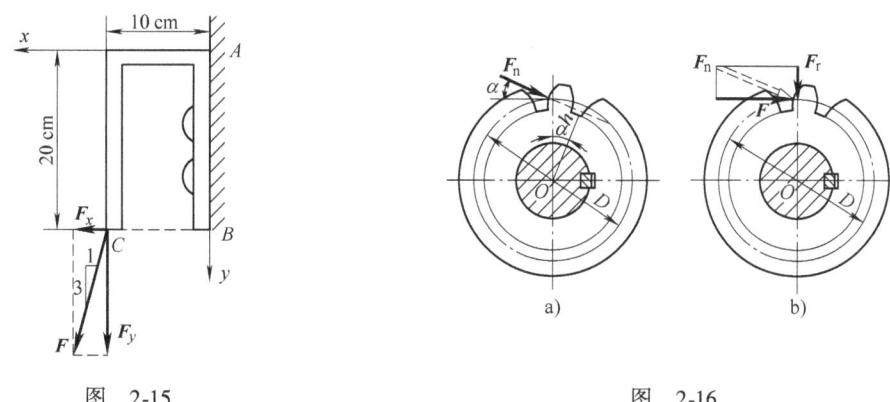

图 2-15   图 2-16

【例 2-9】 如图 2-16a 所示，一齿轮受到与它相啮合的另一齿轮的作用力 $F_n = 980 \text{ N}$，压力角 $\alpha = 20°$，节圆直径 $D = 0.16 \text{ m}$，试求力 F_n 对齿轮轴心 O 之矩。

【解】 （1）应用力矩的计算公式　首先求得力臂，设力臂用 h 表示，则

$$h = \frac{D}{2}\cos\alpha$$

由式（2-9）得力 F 对点 O 之矩

$$M_O(\boldsymbol{F}_n) = -F_n h = -F_n \frac{D}{2}\cos\alpha = -73.7 \text{ N} \cdot \text{m}$$

负号表示力 F 使齿轮绕点 O 作顺钟向转动。

（2）应用合力矩定理　将力 F_n 分解为圆周力 F 和径向力 F_r，如图 2-16b 所示，则

$$F = F_n\cos\alpha, \quad F_r = F_n\sin\alpha$$

根据合力矩定理 $\quad M_O(\boldsymbol{F}_n) = M_O(\boldsymbol{F}) + M_O(\boldsymbol{F}_r)$

因为径向力 F_r 过矩心 O，故 $M_O(\boldsymbol{F}_r) = 0$，则

$$M_O(\boldsymbol{F}_n) = M_O(\boldsymbol{F}) = -F\frac{D}{2} = -F_n\frac{D}{2}\cos\alpha = -73.7 \text{ N} \cdot \text{m}$$

二者结果相同，在工程中齿轮的圆周力和径向力常常是分别给出的，故方法（2）用得较为普遍。另外，在计算力矩时，若力臂的大小不易求得时，也常用合力矩定理。

【例 2-10】 水平梁 AB 受三角形分布的载荷作用，如图 2-17 所示。载荷的最大值为 q，梁长为 l。试求合力作用线的位置。

【解】 在梁上距 A 端为 x 的微段 dx 上，作用力的大小为 $q'dx$，其中 q' 为该处的载荷强度。由图可知，$q' = \frac{x}{l}q$，因此分布载荷的合力的大小为 $F = \int_0^l q'dx = \frac{1}{2}ql$，设合力 F 的作用线距 A 端的距离为 h，在微段 dx 上的作用力对点 A 之矩为 $xq'dx$，全部载荷对点 A 的矩的代数和可用积分求出。根据合力矩定理可写成

$$Fh = \int_0^l xq'dx$$

将 q' 和 F 的值代入上式,得

$$h = \frac{2}{3}l$$

计算结果表明,合力大小等于三角形线分布载荷的面积,合力作用线通过该三角形的几何中心。

不难推广到一般情形,即同向的线分布力的合力的大小等于荷载图的面积(注意:该面积具有力的量纲),合力作用线通过荷载图面积的形心。

当分布力的荷载图是简单图形时,应用这一法则可以方便地求出分布力的合力及其作用线的位置。

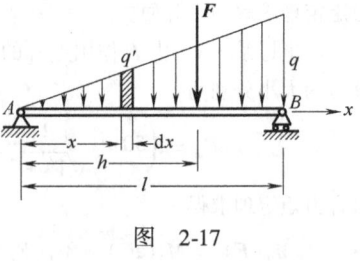

图 2-17

第三节 平面力偶系

一、平面力偶理论

1. 力偶

在实际生活和生产实践中,人们通常用两个手指旋转钥匙开门,用两个手指拧水龙头放水和关水;汽车司机用双手转动方向盘驾驶汽车(图2-18a);钳工用两只手转动丝锥铰柄在工件上攻螺纹(图2-18b)等。显然,这是在钥匙、水龙头、丝锥铰柄和方向盘等物体上,作用了一对等值反向的平行力,它们将使物体产生转动效应。这种由两个大小相等、方向相反(非共线)的平行力组成的力系,称为**力偶**(couple),记作 (F, F'),如图2-19所示。力偶中两力之间的垂直距离称为**力偶臂**(arm of couple),一般用 d 或 h 表示,力偶所在的平面称为**力偶的作用面**(active plane of couple)。可见,力偶是一对特殊的力,力偶对物体作用仅产生转动效应。

力偶不能合成为一个力,也不能用一个力来等效替换,显然力偶也不能用一个力来平衡,而且力偶与力对物体产生的作用效果也不同。因此,力和力偶是力学中的两个基本量。

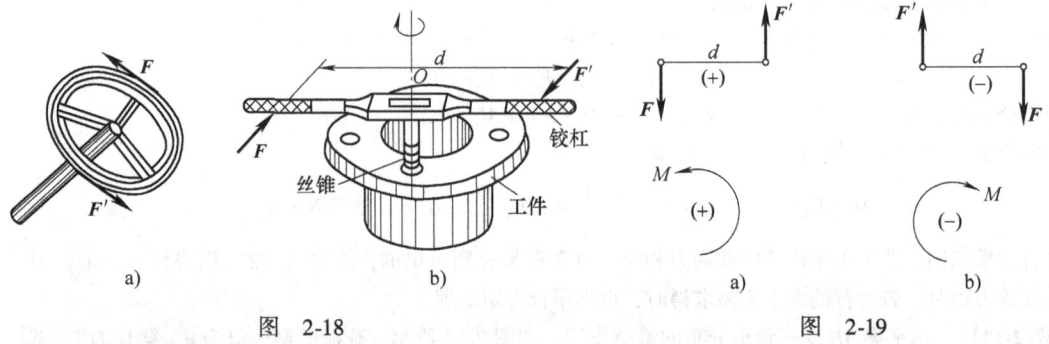

图 2-18 图 2-19

2. 力偶矩

力偶对物体的转动效应随着力 F 的大小或力偶臂 d 的长短而变化。因此,可以用二者的乘积并加以适当的正负号所得的物理量来度量。将乘积 $\pm F \cdot d$ 称为**力偶矩**(moment of couple),记作 $M(F, F')$ 或 M,即

$$M(F, F') = M = \pm F \cdot d \tag{2-11}$$

力偶矩的正负号规定与力矩相同(图2-19)。力偶矩的单位与力矩所用单位一样。

3. 同平面内力偶的等效定理及力偶的性质

力偶的等效定理（equivalence theorem of couples）：在同平面内的两个力偶，如果力偶矩的大小相等，转向相同，则两个力偶等效。

这一定理的正确性是我们在实践中所熟悉的。例如，在需汽车转弯时，司机用双手转动方向盘（图 2-20），不管两手用力是 F_1、F_1' 或是 F_2、F_2'，只要力的大小不变，因而力偶矩相同（因已知力偶臂不变），转动方向盘的效果就是一样的。又如在攻螺纹时，双手在扳手上施加的力无论是如图 2-21a 所示，还是图 2-21b 或图 2-21c 所示的，转动扳手的效果都一样。图 2-21b 中力偶臂只有图 2-21a 中的一半，但力的大小增大为两倍；图 2-21c 中的力和力偶臂与图 2-21b 中一样，只是力的位置有所不同。在这三种情况中，力偶矩都是 $-Fd$。

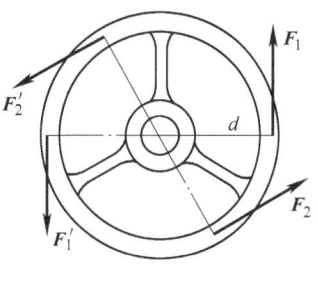

图 2-20

综上所述，可以得出如下性质：

（1）任一力偶可以在它的作用面内任意移动，而不改变它对刚体作用的外效应。或者说力偶对刚体的作用与力偶在其作用面内的位置无关。

（2）只要保持力偶矩的大小和力偶的转向不变，可以同时改变力偶中力的大小和力偶臂的长短，而不改变力偶对刚体的作用。

（3）力偶在任何轴上的投影恒等于零。

由此可见，力偶臂和力的大小都不是力偶的特征量，只有力偶矩才是力偶作用的唯一量度，今后常用图 2-19 所示的带箭头的弧线来表示力偶及其转向，M 为力偶矩。

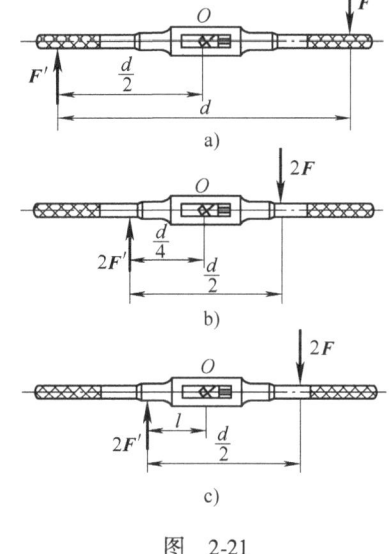

图 2-21

二、平面力偶系的合成和平衡条件

1. 平面力偶系的合成

设在刚体某平面上有两个力偶 M_1 和 M_2 的作用，如图 2-22a 所示，现求其合成的结果。

在平面上任取一线段 $AB = d$ 当做公共力偶臂，并把每一个力偶化为一组作用在 A、B 两点的反向平行力，如图 2-22b 所示。根据力偶的等效条件，有

$$M_1 = F_1 d, \quad M_2 = -F_2 d$$

于是，A、B 两点各得一组共线力系，如设 $F_1 > F_2$，则得其合力各为 F_R 和 F_R'，如图 2-22c 所示，且有

$$F_R = F_R' = F_1 - F_2$$
$$M = F_R d = (F_1 - F_2)d = M_1 + M_2$$

若在刚体的同一平面上有若干力偶作用，采用上述方法，可得合力偶矩为

$$M = M_1 + M_2 + \cdots + M_n = \Sigma M \tag{2-12}$$

平面力偶系可合成为一合力偶，合力偶矩为各分力偶矩的代数和。

2. 平面力偶系的平衡条件

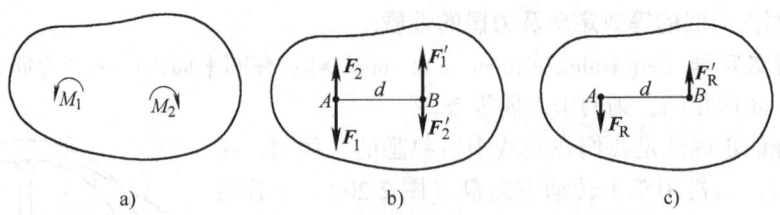

图 2-22

如图 2-22 所示的具有两个力偶的平面力偶系，如果合力偶矩 $M = 0$，因 $M = F_R d$ 中，d 不为零，故 F_R 应为零，可知原力偶系处于平衡。反过来说，若原力偶系处于平衡，则 F_R 必须为零，否则原力偶系合成一力偶，不能平衡。推广到任意个力偶的平面力偶系，若该力偶系处于平衡时，合力偶的矩等于零。由此可见，平面力偶系平衡的必要和充分条件是，所有各个力偶矩的代数和等于零，即

$$\sum M_i = 0 \tag{2-13}$$

【例 2-11】 水平梁 AB，长 $l = 5$ m，受一顺时针转向的力偶作用，其力偶矩的大小 $M = 100$ kN·m。试求支座 A、B 的约束力。

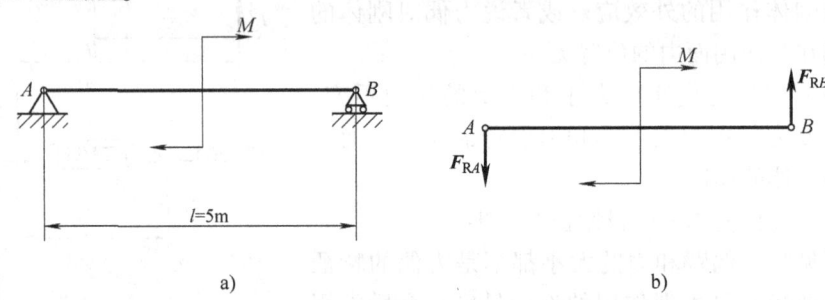

图 2-23

【解】 梁 AB 受有一顺时针转向的主动力偶作用。在活动铰支座 B 处产生支座约束力 F_{RB}，其作用线沿铅垂方向，A 处为固定铰支座，产生支座约束力 F_{RA}，方向尚不确定。但是，根据力偶只能由力偶来平衡，所以 F_{RA} 和 F_{RB} 必组成一约束力偶来与主动力偶平衡。因此，F_{RA} 的作用线也沿铅垂方向，它们的指向假设如图 2-23b 所示，列平衡方程求解

$$\sum M_i = 0, \quad F_{RB} \times 5 \text{ m} - M = 0$$

$$F_{RB} = M/5 \text{ m} = 20 \text{ kN}$$

因此，$F_{RA} = F_{RB} = 20$ kN，指向与实际相符。

【例 2-12】 在三铰刚架（图 2-24a）BC 杆上作用一矩为 $M = 50$ kN·m 的力偶，不计刚架自重，试求支座 A、B 的约束力。

【解】 （1）这是物系的平衡问题，必须分别取 AC 和 BC 为研究对象。

（2）受力分析，画受力图　AC 为二力杆，故其受到的两个力必沿 A、C 两点的连线，设受到一对拉力 F_{RA} 和 F_{RC}，画 AC 杆的受力图（图 2-24b）；根据作用力与反作用力关系，杆 BC 在 C 处的约束力与杆 AC 的 F_{RC} 等值、反向、共线，再由力偶性质知，B 处的约束力必与 C 处的约束力等值、反向，组成一力偶与 M 相平衡，其受力图如图 2-24c 所示。

（3）列平衡方程并求解　对于杆 BC

$$\sum M_i = 0, \quad F_{RB} \cdot BC - M = 0$$

$$F_{RB} = M/BC$$

由图中几何关系得

$$BC = AC = \sqrt{2} \text{ m}$$

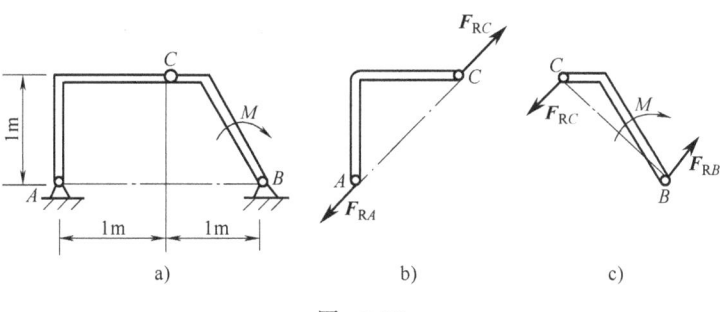

图 2-24

故　　　　　　　　　　　　$F_{RB} = 35.36 \text{ kN}$

因为　　　　　　　　　　　$F_{RB} = F_{RC}, \ F_{RC} = F_{RA}$

所以　　　　　　　　　　　$F_{RA} = F_{RB} = 35.36 \text{ kN}$

思 考 题

1. 何谓力在坐标轴上的投影？是矢量还是标量？
2. 如一力系的合力不为零，而 $\Sigma F_y = 0$，则该合力在什么方向上？
3. 平面汇交力系的平衡方程是 $\Sigma F_x = 0$ 和 $\Sigma F_y = 0$。其中 $\Sigma F_x = 0$ 的含义是什么？
4. 用解析法求解平面汇交力系的平衡问题时，x 与 y 两轴是否一定要相互垂直？当 x 与 y 轴不垂直时，建立的平衡方程 $\Sigma F_x = 0$，$\Sigma F_y = 0$ 能满足力系的平衡条件吗？
5. 何谓力矩？为什么要引出力矩的概念？力矩的符号怎样记？$M_A(\boldsymbol{F})$ 和 $M_B(\boldsymbol{F})$ 的含义有何不同？
6. $M_O(\boldsymbol{F}_R) = \Sigma M_O(\boldsymbol{F})$ 的含义是什么？
7. 什么是合力矩定理？有何用处？
8. 什么是力偶？它对物体作用能产生什么效应？
9. 什么是力偶矩？怎样计算？单位是什么？
10. 试比较力矩和力偶的异同点。

习　题

2-1　试求题2-1图中各力在直角坐标轴上的投影。

2-2　题2-2图所示化工厂起吊反应器时，为了不致破坏栏杆，施加水平力 $\boldsymbol{F}$，使反应器与栏杆相离开。已知此时牵引绳与铅垂线的夹角30°，反应器重量 G 为 30 kN。试求水平力 $\boldsymbol{F}$ 的大小和绳子的拉力 $\boldsymbol{F}_T$ 之值。

2-3　题2-3图所示压路机碾子重 $G = 20$ kN，半径 $r = 60$ cm；求碾子刚能越过高 $h = 8$ cm 的石块所需水平力 $\boldsymbol{F}$ 的最小值。

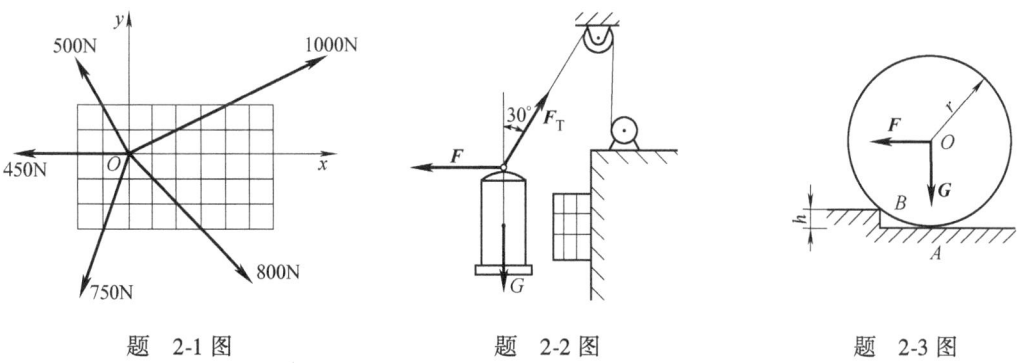

题 2-1 图　　　　　　　　题 2-2 图　　　　　　　　题 2-3 图

2-4 如题 2-4 图所示，绳索 AB 悬挂一动滑轮 O，滑轮 O 吊一重量未知的重物 M，C 端挂一重物 G = 80 N。当平衡时，试求重物 M 的重量。

2-5 题 2-5 图所示重为 G 的球体放在倾角为 30°的光滑斜面上，并用绳 AB 系住，AB 与斜面平行，试求绳 AB 的拉力 F 及球体对斜面的压力 F_N。

2-6 如图 2-6 所示，起重机架可借绕过滑轮 B 的绳索将重 G = 20 kN 的物体吊起，滑轮用不计自重的杆 AB 和 BC 支承。不计滑轮的尺寸及其中的摩擦，当物体处于平衡状态时，试求拉杆 AB 和支杆 BC 所受的力。

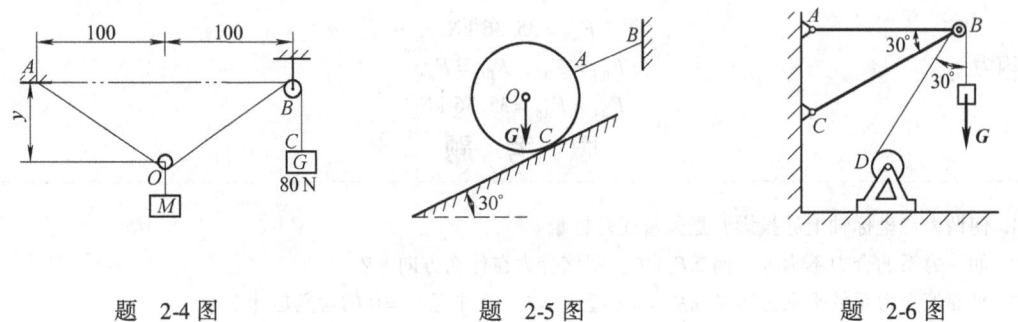

题 2-4 图   题 2-5 图   题 2-6 图

2-7 题 2-7 图所示每条绳索所能承受的最大拉力为 80 N。求块体保持图中所示的位置时块体最大的重量 W 和保持平衡时的角度 θ。

*2-8 题 2-8 图所示混凝土弯管的重量为 2000 N，弯管的重心在 G 点。求为了支撑弯管，绳索 BC 和 BD 的拉力。

*2-9 题 2-9 图所示为了支撑质量为 12 kg 的交通信号灯，求绳索 AB 和 AC 的拉力。

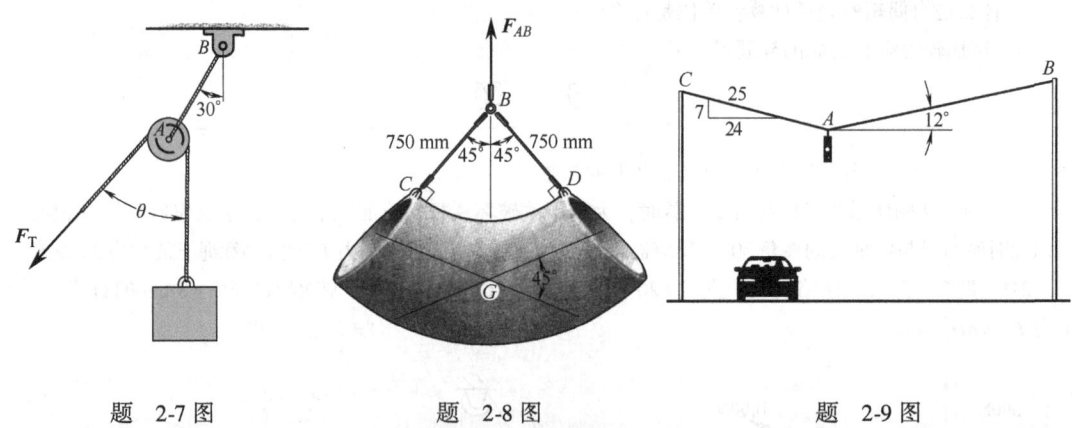

题 2-7 图   题 2-8 图   题 2-9 图

2-10 题 2-10 图所示天平由一条 1.2 m 长的绳索和重量为 50 N 的块体 D 组成。绳索通过两个小滑轮固定在 A 点的销钉上。如果当 s = 0.45 m 时，系统处于平衡状态，求悬空块体 B 的重量

2-11 题 2-11 图所示为一拨桩装置。在木桩的点 A 上系一绳，将绳的另一端固定在点 C，在绳的点 B 系另一绳 BE，将它的另一端固定在点 E。然后在绳的点 D 用力向下拉，并使绳的 BD 段水平，AB 段铅直；DE 段与水平线，CB 段与铅直线间成等角 α = 0.1 rad（当 α 很小时，tanα≈α）。向下拉力 F = 800 N，求绳 AB 作用于桩上的拉力。

2-12 题 2-12 图所示升降吊索用来提升重量为 5000 N 的集装箱，集装箱的重心在 G 点。如果每根绳索最大允许拉力为 5 kN，求每根绳索 AB 和 AC 的拉力，以及用来吊升的绳索 AB 和 AC 的最短长度。

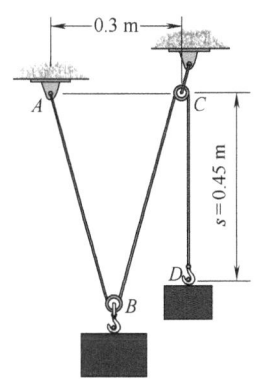 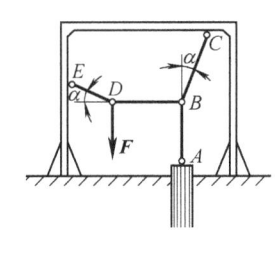 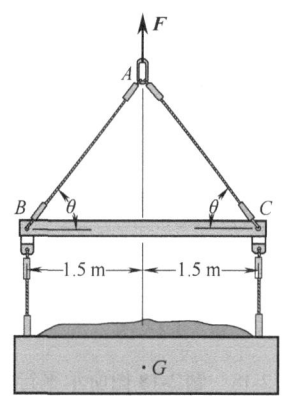

  题 2-10 图   题 2-11 图   题 2-12 图

2-13 题 2-13 图所示压榨机 ABC，在铰 A 处作用水平力 **F**，在点 B 为固定铰链，由于水平力 **F** 的作用使 C 块与墙壁光滑接触，压榨机尺寸如图所示，试求物体 D 所受的压力。

2-14 试求题 2-14 图所示各力对 O 点之矩。

2-15 题 2-15 图所示，用手拔钉子拔不出来，为什么用钉锤就能较省力地拔出来呢？如果在柄上加力为 50 N，问拔钉子的力有多大？

2-16 试求题 2-16 图所示力对 O 点的矩。

2-17 题 2-17 图所示起重机中的棘轮机构用以防止齿轮倒转，鼓轮直径 $d_1 = 32$ cm，棘轮节圆直径 $d = 50$ cm。棘爪位置的两个尺寸 $a = 6$ cm，$h = 3$ cm，起吊重物 $G = 5$ kN，不计棘爪自重及摩擦，试求棘爪尖端所受的压力。

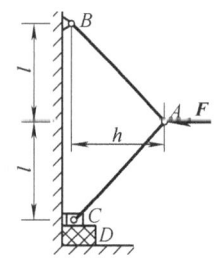

题 2-13 图

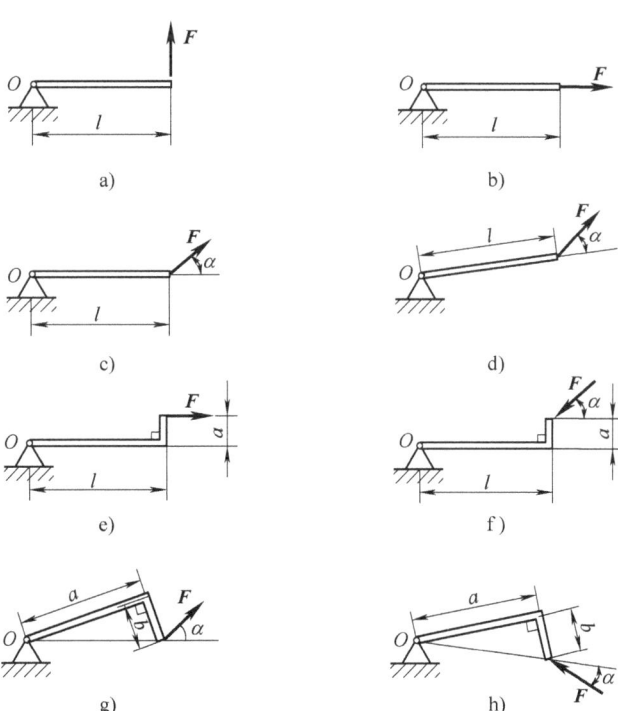

题 2-14 图

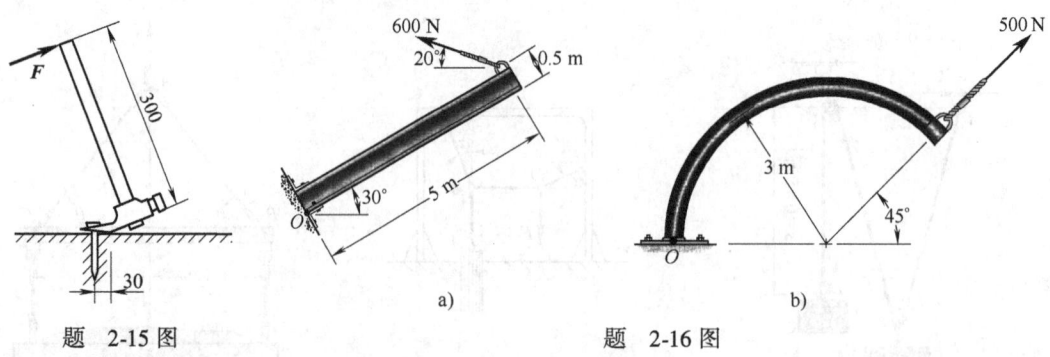

题 2-15 图　　　　　　　a)　　　　　　　　　b)
　　　　　　　　　　　　　　题 2-16 图

2-18　题2-18图所示平行轴减速箱，受的力可视为都在图示平面内，减速箱的输入轴Ⅰ上作用一力偶，其矩为 $M_1 = 500$ N·m；输出轴上Ⅱ上作用一反力偶，其矩为 $M_2 = 2$ kN·m，设 AB 间距离 $l = 1$ m，不计减速箱重量。试求螺栓 A、B 及支承面所受的力。

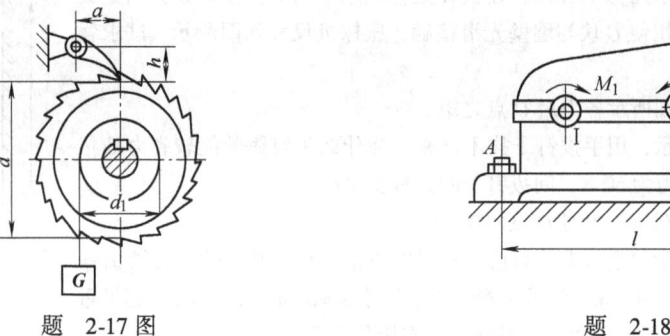

题 2-17 图 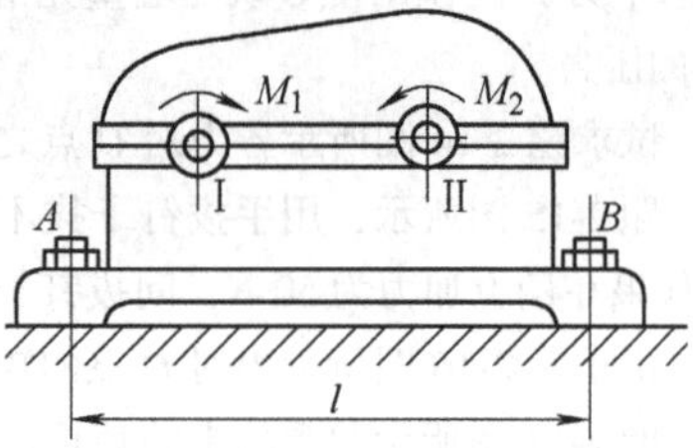　　　　　　　　　题 2-18 图

第三章 平面任意力系

平面任意力系是指各力的作用线在同一平面内且任意分布的力系。例如图 3-1 所示的曲柄连杆机构，受有压力 F_P、力偶 M 以及约束力 F_{Ax}、F_{Ay} 和 F_N 的作用，这些力构成了平面任意力系(planar force system)。又如起重机受力图如图 3-2 所示，也受到同一平面内任意力系的作用。有些物体所受的力并不在同一平面内，但只要所受的力对称于某一平面，这种情况，可以把这些力简化到对称面内，并作为对称面内的平面任意力系来处理。例如图 3-3 所示，沿直线行驶的汽车，它所受到的重力 W，空气阻力 F 和地面对前后轮的约束力的合力 F_{RA}、F_{RB} 都可简化到汽车纵向对称平面内，组成一平面任意力系。由于平面任意力系(又称为平面一般力系)在工程中最为常见，而分析和解决平面任意力系问题的方法又具有普遍性，故在工程计算中占有极重要地位。

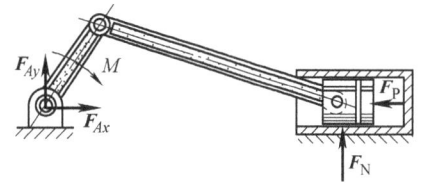

图 3-1

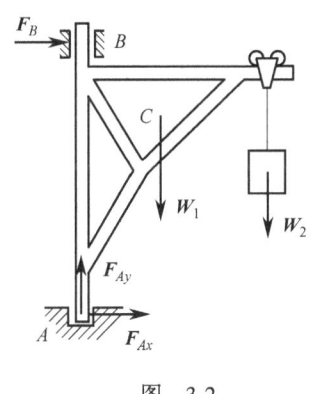

图 3-2

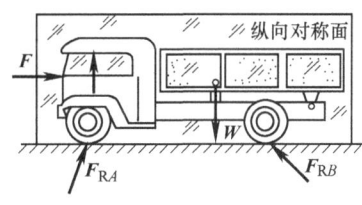

图 3-3

第一节 力的平移定理

在分析或求解力学问题时，有时需要将作用于物体上某些力的作用线，从其原位置平行移到另一新位置而不改变原力在原位置作用时物体的运动效应，为此需研究力的平移定理。

一、力的平移定理(theorem on translation of a force)

可以把原作用在刚体上点 A 的力 F 平行移到任一新的点 B，但必须同时附加一个力偶，这个附加力偶的力偶矩等于原来的力 F 对新点 B 的矩。

证明 图 3-4a 中力 F 作用于刚体上 A 点。在刚体上任取一点 B，并在 B 点加上两个等值、反向的力 F' 和 F''，使它们与力 F 平行，且有 $F' = -F'' = F$，如图 3-4b 所示。显然，三

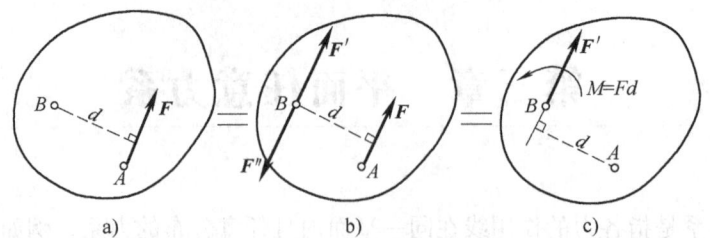

图 3-4

个力 F、F'、F'' 组成的新力系与原来的力 F 等效。但是这三个力组成一个作用在 B 点的力 F' 和一个力偶 (F, F'')。于是，原来作用在 A 点的力 F，现在被一个作用在 B 点的力 F' 和一个力偶 (F, F'') 等效替换。也就是说，可以把作用于点 A 的力 F 平移到 B 点，但必须同时附加一个相应的力偶，这个力偶称为附加力偶，如图 3-4c 所示。显然，附加力偶的力偶矩为

$$M = Fd$$

二、力的平移定理的意义

力的平移定理是力系向一点简化的理论依据，而且还可以分析和解决许多工程实际问题。例如图 3-5 所示的厂房立柱，受到行车传来的力 F 的作用。可以看出，F 力的作用线偏离于立柱轴线，利用力的平移定理将 F 力平移到中心线 O 处，很容易分析出立柱在偏心力 F 的作用下要产生压缩和弯曲两种变形。

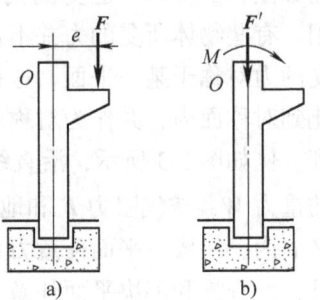

图 3-5

第二节 平面任意力系的简化与平衡

一、平面任意力系向平面内一点的简化

现在应用力线平移的理论来讨论平面任意力系的简化问题。

设刚体上作用有 n 个力 $F_1, F_2, \cdots, F_n$ 组成的平面任意力系，如图 3-6a 所示。在力系所在平面内任取点 O 作为简化中心，由力的平移定理将力系中各力向 O 点平移，如图 3-6b 所示，得到作用于简化中心 O 点的平面汇交力系 $F_1', F_2', \cdots, F_n'$ 和附加平面力偶系，其矩分别为 $M_1, M_2, \cdots, M_n$。

由平面汇交力系理论可知，作用于简化中心 O 的平面汇交力系可合成为一个力 F_R'，其作用线过 O 点，合矢量

$$F_R' = \sum F_i'$$

又因 $F_i = F_i'$

故 $F_R' = \sum F_i$ (3-1a)

我们把原力系的矢量和称为**主矢**（principal vector），显然，它与简化中心的位置无关。

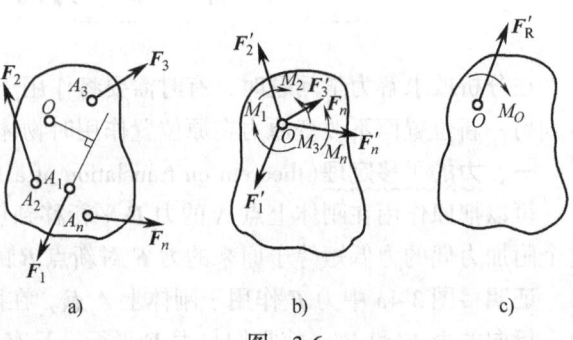

图 3-6

由平面力偶系理论可知，附加平面力偶系一般可以合成为一合力偶，其合力偶矩等于各力偶矩的代数和，即

$$M_O = \sum M_i$$

又因 $M_i = M_O(\boldsymbol{F}_i)$，故 $\qquad M_O = \sum M_i = \sum M_O(\boldsymbol{F}_i) \qquad (3\text{-}1\mathrm{b})$

我们把力系中所有力对简化中心之矩的代数和称为力系对于简化中心的<u>主矩</u>（primary moment）。显然，当简化中心位置改变时，通常主矩也要随之改变。

综上所述可知，平面任意力系向作用面内任一点简化，一般可以得到一个力和一个力偶。这个力作用于简化中心，其大小、方向等于力系的主矢，并与简化中心的位置无关；这个力偶的力偶矩等于原力系对简化中心的主矩，其大小、转向与简化中心的位置有关，如图 3-6c 所示。

二、固定端约束

固定端是工程中常见的又一种约束。例如，紧固在刀架上的车刀（图 3-7a），工件被夹持在卡盘上（图 3-7b）和埋入地面的电线杆（图 3-7c）以及房屋阳台（图 3-7d）等，都受到这种约束，称为<u>固定端约束</u>（end restraint）

车床的刀具（图 3-7a）或车床主轴卡盘上的工件（图 3-7b），在加工时都必须牢固地夹紧，又如插入地基中的电线杆（图 3-7c）、建筑物上的阳台（图 3-7d）等。这类物体连接方式的特点是连接处刚性很大。

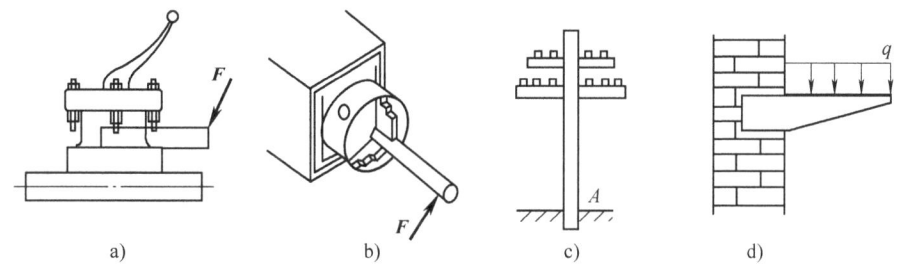

图 3-7

现以图 3-8 为例，说明固定端约束力所共有的特点。

固定端既限制物体向任何方向移动，又限制向任何方向转动。例如图 3-8a 中 AB 杆的 A 端在墙内固定牢靠，在任意已知力或力偶的作用下，则使 A 端既有移动又有转动的趋势。故 A 端受到墙的杂乱分布的约束力系组成平面任意力系作用（图 3-8b）。应用平面力系简化理论，将这一分布约束力系向固定端 A 点简化得到一个力 F_{RA} 和一个力偶 M_A。一般情况下，这个力的大小和方向均为未知量，可用两个正交的分力来代替。于是，在平面力系情况下，固定端 A 处的约束力作用可简化为两个约束力 F_{Ax}、F_{Ay} 和一个力偶矩为 M_A 的约束力偶，如图 3-8c 所示。

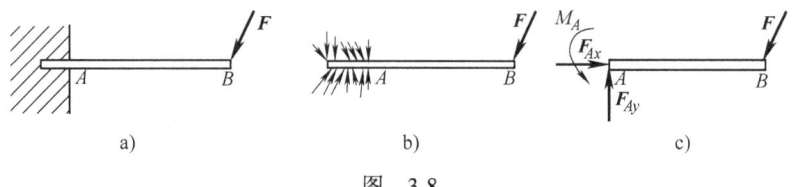

图 3-8

三、平面任意力系简化结果讨论

平面任意力系的简化,一般可得到主矢 F_R' 与主矩 M_O,但它不是简化的最终结果,简化结果通常有以下四种情况:

(1) 当 $F_R' = 0$,$M_O \neq 0$ 时,简化为一个力偶。因主矢为零,所以原力系不论向哪一点简化均与一个力偶等效,此时的力偶矩与简化中心的位置无关,主矩 M_O 为原来力系的合力偶矩,即 $M_O = \sum M_O(\boldsymbol{F})$。

(2) 当 $F_R' \neq 0$,$M_O = 0$ 时,简化为一个合力 $\boldsymbol{F}_R$。此时的主矢 $F_R' = F_R$,合力的作用线通过简化中心。

(3) 当 $F_R' \neq 0$,$M_O \neq 0$ 时,由力的平移定理的逆过程可以将 F_R' 与 M_O 简化为一个合力 $\boldsymbol{F}_R$,此时的主矢 $F_R' = F_R$,合力的作用线到 O 点的距离 d 为

$$d = \frac{|M_O|}{F_R'}$$

如图 3-9 所示,合力对 O 点的矩为

$$M_O(\boldsymbol{F}_R) = F_R d = M_O = \sum M_O(\boldsymbol{F}) \tag{3-2}$$

于是前一章提到的合力矩定理得到证明。

合力矩定理:平面任意力系的合力对力系所在平面内任意点的矩等于力系中各力对同一点之矩的代数和。

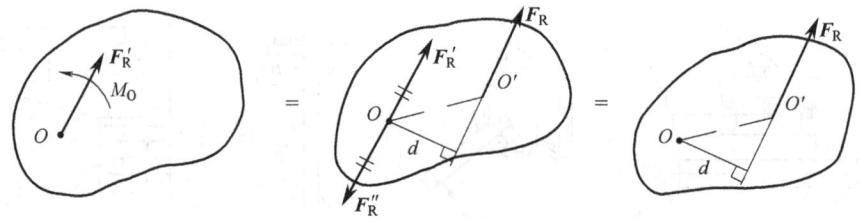

图 3-9

(4) 当 $F_R' = 0$,$M_O = 0$ 时,平面任意力系为平衡力系。

由上面(2)、(3)可以看出不论主矩是否等于零,只要主矢不等于零,力系最终简化为一个合力。

对上述平面任意力系简化的最终结果可总结于表 3-1。由表可见,平面任意力系简化的最终结果,只有三种可能:①合成为一个力;②合成为一个力偶;③为平衡力系。

表 3-1 平面任意力系简化的最终结果

情况分类	向 O 点简化的结果		力系简化的最终结果(与简化中心无关)
	主矢 F_R'	主矩 M_O	
1	$F_R' = 0$	$M_O = 0$	平衡状态(力系对物体的移动和转动作用效果均为零)
2	$F_R' = 0$	$M_O \neq 0$	一个力偶(合力偶 M_R),力偶矩 $M_R = M_O$
3	$F_R' \neq 0$	$M_O = 0$	一个力(合力 $\boldsymbol{F}_R$),合力 $\boldsymbol{F}_R = F_R'$,作用线过 O 点
4	$F_R' \neq 0$	$M_O \neq 0$	一个力(合力 $\boldsymbol{F}_R$),其大小为 $F_R = F_R'$,$\boldsymbol{F}_R$ 的作用线到 O 点的距离为 $d = |M_O|/F_R'$。$\boldsymbol{F}_R$ 作用在 O 点的哪一边,由 M_O 的符号决定

利用力系简化的方法，可以求得平面任意力系的合力。

四、平面任意力系的平衡条件

根据平面任意力系与一个平面汇交力系和一个平面力偶系等效的原理，若后面的两个力系分别为平衡力系，则原来的平面任意力系也是平衡力系。因此，只要综合后两个力系的平衡条件，就得出平面任意力系的平衡条件。具体就是：

(1) 由平面汇交力系的平衡条件 $F_R = 0$；
(2) 由平面力偶系的平衡条件 $M_O = 0$。

当同时满足这两个要求时，平面任意力系不可能合成一个合力，即 $F_R = 0$，又不能合成一个力偶，即 $M_O = 0$，也即既不允许物体移动，又不允许物体转动，从而必定处于平衡。由第二章的式(2-8)可知，欲使 $F_R = 0$，必须 $\sum F_x = 0$ 及 $\sum F_y = 0$，又由第二章的式(2-13)得知，欲使 $M_O = 0$，必有 $\sum M_O(F_i) = 0$，因此，得到满足平面任意力系的平衡条件的方程式为

$$\left.\begin{aligned}\sum F_x &= 0\\\sum F_y &= 0\\\sum M_O(F) &= 0\end{aligned}\right\} \quad (3-3)$$

即：(1) 所有各力在 x 轴上的投影的代数和为零；
(2) 所有各力在 y 轴上的投影的代数和为零；
(3) 所有各力对于平面内的任一点取矩的代数和等于零。

式(3-3)是平面任意力系平衡方程的<u>基本方程</u>(fundamental equation)。也可以写成其他的形式，如也常用到两个力矩方程与一个投影方程的形式，即

$$\left.\begin{aligned}\sum M_A(F) &= 0\\\sum M_B(F) &= 0\\\sum F_x &= 0(\text{或} \sum F_y = 0)\end{aligned}\right\} \quad (3-4)$$

此式又称<u>二矩式</u>(two moment equation)，其中 A、B 两点的连线不得垂直于 Ox 轴(或 Oy 轴)。

以上一矩式、二矩式为二组不同形式的平衡方程，其中每一组都是平面任意力系平衡的必要和充分条件。解题时灵活选用不同形式的平衡方程，有助于简化静力学求解未知量的计算过程。

由式(3-3)或式(3-4)平面任意力系的平衡方程，可以解出平面任意力系中的三个未知量。求解时，一般可按下列步骤进行：

(1) 确立研究对象，取分离体，作出受力图。
(2) 建立适当的坐标系。在建立坐标系时，应使坐标轴的方位尽量与较多的力(尤其是未知力)成平行或垂直，以使各力的投影计算简化。
(3) 列出平衡方程式(3-3)或式(3-4)，求解未知力。在列力矩式时，力矩中心应尽量选在未知力的交点上，以简化力矩的计算。

五、平面任意力系平衡方程式的应用举例

【例 3-1】 起重机的水平梁 AB，A 端以铰链固定，B 端用拉杆 BC 拉住，如图 3-10a 所示。梁重 $G_1 = 4$ kN，载荷重 $G_2 = 10$ kN。梁的尺寸如图示。试求拉杆的拉力和铰链 A 的约束力。

【解】 取梁 AB 为研究对象。梁 AB 除受已知力 G_1 和 G_2 外，还受有未知的拉杆 BC 的拉力 F_T。因 BC 为二力杆，故拉力 F_T 沿连线 BC。铰链 A 处有约束力，因方向不确定，故分解为两个分力 F_{Ax} 和 F_{Ay}。

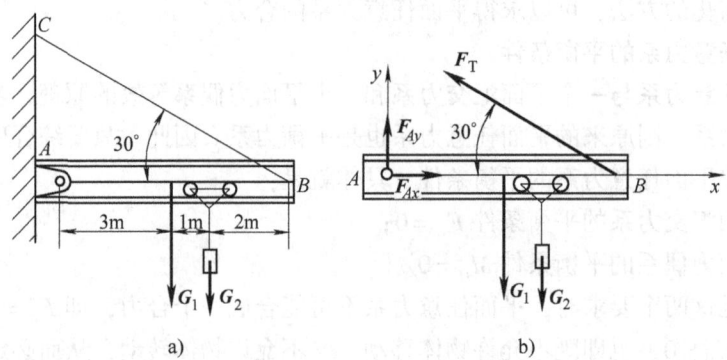

图 3-10

取坐标轴 Axy，如图 3-10b 所示，应用平衡方程的基本形式，即式(3-3)，有

$$\sum F_x = 0, \quad F_{Ax} - F_T \cos 30° = 0 \tag{1}$$

$$\sum F_y = 0, \quad F_{Ay} + F_T \sin 30° - G_1 - G_2 = 0 \tag{2}$$

$$\sum M_A(F) = 0, \quad F_T \cdot 6 \cdot \sin 30° - G_1 \cdot 3 - G_2 \cdot 4 = 0 \tag{3}$$

由式(3)可得 $F_T = 17.33$ kN，把 F_T 值代入式(1)及式(2)，可得 $F_{Ax} = 15.01$ kN，$F_{Ay} = 5.33$ kN。

【例 3-2】 梁 AB 一端固定、一端自由，如图 3-11a 所示。梁上作用有均布载荷，载荷集度为 q(kN/m)。在梁的自由端还受有集中力 F 和力偶矩为 M 的力偶作用，梁的长度为 l，试求固定端 A 处的约束力。

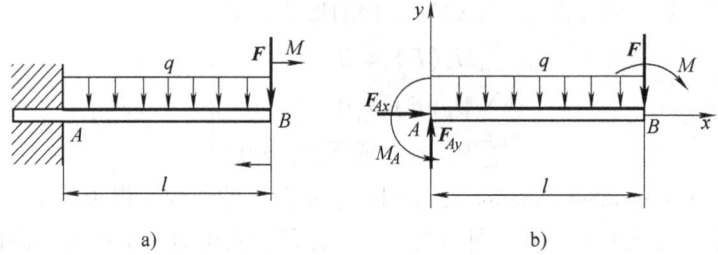

图 3-11

【解】 (1) 取梁 AB 为研究对象并画出受力图，如图 3-11b 所示。

(2) 列平衡方程并求解。注意均布载荷集度是单位长度上受的力，均布载荷简化结果为一合力，其大小等于 q 与均布载荷作用段长度的乘积，合力作用点在均布载荷作用段的中点。

$$\sum F_x = 0, \quad F_{Ax} = 0$$

$$\sum F_y = 0, \quad F_{Ay} - ql - F = 0$$

$$\sum M_A(F) = 0, \quad M_A - ql \times l/2 - Fl - M = 0$$

解得

$$F_{Ax} = 0$$

$$F_{Ay} = ql + F$$

$$M_A = ql^2/2 + Fl + M$$

【例 3-3】 如图 3-12a 中所示的 AB 杆，A 端为固定铰支座，B 端为活动铰支座，这种结构在工程上称为简支梁。若受力及几何尺寸如图 3-12a 所示，试求 A、B 端的约束力。

【解】 (1) 选梁 AB 为研究对象，作用在它上的主动力有：均布荷载 q(均布荷载即载荷单位是 kN/m

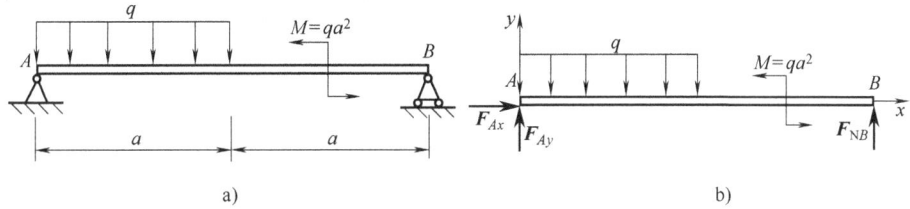

图 3-12

或 N/m，其合力可当做均质杆的重力处理，所以合力的大小等于载荷集度 q × 分布段长度，合力的作用点在分布段中点），力偶矩为 M；约束力为固定铰支座 A 端的 F_{Ax}、F_{Ay} 两个分力、滚动支座 B 端的铅垂向上的法向力 F_{NB}（方向先假设），受力图如图 3-12b 所示。

（2）建立合适坐标系（图 3-12b）。
（3）列平衡方程

$$\sum M_A(\boldsymbol{F}) = 0, \quad F_{NB} \times 2a + M - \frac{1}{2}qa^2 = 0 \quad (1)$$

$$\sum F_x = 0, \quad F_{Ax} = 0 \quad (2)$$

$$\sum F_y = 0, \quad F_{Ay} + F_{NB} - qa = 0 \quad (3)$$

由式(1)、式(2)、式(3)解得 A、B 端的约束力为

$$F_{NB} = -\frac{qa}{4} \quad (\text{负号说明原假设方向与实际方向相反})$$

$$F_{Ax} = 0$$

$$F_{Ay} = \frac{5qa}{4}$$

【例 3-4】 如图 3-13a 所示刚架中，已知 $q = 3 \text{ kN/m}$，$F = 6\sqrt{2} \text{ kN}$，$M = 10 \text{ kN} \cdot \text{m}$，不计刚架的自重，求固定端 A 处的约束力。

【解】 取钢架为研究对象，其上除受主动力外，还受有固定端 A 处的约束力 F_{Ax}、F_{Ay} 和约束力偶 M_A。线性分布载荷可用一集中力 F_1 等效替代，其大小为 $F_1 = \frac{1}{2}q \times 4 \text{ m} = 6 \text{ kN}$，作用于三角形分布载荷的几何中心，即距点 A 为 4m/3 处。刚架受力如图 3-13b 所示。

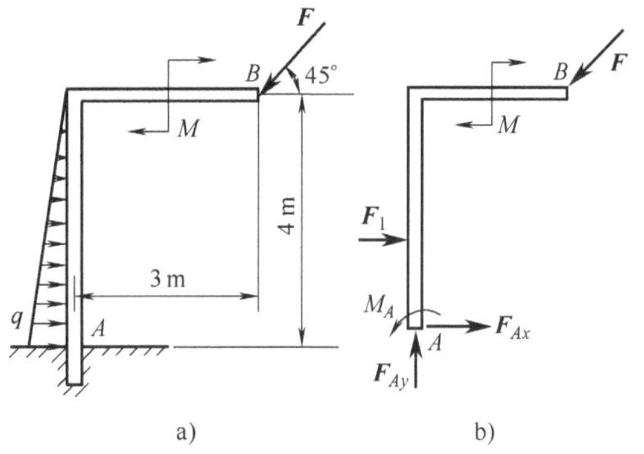

按图示坐标系，列平衡方程

$$\sum F_x = 0, \quad F_{Ax} + F_1 - F\cos 45° = 0$$

$$\sum F_y = 0, \quad F_{Ay} - F\sin 45° = 0$$

$$\sum M_A(\boldsymbol{F}) = 0, \quad M_A - F_1 \times \frac{4}{3} \text{ m} - M - F\sin 45° \times 3 \text{ m} + F\sin 45° \times 4 \text{ m} = 0$$

解方程，求得 $\quad F_{Ax} = 0, \quad F_{Ay} = 6 \text{ kN}, \quad M_A = 12 \text{ kN} \cdot \text{m}$

图 3-13

通过以上各例，介绍了简单平衡问题的求解步骤和基本做法，这些步骤和做法同样也是求解较复杂物体系统平衡问题的基础。

第三节　平面平行力系的平衡方程

各力作用线处于同一平面内且相互平行的力系称为<u>平面平行力系</u>(planar parallel force system)。它是平面任意力系的一种特殊情况,其平衡方程可由平面任意力系的平衡方程导出。如图 3-14 所示,取 y 轴平行各力,则平面平行力系中各力在 x 轴上的投影均为零。在式(3-3)中,$\sum F_x = 0$ 就成为恒等式,于是平面平行力系只有两个独立的平衡方程,即

$$\left. \begin{array}{l} \sum F_{iy} = 0 \\ \sum M_O(\boldsymbol{F}_i) = 0 \end{array} \right\} \quad (3\text{-}5)$$

平面平行力系的平衡方程,也可用两个力矩方程的形式,即

$$\left. \begin{array}{l} \sum M_A(\boldsymbol{F}_i) = 0 \\ \sum M_B(\boldsymbol{F}_i) = 0 \end{array} \right\} \quad (3\text{-}6)$$

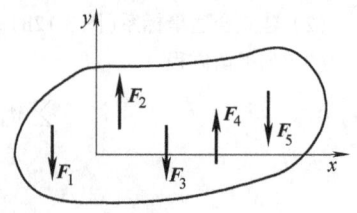

图 3-14

其中 A、B 两点的连线不得与力系各力作用线平行。这两个方程可以求解两个未知量。

【例 3-5】　塔式起重机如图 3-15a 所示。机架自重力为 G,最大起重载荷为 W,平衡锤的重力为 W_Q。已知 G、W、a、b、l 和 e,要求起重机满载和空载时均不致翻倒,求 W_Q 的范围。

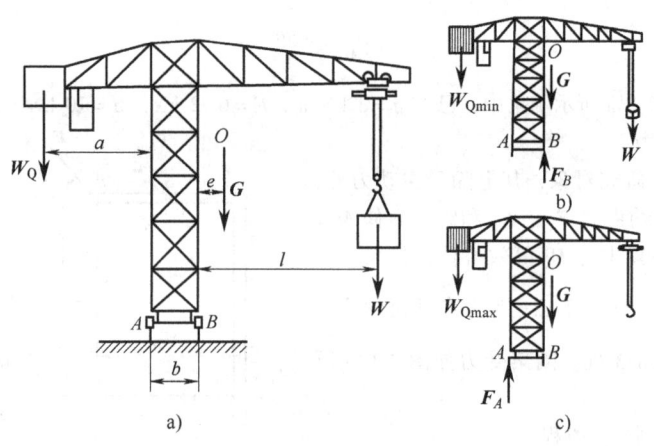

图　3-15

【解】　(1) 选起重机为研究对象,受力图如图 3-15b、c 所示。

(2) 列平衡方程求解。当其满载时,W 最大,在临界平衡状态,A 处悬空,即 $F_A = 0$,机架绕 B 点向右翻倒,如图 3-15b 所示,则

$$\sum M_B(\boldsymbol{F}) = 0, \quad W_{Qmin}(a + b) - Wl - Ge = 0$$

故

$$W_{Qmin} = \frac{Wl + Ge}{a + b}$$

当其空载时,即 $W = 0$。在临界平衡状态下,B 处悬空,即 $F_B = 0$,$W_Q = W_{Qmax}$,机架绕 A 点向左翻倒,如图 3-15c 所示,则

$$\sum M_A(\boldsymbol{F}) = 0, \quad W_{Qmax} a - G(e + b) = 0$$

故
$$W_{Qmax} = \frac{G(e+b)}{a}$$

第四节　静定与超静定的概念　物体系统的平衡问题

一、静定与超静定问题

在前面所研究过的各种力系中，对应每一种力系都有一定数目的独立的平衡方程。例如：平面汇交力系有两个，平面任意力系有三个，平面平行力系有两个。因此，当研究刚体在某种力系作用下处于平衡时，若问题中需求的未知量的数目等于该力系独立平衡方程的数目，则全部未知量可由静力学平衡方程求得，这类平衡问题称为<u>静定问题</u>(statically determinate)。前面所研究的例题都是静定问题，图 3-16a 表示的水平杆 AB 的平衡问题也是静定问题。但如果问题

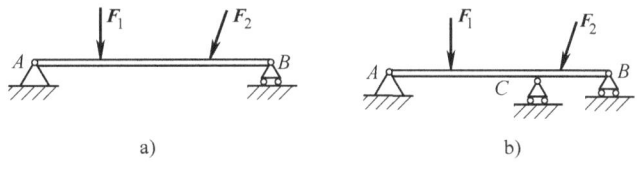

图　3-16

中需求的未知量的数目大于该力系独立平衡方程的数目，只用静力学平衡方程不能求出全部未知量，这类平衡问题称为<u>超静定问题</u>(statically indeterminate problem)，或称为静不定问题。如图 3-16b 所示的杆，在 C 处增加了一个活动铰支座，则未知量数目有四个，而独立的平衡仅有三个，所以它是超静定问题。超静定问题总未知量数与独立的平衡方程总数之差称为<u>超静定次数</u>(statically indeterminate time)。图 3-16b 所示为一次超静定问题，或称一次静不定问题。这类问题静力学无法求解，需借助于研究对象的变形规律来解决，将在材料力学中研究。

二、物体系统的平衡

前面我们讨论的都是单个物体的平衡问题。但工程实际中的机械和结构都是由若干个物体通过适当的约束方式组成的系统，力学上称为<u>物体系统</u>，简称物系(body system)。研究物体系统的平衡问题，不仅要求解整个系统所受的未知力，还需要求出系统内部物体之间的相互作用的未知力。我们把系统外的物体作用在系统上的力称为<u>系统外力</u>(System outside force)，把系统内部各部分之间的相互作用力称为<u>系统内力</u>(System internal force)。因为系统内部与外部是相对而言的，因此系统的内力和外力也是相对的，要根据所选择的研究对象来决定。

在求解静定的物体系统的平衡问题时，要根据具体问题的已知条件、待求未知量及系统结构的形式来恰当地选取两个(或多个)研究对象。一般情况下，可以先选取整体结构为研究对象；也可以先选取受力情况比较简单的某部分系统或某物体为研究对象，求出该部分或该物体所受到的未知量。然后再选取其他部分或整体结构为研究对象，直至求出所有需求的未知量。总的原则是：使每一个平衡方程中未知量的数目尽量减少，最好是只含一个未知量，可避免求解联立方程。

【例 3-6】　图 3-17a 所示的 4 字形构架，它由 AB、CD 和 AC 杆用销钉连接而成，B 端插入地面，在 D 端有一铅垂向下的作用力 F。已知 $F = 10$ kN，$l = 1$ m，若各杆重不计，求地面的约束力、AC 杆所受的力及销钉 E 处相互作用的力。

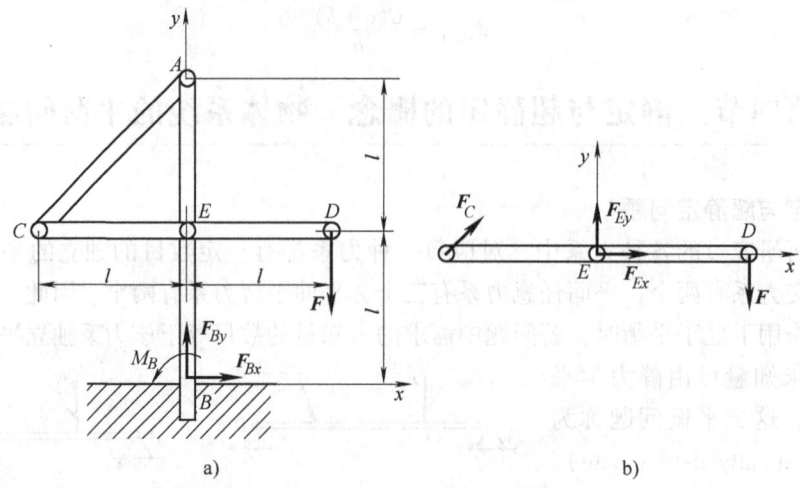

图 3-17

【解】 这是一物体系统的平衡问题。先取整个构架为研究对象，分析并画整体受力图。在 D 端受有一铅垂向下的力 F，在固定端 B 处受有约束力 F_{Bx} 及 F_{By} 和一个约束反力偶 M_B（画整体受力图时，A、C、E 处为系统内约束力，不必画出）。这样构架在 F、F_{Bx}、F_{By} 和 M_B 的作用下构成平面任意力系。由于处于平衡状态，故满足平衡方程。

取坐标系 Bxy，如图 3-17a 所示。列平衡方程

$$\sum F_x = 0, \quad F_{Bx} = 0$$

$$\sum F_y = 0, \quad F_{By} - F = 0, \quad F_{By} = 10 \text{ kN}$$

$$\sum M_B(\boldsymbol{F}) = 0, \quad M_B - F \cdot l = 0, \quad M_B = 10 \text{ kN} \cdot \text{m}$$

欲求系统的内力，就需要对所求内力的物体解除相互约束，选取恰当的部分作为研究对象，并在解除约束的地方画出所受约束力。这时，在整个系统中不画出的内力，在新的研究对象中就变成了必须画出的外力。本题需求 AC 杆所受的力及销钉 E 处相互作用的力，于是就在 C、E 处解除了杆件之间的相互约束。显然，可取 CD 杆为研究对象。

在 CD 杆被解除 C、E 处的约束后，分别画出所受的约束力。因为 AC 杆为二力杆，故在 C 处所受的约束力 F_C 的方向是沿 AC 杆轴线并先假设为拉力；因为 E 处是用销钉连接的，故 E 处所受的约束力方向不能确定，而用两个分力 F_{Ex}、F_{Ey} 表示，CD 杆的受力图如图 3-17b 所示。

取坐标系 Exy，列平衡方程，有

$$\sum M_E(\boldsymbol{F}) = 0, \quad -F \cdot l - F_C \cdot l \cdot \sin 45° = 0$$

$$F_C = -\sqrt{2} F = -14.14 \text{ kN}$$

$$\sum F_y = 0, \quad F_{Ey} - F + F_C \sin 45° = 0$$

$$\sum F_x = 0, \quad F_{Ex} + F_C \cdot \cos 45° = 0$$

$$F_{Ex} = -\frac{\sqrt{2}}{2} \cdot F_C = -\frac{\sqrt{2}}{2} \times (-14.14) \text{ kN} = 10 \text{ kN}$$

$$F_{Ey} = F - F_C \sin 45° = 20 \text{ kN}$$

$F_C = -14.14$ kN，说明在 CD 杆的 C 处，受到 AC 杆约束力的实际指向与假设相反，因而 AC 杆受的是压力。而在 CD 杆的 E 处，通过销钉受到 AB 杆的约束力，F_{Ex}、F_{Ey} 的指向都与实际一致。

【例 3-7】 图 3-18a 所示为一手动水泵，图中尺寸单位均为 cm。已知 $F_P = 200$ N，不计各构件的自重，试求图示位置时连杆 BC 所受的力、支座 A 的受力以及液压力 F_Q。

【解】 (1) 分别取手柄 ABD、连杆 BC 和活塞 C 为研究对象。分析可知，BC 杆不计自重时为二力杆，有 $\boldsymbol{F}'_C = -\boldsymbol{F}'_B$。由作用力与反作用力原理知：$\boldsymbol{F}_B = -\boldsymbol{F}'_B$，$\boldsymbol{F}_C = -\boldsymbol{F}'_C$，所以 $\boldsymbol{F}_B = -\boldsymbol{F}_C$，各力方向如图所设。

(2) 以手柄 ABD 为研究对象，受力图如图 3-18b 所示，对该平面任意力系列出平衡方程

$$\sum M_A(\boldsymbol{F}) = 0, \quad 48F_P - 8F_B\cos\alpha = 0, \quad F_B = \frac{48F_P}{8\cos\alpha} = \frac{48F_P}{8 \times 20}\sqrt{20^2 + 2^2}\ \text{N} = 1206\ \text{N}$$

$$\sum F_x = 0, \quad -F_{Ax} + F_B\sin\alpha = 0, \quad F_{Ax} = F_B\frac{2}{\sqrt{20^2 + 2^2}}\ \text{N} = 120\ \text{N}$$

$$\sum F_y = 0, \quad F_{Ay} + F_B\cos\alpha - F_P = 0, \quad F_{Ay} = F_B\frac{20}{\sqrt{20^2 + 2^2}} - F_P = 1000\ \text{N}$$

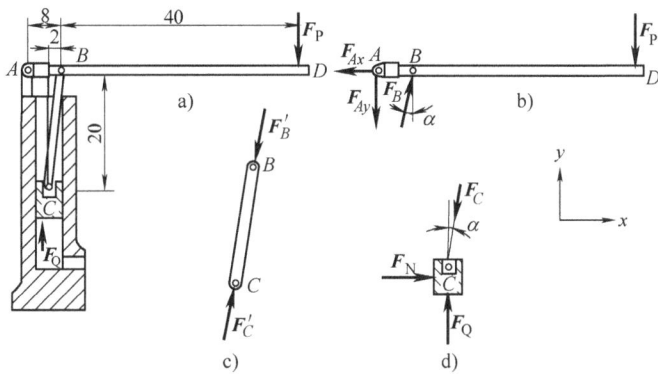

图 3-18

(3) 取连杆 BC 为研究对象。受力图如图 3-18c 所示。对二力杆 BC，结合作用力与反作用力原理，有
$$F'_B = F'_C = F_B = 1206\ \text{N}$$

(4) 取活塞 C 为研究对象。由受力图(图 3-18d)可知这是一个平面汇交力系的平衡问题，列出平衡方程求解

$$\sum F_y = 0, \quad F_Q - F_C\cos\alpha = 0$$

因为 $F'_C = F_C$，于是

$$F_Q = F_C\cos\alpha = \left(1200 \times \frac{20}{\sqrt{20^2 + 2^2}}\right)\text{N} = 1200\ \text{N}$$

【*例 3-8】 由梁 AB 和 BC 铰接而成的复梁 ABC 上作用有均布载荷 q，以及集中力 $F = qa$ 和集中力偶 $M = qa^2/2$，如图 3-19a 所示。试求 A、C 处的约束力。

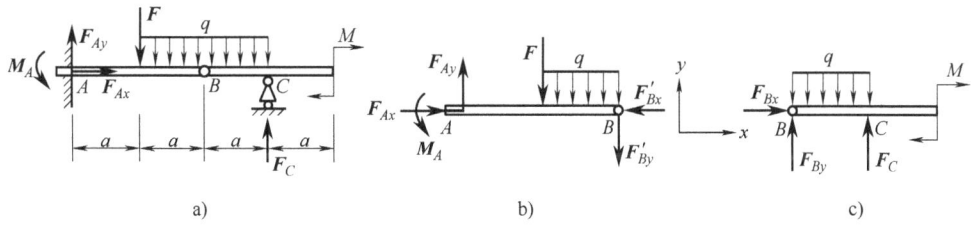

图 3-19

【解】 解除铰链约束后，梁 AB 和 BC 的受力图如图 3-19b 和 c 所示。先以梁 BC 为研究对象(图 3-19c)，列平衡方程并解出约束力：

$$\sum M_B = 0, \quad F_C a - \frac{1}{2}qa^2 - M = 0, F_C = qa \tag{a}$$

再以整梁为研究对象(图3-19a)，列平衡方程并求解

$$\sum F_x = 0, \quad F_{Ax} = 0 \tag{b}$$

$$\sum F_y = 0, \quad F_{Ay} - F - q \cdot 2a + F_C = 0, \quad F_{Ay} = 2qa \tag{c}$$

$$\sum M_A = 0, \quad M_A - Fa - q \cdot 2a \cdot 2a + F_C \cdot 3a - M = 0, \quad M_A = 2.5qa^2 \tag{d}$$

此结果的正确性可以通过对 AB 梁(图3-19b)的平衡方程求解得到校核。

通过以上各例，介绍了简单平衡问题的求解步骤和基本做法，这些步骤和做法同样也是求解较复杂物体系平衡问题的基础。

*第五节 平面静定桁架的内力计算

一、平面静定桁架的构成

由一些直杆彼此在两端用铰链连接而成的几何形状不变的结构，称为桁架(truss)。桁架在工程上应用很广，房屋建筑、起重机、电视塔、油田井架和桥梁上一般多采用桁架结构。桁架中杆件与杆件相连接的铰链，称为节点(node)。根据杆件材料的不同，常见的节点构造有：榫接，如图3-20a 所示；焊接，如图3-20b 所示；铆接，如图3-20c 所示；整浇，如图3-20d 所示。用这些方法连接起来的杆件的端部实际上是固定端，但是由于桁架的杆件都比较细长，端部对整个杆件转动的限制作用较小，因此，把节点抽象简化为光滑铰链不会引起太大的误差。所有杆件的轴线都在同一平面内的桁架，称为平面桁架(Plane truss)；杆件轴线不在同一平面内的桁架，则称为空间桁架(space framework)。

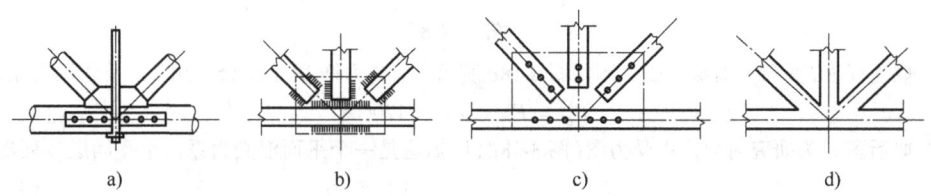

图 3-20

在对桁架结构进行受力分析时，为简化计算，通常可作如下假设：
(1) 轴线均为直线；
(2) 节点均为光滑铰链连接；
(3) 所有外力(包括主动力和约束力)均集中作用于节点，即杆件身体部分无任何外力；对于平面桁架，各力的作用线都在桁架的平面内。
(4) 杆件自重忽略不计；或将其自重可平均分配到杆件的两端节点上。

符合上述假定条件的桁架称为理想桁架(ideal truss)。

通过以上假设可知，桁架中的杆件同链杆约束具有相同的特点，即均为二力杆。所以，桁架具有如下优点：其中各杆均只承受拉力和压力。承受拉力或压力的杆件可以充分发挥工程材料的特性，节约材料，减轻结构的重量，特别是在大跨度的结构中，这种优越性更显著。这是桁架广泛用于工程的重要原因。

按照桁架的几何组成方式可将其分为简单桁架(Simple truss)、联合桁架(Joint truss)和复杂桁架(Miscellaneous truss)；其中简单桁架是在一相互铰接的三角形的基础上，每增加一个节点需增加两个杆件，如此延伸而形成的一个几何形状不变的整体，如图3-21所示；联合桁架是由简单桁架组合而成的；除了上述两类桁架以外的其他形式的桁架，称为复杂桁架。若仅由静力学平衡方程即可将桁架的约束力和各杆受的力全部求出，则称为静定桁架(Static set truss)，反之称为超静定桁架(Statically indeterminate truss)。

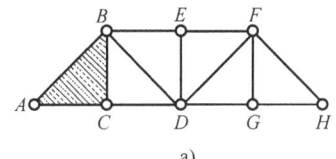
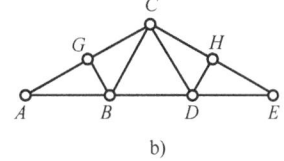

图 3-21

二、平面简单桁架的内力计算

平面简单静定桁架的内力计算有两种方法：节点法和局部法。

1. 节点法

节点法(node means)是以各个节点为研究对象的求解方法。这种方法求桁架中各杆受力的要点是：逐个考虑各节点的平衡，画出它们的受力图，应用平面汇交力系的平衡方程，根据已知力求出各杆所受的力。由于平面汇交力系只有两个平衡方程，因此应该正确选择节点的顺序，使每个节点的平衡方程中只有两个未知数，这样可以避免求解联立方程，从而简化计算。在受力图中，一般均假设杆受拉力，如果所得结果为负值，则表示该杆受压。节点法适用于求解桁架中所有各杆件受的力的情况。

【例 3-9】 用节点法求平面桁架各杆受的力，载荷及几何尺寸如图 3-22a 所示。

【解】 (1) 求平面桁架的支座约束力，受力如图 3-22a 所示。列平衡方程

$$\sum M_A(\boldsymbol{F}) = 0, \quad 16\text{ m} \times F_B - 4\text{ m} \times 10\text{ kN} - 8\text{ m} \times 10\text{ kN} - 12\text{ m} \times 10\text{ kN} - 16\text{ m} \times 10\text{ kN} = 0$$

$$\sum F_x = 0, \quad F_{Ax} = 0$$

$$\sum F_y = 0, \quad F_{Ay} + F_B - 5 \times 10\text{ kN} = 0$$

即得
$$F_{Ax} = 0, \quad F_{Ay} = F_B = 25\text{ kN}$$

(2) 求平面桁架各杆受的力。假设各杆均受拉力。

① 节点 1：受力如图 3-22b 所示，列平衡方程

$$\sum F_x = 0, \quad F_{14} = 0$$

$$\sum F_y = 0, \quad -F_{12} - 10\text{ kN} = 0$$

即得
$$F_{14} = 0, \quad F_{12} = -10\text{ kN}(压)$$

② 节点 2：受力如图 3-22c 所示，列平衡方程

$$\sum F_x = 0, \quad F_{23} + F_{24}\cos 45° = 0$$

$$\sum F_y = 0, \quad F_{12} + F_{24}\sin 45° + F_{Ay} = 0$$

由于 $F_{21} = F_{12} = -10\text{ kN}$，代入上式得

$$F_{24} = -15\sqrt{2}\text{ kN}(压), \quad F_{23} = 15\text{ kN}(拉)$$

③ 节点 3：受力如图 3-22d 所示，列平衡方程

$$\sum F_x = 0, \quad F_{36} - F_{32} = 0, \quad \sum F_y = 0, \quad F_{34} = 0$$

由于 $F_{32} = F_{23} = 15\text{ kN}$，代入上式得

$$F_{36} = 15\text{ kN}(拉), \quad F_{34} = 0$$

④ 节点 4：受力如图 3-22e 所示，列平衡方程

$$\sum F_x = 0, \quad F_{45} + F_{46}\cos 45° - F_{41} - F_{42}\cos 45° = 0$$

$$\sum F_y = 0, \quad -F_{43} - F_{46}\sin 45° - F_{42}\sin 45° - 10 = 0$$

由于 $F_{41} = F_{14} = 0$，$F_{42} = F_{24} = -15\sqrt{2}\text{ kN}$，$F_{43} = F_{34} = 0$，代入上式得

$$F_{45} = -20\text{ kN}(压), \quad F_{46} = 5\sqrt{2}\text{ kN}(拉)$$

⑤ 节点 5：受力如图 3-22f 所示，列平衡方程

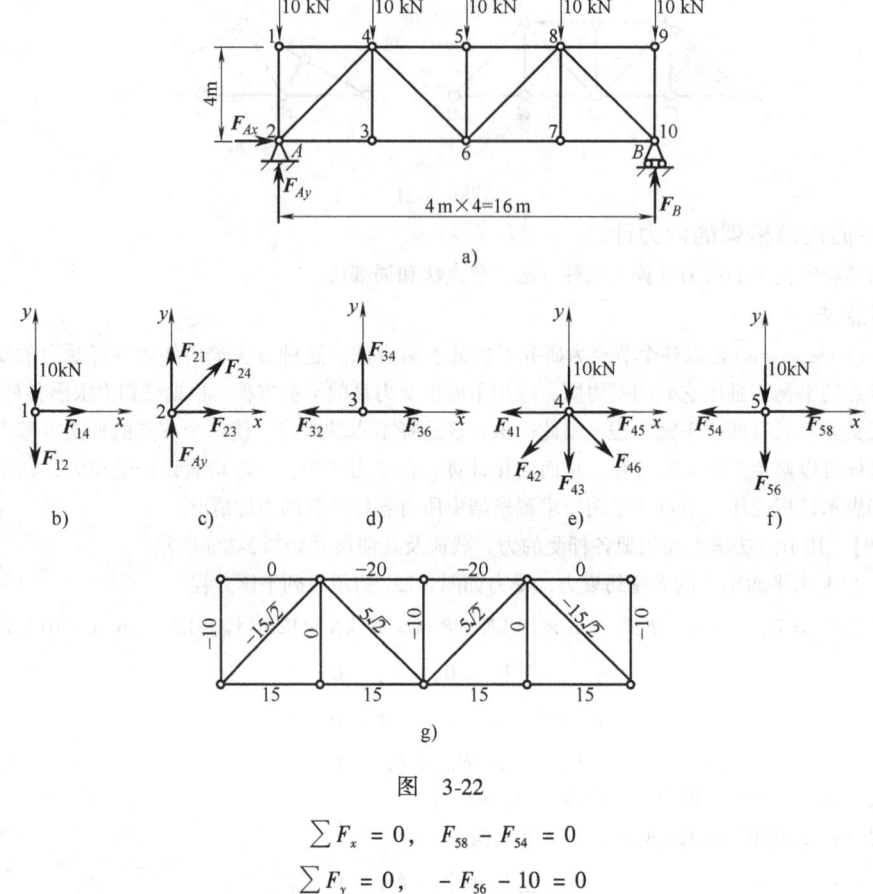

图 3-22

$$\sum F_x = 0, \quad F_{58} - F_{54} = 0$$
$$\sum F_y = 0, \quad -F_{56} - 10 = 0$$

由于 $F_{54} = F_{45} = -20$ kN，代入上式得

$$F_{58} = -20 \text{ kN}(压), \quad F_{56} = -10 \text{ kN}(压)$$

根据对称性，剩余计算不再赘述，将各杆受的力表示在图 3-22g 中。

由上面例子可见，桁架中存在不受力的杆，通常将不受力的杆称为**零力杆**(Zero Beam-Column)。如果在计算之前将桁架中零力杆找出来，便可以节省这部分计算工作量。下面根据节点平衡的特点，给出一些特殊情况下判断零力杆的方法：

(1) 一个节点连着两个杆，当该节点无荷载作用时，这两个杆均为零力杆；

(2) 三个杆汇交的节点上无荷载作用时，且其中两个杆在同一条直线上，则第三个杆为零力杆，在同一条直线上的两个杆受的力大小相等，符号相同；

(3) 四个杆汇交的节点上无荷载作用时，且其中两个杆在同一条直线上，另外两个杆在另一条直线上，则共线的两杆受的力大小相等，符号相同。

2. 局部法

局部法(part means)是以桁架的局部为研究对象的求解方法。如果只需求桁架中个别几个杆受的力，则可采用局部法。一般可先求出桁架的支座约束力，然后取桁架中几个杆件构成的局部作为研究对象，局部所受的力一般构成平面任意力系，列相应的平衡方程求解。

因为平面任意力系独立的平衡方程只有三个，故应适当地选择杆件构成的局部，使其未知力不超过三个，以便简化计算。对于某些复杂的桁架，有时需要多次使用局部法或综合应用局部法和节点法才能求解。具体解法见下例。

【例 3-10】 试求图 3-23a 所示平面桁架中 1、2、3 杆受的力。

第三章 平面任意力系

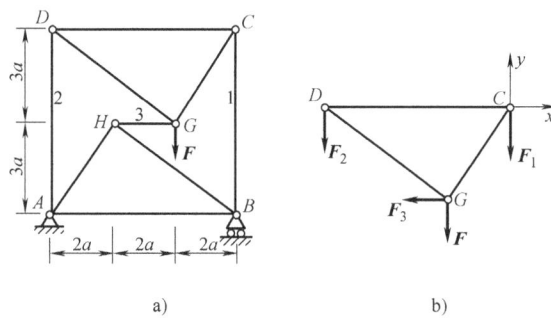

图 3-23

【解】 由于只需求桁架中3个杆受的力，故可运用局部法求解。本题可省略支座约束力的求解。假想地将桁架中铰链 C、D、G 处的1、2、3杆拆除，取由杆 DC、杆 CG 和杆 GD 构成的 CDG 部分为研究对象。假设1、2、3杆均受拉力，则 CDG 部分的受力图如图3-23b所示，列出平面一般力系的平衡方程

$$\sum F_x = 0, \quad -F_3 = 0$$
$$\sum F_y = 0, \quad -F_1 - F_2 - F = 0$$
$$\sum M_G(\boldsymbol{F}) = 0, \quad F_2 \cdot 4a - F_1 \cdot 2a = 0$$

联立求解，得

$$F_1 = -\frac{2}{3}F(压力), \quad F_2 = -\frac{1}{3}F(压力), \quad F_3 = 0$$

【例 3-11】 试求图3-24a所示屋顶桁架中11杆受的力，已知 $F = 10\text{kN}$。

【解】（1）先以整体为研究对象求支座约束力。受力如图3-24b所示。按图示坐标列平衡方程

$$\sum F_x = 0, \quad F_{Ax} = 0 \tag{1}$$

$$\sum M_B(\boldsymbol{F}) = 0, \quad 8F + 16F + 20F - 24F_{Ay} = 0 \tag{2}$$

由式（2）解得 $F_{Ay} = 18.33 \text{ kN}$

（2）运用局部法，假想地将桁架中铰链 E 处的8、9杆拆除、铰链 G 处的10杆拆除，取桁架左半部分 AEG 为研究对象，假设8、9、10杆均受拉力，则 AEG 部分的受力图如图3-24c所示。列写平衡方程

$$\sum M_D(\boldsymbol{F}) = 0, \quad -6F_8 \cdot \cos\alpha - 12F_{Ay} + 4F + 8F = 0 \tag{3}$$

得

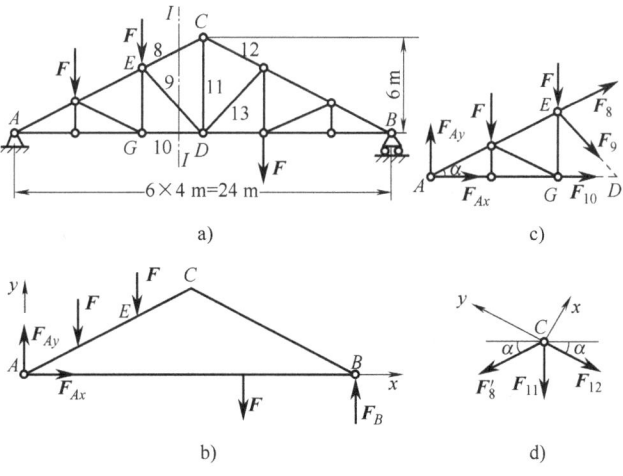

图 3-24

$$F_8 = -18.63 \text{ kN}$$

(3) 再运用节点法，取节点 C 为研究对象，受力图如图 3-24d 所示。按图示坐标列写平衡方程

$$\sum F_x = 0, \quad -F'_8 \cdot \sin 2\alpha - F_{11} \cdot \cos \alpha = 0 \tag{4}$$

代入 $F'_8 = F_8 = -18.63 \text{ kN}$，得

$$F_{11} = -F'_8 \cdot 2\sin \alpha$$
$$= [-(-18.63) \times 2 \times 0.4472] \text{ kN}$$
$$= 16.66 \text{ kN}$$

思 考 题

1. 何谓平面任意力系？有何意义？试举例说明。
2. 何谓力的平移定理？有何意义？如何平移？
3. 怎样将平面任意力系简化？简化结果是什么？什么情况下才能平衡？平衡方程式是什么？
4. 某平面力系向平面内 A、B 两点简化的主矩皆为零，此力系简化的最终结果可能是一个力吗？可能是一个力偶吗？可能平衡吗？
5. 试判断图 3-25 所示的结构哪个是静定的？哪个是超静定的？

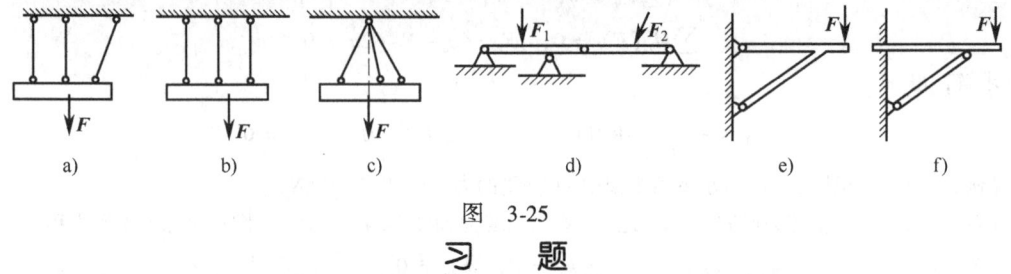

图 3-25

习 题

3-1 梁 AB 的支座如题 3-1 图所示。在梁的中点作用一力 $F = 20 \text{ kN}$，力和轴线成 $45°$ 角，若梁的重量略去不计，试分别求 a) 和 b) 两情形下的支座约束力。

3-2 水平梁的支承和载荷如题 3-2 图所示，已知力偶矩为 M，均布载荷的集度为 q。试求 A 处的约束力。

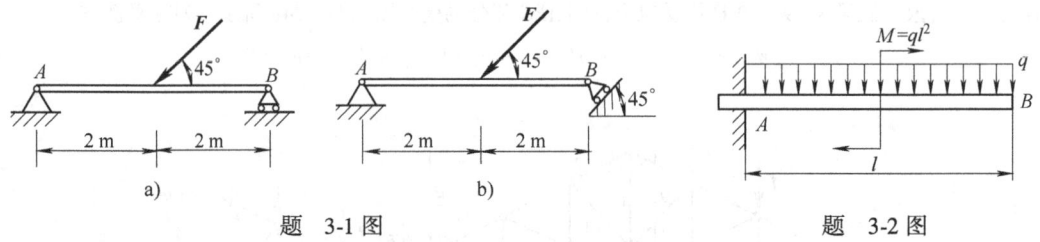

题 3-1 图   题 3-2 图

3-3 题 3-3 图所示的水平梁，已知载荷集度 q、力偶矩 M 和集中力 F。试求 A、B 处的约束力。

3-4 安装设备时常用起重摆杆，其简图如题 3-4 图所示。起重摆杆 AB 重 $G_1 = 1.8 \text{ kN}$，作用在 AB 中点 C 处，提升的设备重量为 $G = 20 \text{ kN}$。试求系在起重摆杆 A 端的绳 AD 的拉力及 B 处的约束力。

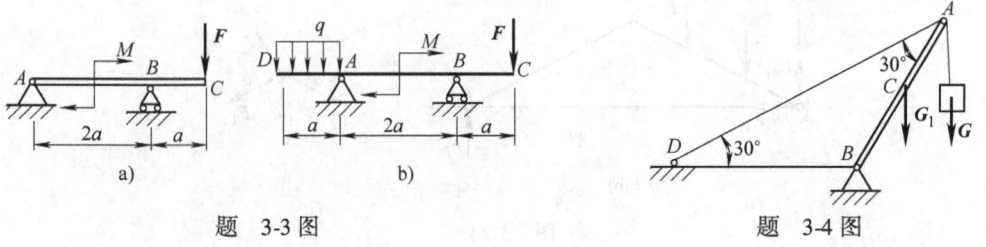

题 3-3 图   题 3-4 图

3-5 有一管道支架 ABC 如题 3-5 图所示，A、B、C 处均为理想的圆柱形铰链约束。已知该支架承受的两管道的重量均为 G = 4.5 kN，尺寸如图示。试求管架中 A 处的约束力及 BC 杆所受的力。

3-6 如题 3-6 图所示立柱的 A 端是固定端，已知 $F_1 = 4$ kN，$F_2 = 6$ kN，$F_3 = 2.5$ kN，力偶矩 $M = 5$ kN·m，尺寸如图所示。试求固定端的约束力。

3-7 如题 3-7 图所示化工厂用的高压反应塔，高为 H，外径为 D，底部用螺栓与地基紧固连接。塔所受风力可近似简化为两段均布载荷，在离地面 H_1(m) 高度以下，风力的平均强度为 p_1(N/m^2)，H_2(m) 上的平均强度为 p_2(N/m^2)。试求底部支承处由于风载引起的约束力。风压按迎风曲面在垂直风向的平面上投影面积计算。

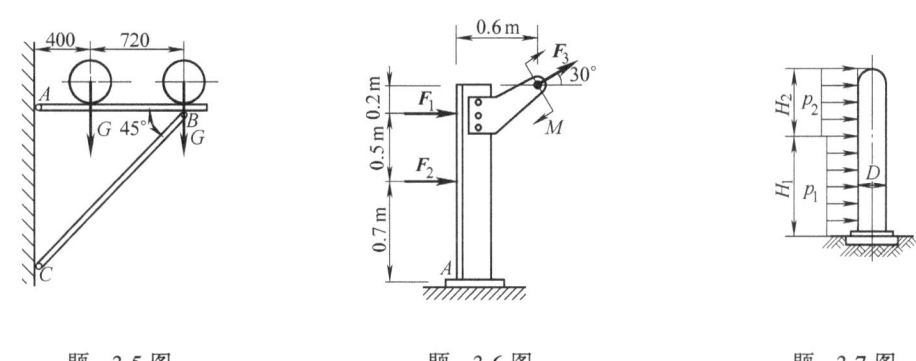

题 3-5 图　　　　　题 3-6 图　　　　　题 3-7 图

3-8 如题 3-8 图所示独轮车和它里面重物的重量为 W，质心在 G 点。求不使独轮车倾覆的最大角度 θ。

3-9 如题 3-9 图所示起重机包括三部分，重量分别为 $W_1 = 14000$ N，$W_2 = 3600$ N，$W_3 = 6000$ N，重心分别在 G_1、G_2、G_3 点。忽略起重机臂的重量。(a)如果以恒定的速度提升重量为 3200 N，求每个车轮的约束力；(b)求起重机臂保持在图示的位置而不发生倾覆可以提升的最大载荷。

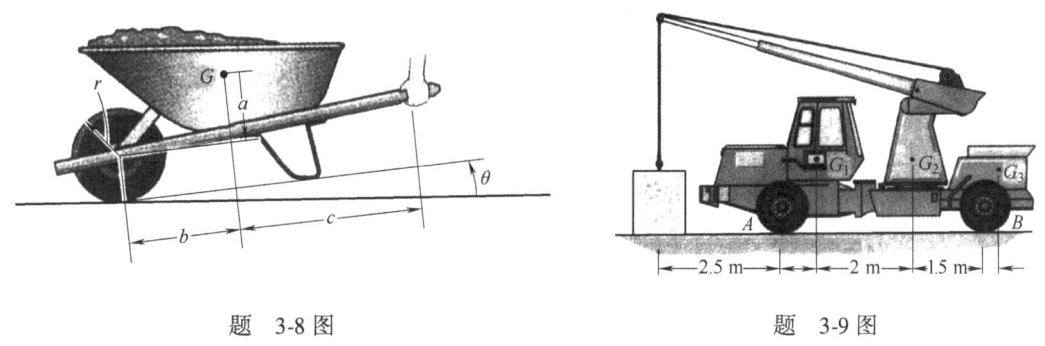

题 3-8 图　　　　　　　　题 3-9 图

3-10 求题 3-10 图所示的梁合力作用点在梁上相对 A 点的位置。

3-11 求题 3-11 图所示的梁支座上约束力的水平分力和垂直分力。忽略梁的厚度。

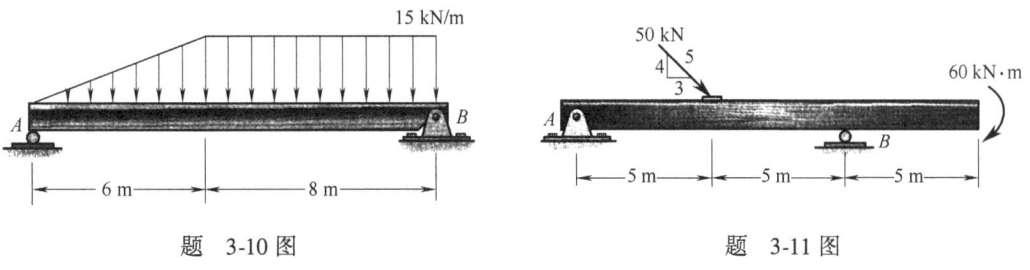

题 3-10 图　　　　　　　题 3-11 图

3-12 题 3-12 图所示一女士的重量为 480 N，假设女士的重量都放在一只脚上，并且约束力产生在图示的 A 和 B 点，当女士穿平底鞋和高跟鞋时，比较施加在脚跟和脚尖的力。

3-13 题 3-13 图所示船舶斜梯的重量为 1000 N，重心在 G 点。为了能够提升斜梯，求绳索 CD 的拉力（即 B 点的约束力为 0），并且求铰接点 A 处约束力的水平和垂直分量。

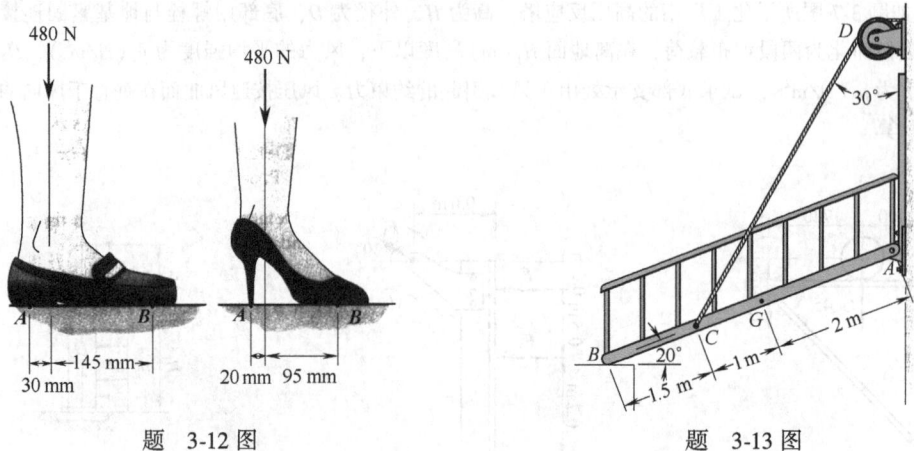

题 3-12 图   题 3-13 图

3-14 四连杆机构 ABCD 在题 3-14 图所示位置平衡。已知：$AB = 40$ cm，$CD = 60$ cm，在 AB 上作用一力偶，其力偶矩大小 $M_1 = 1$ N·m。试求力偶矩 M_2 的大小和杆 BC 所受的力。各杆的重量不计。

3-15 题 3-15 图所示为卧式刮刀离心机的耙料装置。耙齿 D 对物料的作用力是借助于重为 G 的重块产生的。耙齿装于耙杆 OD 上。已测得尺寸：$OA = 50$ mm，$OD = 200$ mm，$AB = 300$ mm，$BC = 150$ mm，$CE = 150$ mm，在图示位置时使作用在耙齿上的力 $F_P = 120$ N，问重块的重量 G 应为多少？

3-16 油压工作台的工作原理如题 3-16 图所示。当油压筒 AB 伸缩时，可使工作台 DE 绕点 O 转动。如工作台连工件共重 $Q = 1.2$ kN，重心在点 C；油压筒可近似地看成均质杆，重 $W = 100$ N，在图示位置时工作台 DE 成水平。已知支点 O 和 A 在同一铅直线上，且 $OB = OA = 0.6$ m，$OC = 0.2$ m。求支座 A 和 O 的约束力。

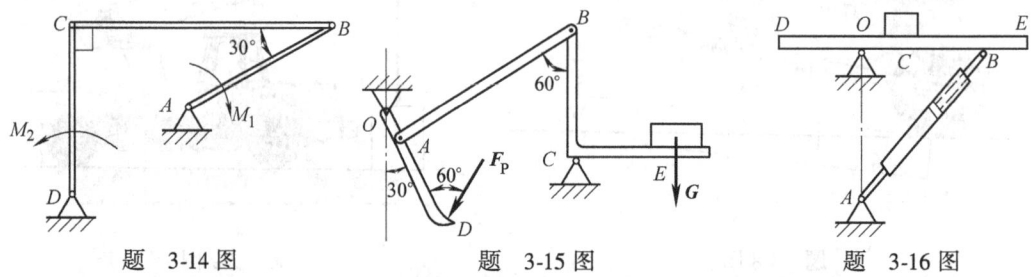

题 3-14 图   题 3-15 图   题 3-16 图

3-17 题 3-17 图所示 AB 梁和 BC 梁用中间铰 B 连接，A 端为固定端，C 端为斜面上活动铰链支座。已知 $F = 20$ kN，$q = 5$ kN/m，$\alpha = 45°$，求支座 A 的约束力。

3-18 题 3-18 图所示组合梁，AC 及 CE 用铰链在 C 连接而成。已知 $l = 8$ m，$F = 5$ kN，均布载荷集度 $q = 2.5$ kN/m，力偶的矩 $M = 5$ kN·m。求支座 A、B 及 E 处的约束力。

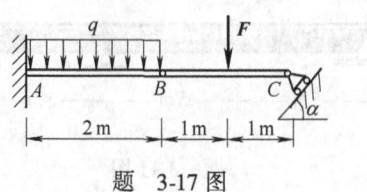   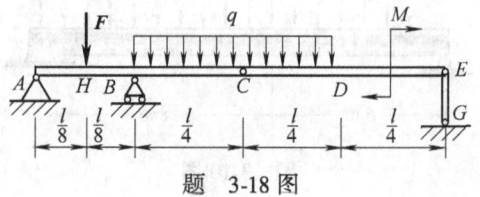

题 3-17 图   题 3-18 图

3-19　题 3-19 图所示构架中，各杆单位长度的自重均为 30 N/m，载荷 $G = 1000$ N。求固定端 A 处及 B、C 铰链处的约束力。

3-20　题 3-20 图所示构架由三个杆件组成，求铰接点 A、B 和 C 处约束力的水平和垂直分量，以及固定支座 D 的约束力。

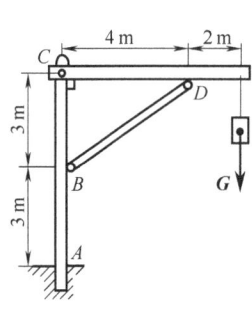

题　3-19 图

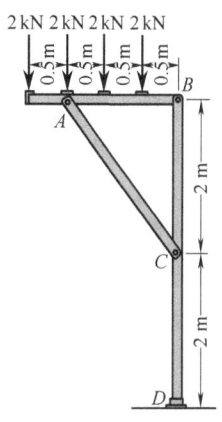

题　3-20 图

3-21　如题 3-21 图所示桥梁桁架，求杆件 GF、CF 和 CD 所受的力，并且指明是受压还是受拉。

3-22　如题 3-22 图所示平面桁架，已知尺寸 d 和荷载 $F_A = 10$ kN，$F_E = 20$ kN，试求每个杆件所受的力。

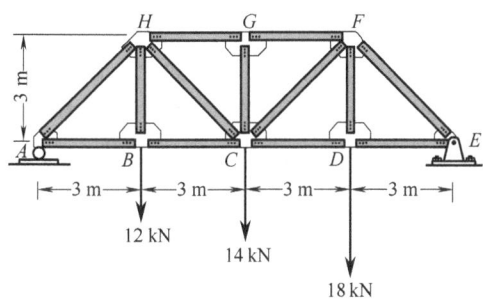

题　3-21 图

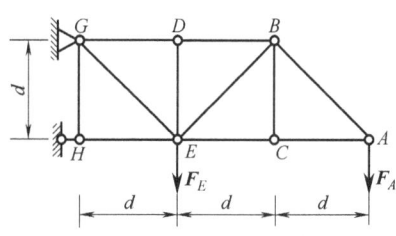

题　3-22 图

第四章 摩 擦

两相接触的物体当有相对运动或相对运动趋势时，两物体间彼此产生了相互阻碍其运动的现象，这种现象称为摩擦(friction)。摩擦是自然界普遍存在的，没有摩擦就没有世界。

在以上各章中研究物体平衡问题时，若物体的接触面较光滑，摩擦对物体的运动状态(如平衡)影响不大时，为简化研究和计算，均略去了物体间的摩擦，把物体的接触面抽象为绝对光滑的。实际上，有时摩擦存在会对物体的平衡或运动起着决定性的作用。例如，带传动、车辆的开动与制动等都依靠摩擦。在精密测量仪表的运转中，即使摩擦很小，也会对机构的灵敏度和结果的准确性带来影响。机器运转时，由于摩擦引起机件磨损、噪声和能量消耗。所以摩擦具有两重性：有利有弊。有时摩擦不但不能忽略，甚至成了需要考虑的主要问题，因此有必要认识摩擦的基本理论和计算。

根据两相接触物体之间的相对运动(或运动趋势)是滑动还是滚动，摩擦分为滑动摩擦和滚动摩擦，这里主要讨论工程中的滑动摩擦。

第一节 滑 动 摩 擦

两个相互接触的物体，发生相对滑动或存在相对滑动趋势时，在接触面处，彼此间就会有阻碍相对滑动的力存在，此力称为滑动摩擦力(friction force)。显然，滑动摩擦力作用在物体的接触面处，其方向沿接触面的切线方向并与物体相对滑动或相对滑动趋势方向相反。按两接触物体间的相对滑动是否存在，滑动摩擦力又可分为静滑动摩擦力、最大静摩擦力和动滑动摩擦力。

一、静滑动摩擦力和静滑动摩擦定律

下面通过如图 4-1 所示的简单实验，来分析滑动摩擦力的特征。

在水平桌面上放一重 G 的物块，用一根绕过滑轮的绳子系住，绳子的另一端挂一砝码盘(图 4-1a)。若不计绳重和滑轮的摩擦，物块平衡时，绳对物块的拉力 F_T 的大小就等于砝码及砝码盘重量的总和。拉力 F_T 使物块产生向右的滑动趋势，而桌面对物块的摩擦力 F 阻碍物块向右滑动。当拉力 F_T 不超过某一限度时，物块静止。此时的摩擦力称为静滑动摩擦力，简称静摩擦力，通常情况下静摩擦力用 F_f (或 F_S) 表示 (图 4-1b)。由于此时物体乃处于平衡状态，故 F_f 可由平衡条件 ($\sum F_x = 0$) 确定。可知静摩擦力与拉力大小相等，即 $F_f = F_T$；若拉力 F_T 逐渐增大，物块的滑动趋势随之逐渐增强，静摩擦力 F_f 也相应增大。

由此可见，静摩擦力具有约束力

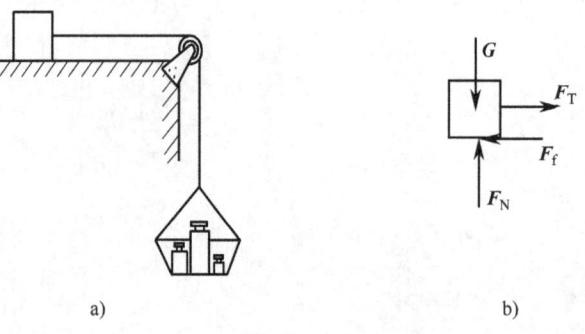

图 4-1

的性质,它的方向与物体相对滑动趋势相反,其大小取决于主动力,是一个不固定的值。然而,静摩擦力又与一般的约束力不同,不能随主动力的增大而无限增大,当拉力增大到某一值时,物块处于将要滑动而尚未滑动的状态(称临界平衡状态),静摩擦力也达到了极限值,称之为最大静滑动摩擦力,简称最大静摩擦力,记作 F_{fmax}。此时,只要主动力 F_T 再稍微增加,物块即开始滑动。这说明,静摩擦力是一种有限值的约束力,即 $0 \leq F_f \leq F_{fmax}$。

实验证明,最大静摩擦力 F_{fmax} 的大小与两物体间的正压力(即法向压力)成正比,即

$$F_{fmax} = f_s F_N \tag{4-1}$$

这就是静滑动摩擦定律(又称最大静摩擦力定律),是工程中常用的近似理论。式中的 f_s(或 f)称为静滑动摩擦因数,简称静摩擦因数(static friction factor)。f_s 是量纲为一的比例常数,其大小主要取决于接触面的材料及表面状况(粗糙度、温度、湿度等),其值可由实验测定,如钢与钢之间的静滑动摩擦因数约为 0.10~0.15。工程中常用材料的摩擦因数可由工程手册中查得。表 4-1 给出了几种常见材料的滑动摩擦因数。

表 4-1 常用材料的滑动摩擦因数

材料名称	静摩擦因数		动摩擦因数	
	无润滑	有润滑	无润滑	有润滑
钢-钢	0.15	0.1~0.12	0.15	0.05~0.1
钢-软钢	—	—	0.2	0.1~0.2
钢-铸铁	0.3	—	0.18	0.05~0.15
钢-青铜	0.15	0.1~0.15	0.15	0.1~0.15
软钢-铸铁	0.2	—	0.18	0.05~0.15
软钢-青铜	0.2	—	0.18	0.07~0.15
铸铁-青铜	—	—	0.15~0.2	0.07~0.15
青铜-青铜	—	0.1	0.2	0.07~0.1
铸铁-铸铁	—	0.18	0.15	0.07~0.12
皮革-铸铁	0.3~0.5	0.15	0.6	0.15
橡皮-铸铁	—	—	0.8	0.5
木材-木材	0.4~0.6	0.1	0.2~0.5	0.07~0.15

二、动滑动摩擦定律

在如图 4-1 所示的实验中,当 F_T 的值超过 F_{fmax} 的值时物体就开始滑动了。当两个相互接触的物体发生相对滑动时,接触面间的摩擦力称为动摩擦力(kinetic friction force),用 F_d 表示。显然,动摩擦力的方向与物体相对滑动的方向相反。

对物体的动滑动摩擦力,也已由大量实验证明,动滑动摩擦力的大小也与物体间的正压力 F_N 成正比,即

$$F_d = f_d F_N \tag{4-2}$$

式(4-2)即动滑动摩擦定律(kinetic friction force principle)。式中的比例系数 f_d 称为动滑动摩擦因数,简称动摩擦因数(kinetic friction factor)。f_d 也是量纲为一的比例常数,其大小除了与接触面的材料以及表面状况等有关外,还与物体相对滑动速度的大小有关,随速度的增大而减小。但当速度变化不大时,一般不予考虑速度的影响,将 f_d 视为常数。动摩擦因数 f_d

一般小于静摩擦因数 f_s（见表 4-1），但在精度要求不高时，可近似地认为二者相等。即
$$f_d \approx f_s$$

综上所述，滑动摩擦力的计算分如下三种情况：

（1）物体相对静止时（只有相对滑动趋势），根据其具体平衡条件计算；

（2）物体处于临界平衡状态时（只有相对滑动趋势），$F_f = F_{fmax} = f_s F_N$；

（3）物体有相对滑动时，$F_d = f_d F_N$。

可见，在求摩擦力时，首先要分清物体处于哪种情况，然后选用相应的方法计算。

在机器中，往往用降低接触表面的粗糙度或加入润滑剂等方法，使动摩擦因数降低，以减小摩擦和磨损。

三、摩擦角的概念和自锁现象

如图 4-2a 所示的物体受到向右水平力 F 的作用，当有摩擦时，支承面对物体的约束力包含法向力 F_N 和切向力 F_f（即静摩擦力）。其矢量和 $F_{Rf} = F_N + F_f$ 称为支承面的**全约束力**（constraint），它的作用线与接触面的公法线成一偏角 φ。

当物块处于平衡的临界状态时，静摩擦力达到最大值，偏角 φ 也达到最大值 φ_m，如图 4-2b 所示。全约束力与法线间的夹角的最大值 φ_m 称为摩擦角（angle of friction）。由图可得

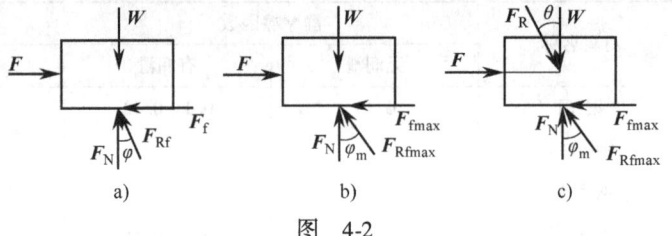

图 4-2

$$\tan\varphi_m = \frac{F_{fmax}}{F_N} = \frac{f_s F_N}{F_N} = f_s \tag{4-3}$$

即摩擦角的正切等于静摩擦因数。可见，摩擦角与摩擦因数一样，都是表示材料的表面性质的量。

摩擦角的概念在工程中具有广泛应用。如果主动力的合力 F_R（图 4-2c 所示）的作用线在摩擦角内，则不论 F_R 的数值为多大，物体总处于平衡状态，这种现象在工程上称为"自锁"，即自锁的条件为

$$\theta \leqslant \varphi_m \tag{4-4}$$

式中，θ 为主动力合力 F_R 的作用线与接触面法线之间的夹角。

当 $\theta < \varphi_m$ 时，物体处于平衡状态，也就是**摩擦自锁**（self locking by friction）。

当 $\theta > \varphi_m$ 时，物体不平衡，不自锁。工程上经常利用这一原理，设计一些机构和夹具，使它自动卡住；或设计一些机构，保证其不卡住。

一个典型的例子是放在倾角 α 小于摩擦角 φ_m 的斜面上的重物（图 4-3a），不论其重量多大，都能在斜面上保持静止而不下滑。工程中常用的螺旋器械（图 4-3b）在原理上是与斜面上重物的自锁类似的，为了保证旋转螺旋的主动力偶撤去后，螺纹不致在轴向力的作用下反转，螺纹的升角 α 必须小于摩擦角 φ_m。

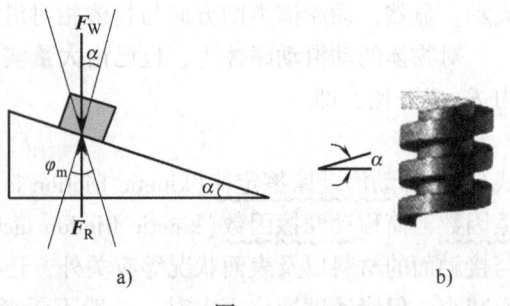

图 4-3

第二节 考虑滑动摩擦的平衡问题

考虑具有摩擦时的物体或物系的平衡问题，在解题步骤上与前面讨论的平衡问题基本相同，也是用平衡方程来解决，只是在受力分析中必须考虑摩擦力的存在。

这里要严格区分物体是处于一般的平衡状态还是临界的平衡状态。在一般平衡状态下，静摩擦力 F_f 由平衡条件确定。其大小应满足 $0 \leq F_f \leq F_{fmax}$ 的条件，方向与相对滑动趋势的方向相反。

临界平衡状态下，摩擦力为最大值 F_{fmax}，应该满足 $F = F_{fmax}$ 的关系式。

考虑摩擦的平衡问题，一般可分为下述二种类型：

1）求物体的平衡范围。由于静摩擦力的值 F_f 可以随主动力而变化（只要满足 $F_f \leq F_{fmax}$）。因此在考虑摩擦的平衡问题中，物体所受主动力的大小或平衡位置允许在一定范围内变化。这类问题的解答往往是一个范围值，称为平衡范围。

2）已知物体处于临界的平衡状态，求此时主动力的大小或物体的平衡位置（距离或角度）。应根据摩擦力的方向，利用补充方程 $F_{fmax} = f_s F_N$ 进行求解。

【例 4-1】 如图 4-4a 所示，用绳拉重 $G = 500$ N 的物体，物体与地面的静摩擦因数 $f_s = 0.2$，绳与水平面间的夹角 $\alpha = 30°$，试求：(1)当物体处于平衡，且拉力 $F_T = 100$ N 时，摩擦力 F_f 的大小；(2)欲使物体产生滑动，求拉力 F_T 的最小值 F_{Tmin}。

【解】 对物体作受力分析，它受拉力 F_T、重力 G、法向约束力 F_N 和滑动摩擦力 F_f 作用，由于在主动力作用下，物体相对地面有向右滑动的趋势，所以 F_f 的方向应向左，受力如图 4-4b 所示。

以水平方向为 x 轴，铅垂方向为 y 轴，若不考虑物体的尺寸，则其所受的力组成一个平面汇交力系。列出平衡方程

$$\sum F_x = 0, \quad F_T \cos\alpha - F_f = 0$$
$$F_f = F_T \cos\alpha = (100 \times 0.867) \text{ N}$$
$$= 86.7 \text{ N}$$

为求拉动此物体所需的最小拉力

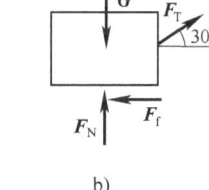
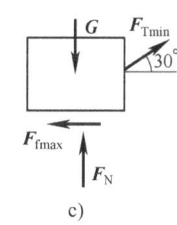

图 4-4

F_{Tmin}，则考虑物体处于将要滑动但未滑动的临界状态，这时的静滑动摩擦力达到最大值。受力分析和前面类似，只需将 F_f 改为 F_{fmax} 即可。受力图如图 4-4c 所示。列出平衡方程

$$\sum F_x = 0, \quad F_{Tmin}\cos\alpha - F_{fmax} = 0 \tag{1}$$

$$\sum F_y = 0, \quad F_{Tmin}\sin\alpha - G + F_N = 0 \tag{2}$$

根据静滑动摩擦定律可列出
$$F_{fmax} = f_s F_N \tag{3}$$

联立求解得

$$F_{Tmin} = \frac{f_s G}{\cos\alpha + f_s \sin\alpha} = \frac{0.2 \times 500}{\cos 30° + 0.2\sin 30°} \text{ N} = 103 \text{ N}$$

【例 4-2】 图 4-5a 为小型起重机的制动器。已知制动器摩擦块 C 与滑轮表面间的静摩擦因数为 f_s，作用在滑轮上力偶的力偶矩为 M，A 和 O 分别是铰链支座和轴承。滑轮半径为 r，求制动滑轮所必须的最小力 F_{min}。

【解】 当滑轮刚刚能停止转动时，F 力的值最小，而制动块与滑轮之间的滑动摩擦力将达到最大值。

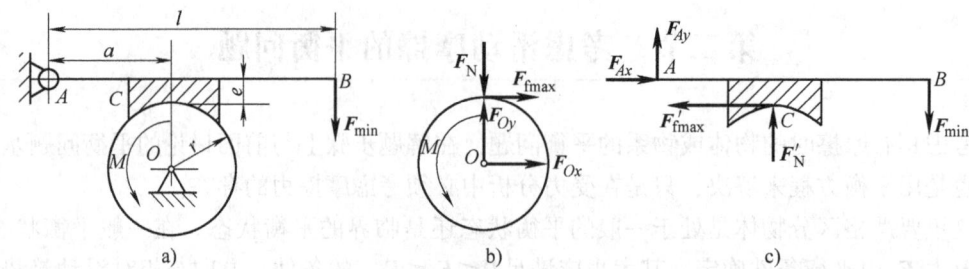

图 4-5

以滑轮为研究对象。受力分析后计有法向约束力 F_N、外力偶 M、摩擦力 F_{fmax} 及轴承 O 处的约束力 F_{Ox}、F_{Oy}；受力图如图 4-5b 所示。列出一个力矩平衡方程

$$\sum M_O(F) = 0, \quad M - F_{fmax} r = 0 \tag{1}$$

由此解得
$$F_{fmax} = M/r$$

又因为
$$F_{fmax} = f_s F_N$$

故
$$F_N = M/(f_s r)$$

再以制动杆 AB 和摩擦块 C 为研究对象，画出受力图（图 4-5c），列力矩平衡方程

$$\sum M_A(F) = 0, \quad F'_N a - F'_{fmax} e - F_{min} l = 0 \tag{2}$$

由于
$$F'_{fmax} = f_s F'_N \quad \text{和} \quad F_N = F'_N \tag{3}$$

联立求解可得
$$F_{min} = \frac{M(a - f_s e)}{f_s r l}$$

【例 4-3】 如图 4-6a 所示为凸轮机构。已知推杆与滑道间的摩擦因数为 f_s，滑道宽度为 b。问 a 为多大，推杆才不致被卡住。设凸轮与推杆接触处的摩擦忽略不计。

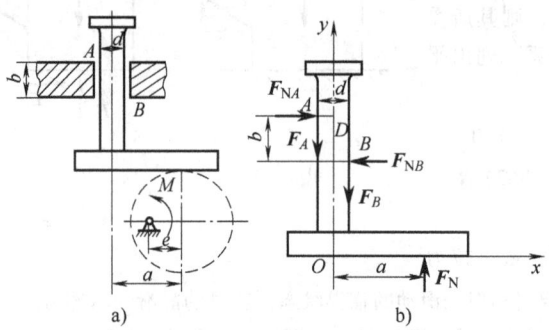

图 4-6

【解】 此题属求平衡位置的问题，即不发生自锁现象。取推杆为研究对象，其受力分析如图 4-6b 所示，推杆除受凸轮推力 F_N 作用外，在 A、B 处还受法向约束力 F_{NA}、F_{NB} 作用，由于推杆有向上滑动趋势则摩擦力 F_A、F_B 的方向向下。

列出平衡方程

$$\sum F_x = 0, \quad F_{NA} - F_{NB} = 0 \tag{a}$$

$$\sum F_y = 0, \quad -F_A - F_B + F_N = 0 \tag{b}$$

$$\sum M_D(F) = 0, \quad F_N a - F_{NB} b - F_B \frac{d}{2} + F_A \frac{d}{2} = 0 \tag{c}$$

考虑平衡的临界情况（即推杆将动而尚未动时），摩擦力达到最大值。根据静摩擦定律可写出

$$F_A = f_s F_{NA} \tag{d}$$

$$F_B = f_s F_{NB} \quad (e)$$

联立以上五式可解得

$$a = \frac{b}{2f_s}$$

要保证机构不发生自锁现象(即不被卡住),必须使 $a < b/2f_s$,读者自行分析原因。

*第三节 滚动摩阻简介

当两个相互接触的物体有相对滚动趋势或相对滚动时,物体间产生对滚动的阻碍称为滚动摩擦。用滚动代替滑动可以大大地省力,因而被广泛地采用,如搬运沉重的物体时,在物体下安放一些小滚子(图 4-7);轴在轴承中转动,用滚动轴承要比滑动轴承好(图 4-8)等。但是滚动也有一定的阻力,存在什么样的阻力? 机理又是什么? 这也是一个比较复杂的问题。下面通过简单的实例来分析这些问题。设在水平面上放置一重为 W、半径为 r 的圆轮,在其中心 O 作用一水平力 F,当力 F 不大时,圆轮仍保持静止。若圆轮的受力情况如图 4-9a 所示时,则圆轮不可能保持平衡。因为静滑动摩擦力只与力 F 组成一力偶,将使圆轮发生滚动。但事实上当力 F 不大时,圆轮是可以平衡的。产生这一矛盾的原因是,圆轮和水平面实际上并不是绝对刚性的,当两者相互压紧时,一般会产生微量的接触变形,它们之间的约束力将不均匀地分布在小接触面上(图 4-9b)。由力系简化理论,将此分布力向 A 点简化,得到一个力 F_R 和一个力偶,力偶的矩为 M_f,如图 4-9c 所示。这个力 F_R 可以分解为摩擦力 F_S 和法向约束力 F_N,称这个矩为 M_f 的力偶为<u>滚动摩阻力偶</u>(Rolling resistance accidentally),简称滚阻力偶。它与力偶 (F_R, F_S) 平衡,转向与滚动趋势相反,如图 4-9d 所示。实际上,在力 F 较小时,圆轮没有滚动,正是这个滚动摩阻力偶在起阻碍作用。

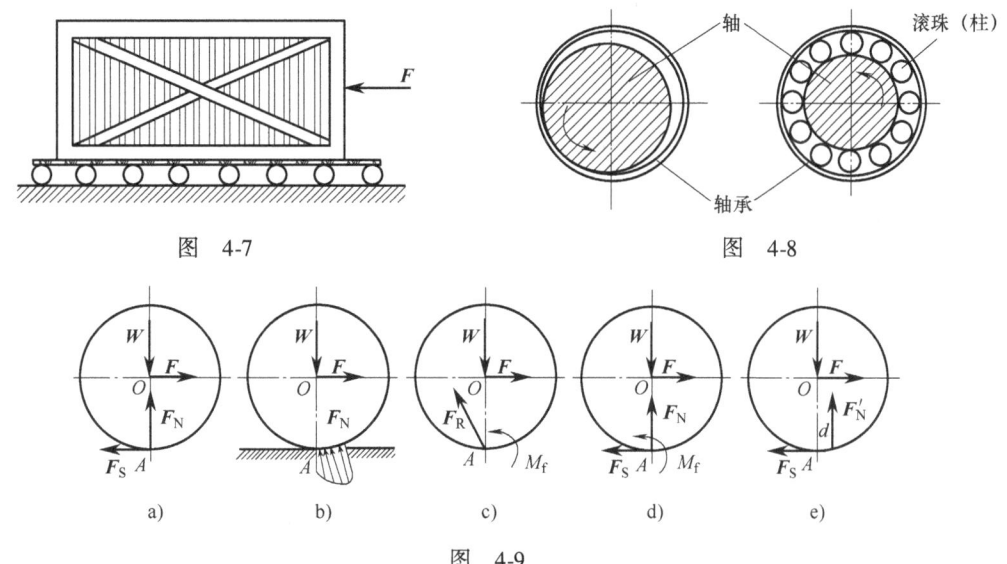

图 4-7 　　　　　　　　　　图 4-8

a) 　　　b) 　　　c) 　　　d) 　　　e)

图 4-9

与静滑动摩擦力相似,滚动摩阻力偶矩将随着主动力的增加而增大,当力 F 增加到某个值时,圆轮处于将滚未滚的临界平衡状态;这时,滚动摩阻力偶矩达到最大值,称为最大滚动摩阻力偶矩(Rolling friction torque biggest accidentally),用 M_{max} 表示。若力 F 再增大一点时,圆轮就会滚动。在滚动过程中,滚动摩阻力偶矩近似等于 M_{max}。由此可知,滚动摩阻力偶矩 M_f 的大小介于零与最大值之间,即

$$0 \leq M_f \leq M_{max} \quad (4\text{-}5)$$

实验表明:最大滚动摩阻力偶矩 M_{max} 与支承面的正压力(法向约束力) F_N 成正比,即

$$M_{max} = \delta F_N \quad (4\text{-}6)$$

称此为滚动摩擦定律(Rolling friction law)。

式中，δ 是比例常数，称为**滚动摩阻系数**（Rolling friction coefficient），简称滚阻系数。由上式知，滚动摩阻系数具有长度的量纲，其单位一般采用 mm。该系数由实验测定，与圆轮和支承面的材料性质和表面状况（硬度、粗糙度、温度、湿度等）有关，与轮的半径无关。表 4-2 列出了几种材料的滚动摩阻系数的值。

表 4-2 几种常见材料的滚动摩阻系数 δ

接触物体的材料	滚阻系数 δ/mm	接触物体的材料	滚阻系数 δ/mm
铸铁与铸铁	0.5	钢轮与木面	1.5~2.5
钢轮与钢轨	0.05	轮胎与路面	2~10
木轮与木面	0.5~0.8		

滚动摩阻系数具有某种物理意义，解释如下：圆轮在即将滚动的临界平衡状态时的受力如图 4-9d 所示，此时 $M_f = M_{max}$。根据力的平移定理的逆定理，F_N 与 M_{max} 可用一力 F'_N 等效，如图 4-9e 所示。

力 F'_N 的作用线距 A 点的距离为 d，且有

$$M_{max} = dF'_N = dF_N = \delta F_N$$

因此，$\delta = d$，即滚动摩阻系数可看成在即将滚动时，法向约束力 F'_N 离中心线（AD）的最远距离，也就是最大滚动摩阻力偶矩的力偶臂，故它具有长度的量纲。

由图 4-9d 可知，可以分别计算出使圆轮滚动或滑动所需要的水平拉力 F，以分析究竟是使圆轮滚动还是滑动更省力。

由平衡方程 $\sum M_A(F) = 0$，可以求得

$$F_{滚} = \frac{M_{max}}{R} = \frac{\delta F_N}{R} = \frac{\delta}{R}W$$

由平衡方程 $\sum F_x = 0$，可以求得

$$F_{滑} = F_{max} = f_s F_N = f_s W$$

一般情况下，$\frac{\delta}{R} \ll f_s$，故有

$$F_{滚} \ll F_{滑}$$

以半径为 450mm 的充气橡胶轮胎在混凝土路面上滚动为例，若 $\delta \approx 3.15$mm，$f_s = 0.7$，则

$$\frac{F_{滑}}{F_{滚}} = \frac{f_s R}{\delta} = \frac{0.7 \times 450}{3.15} \approx 100$$

这表明使轮开始滑动的力比滚动的力约大 100 倍。可见滚动比滑动省力得多。

由于滚动摩阻系数较小，因此，在大多数情况下，滚动摩阻是可以忽略不计的。

【**例 4-4**】 如图 4-10a 所示充气橡胶轮，重为 W，半径 $R = 45$ cm，与路面静摩擦因数 $f_s = 0.7$，滚动摩阻系数 $\delta = 5$ mm，在轮心作用一个水平拉力 F。求使橡胶轮发生滚动和滑动需要的拉力值。

【**解**】 设轮在拉力 F 作用下处于平衡状态，有顺时针滚动趋势和向右滑动趋势，受静摩擦力 F_S 和滚阻力偶 M 作用，受力如图 4-10b 所示。

列平衡方程

$\sum F_x = 0, \quad F - F_S = 0$

$\sum F_y = 0, \quad F_N - P = 0$

$\sum M_A(F) = 0, \quad M - FR = 0$

解得　　$F_S = F$

$M = FR$

为不发生滚动，应有 $M \le \delta F_N$，即

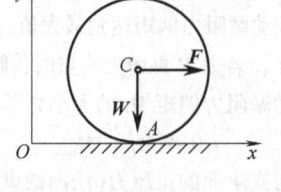
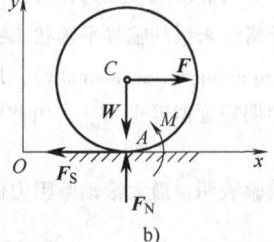

a) b)

图 4-10

$$F \leqslant \frac{\delta}{R}W = \frac{0.5}{45}W = 0.011W$$

如 $F > 0.011W$，轮发生滚动。所以要不发生滑动，应有 $F_S \leqslant f_s F_N$，即

$$F \leqslant f_s W = 0.7W$$

如 $F > 0.7W$，轮开始滑动。由此可见，使车轮滚动要比滑动省力。

思 考 题

1. 既然处处有摩擦，为什么在一般工程计算中对于摩擦常常不予考虑？摩擦的利弊各举一例。

2. 已知一物块重 $W = 100$ N，用 $F = 500$ N 的力压在一铅直表面上，如图 4-11 所示。其摩擦因数 $f_s = 0.3$，求此时物块所受的摩擦力等于多少？

3. 物块重 W 放置在粗糙的水平面上，接触处的摩擦因数为 f_s。要使物块沿水平面向右滑动，可沿 OA 方向作用拉力 F_1（图 4-12b），也可沿 OB 方向作用推力 F_2（图 4-12a），试问哪一种方法更省力？

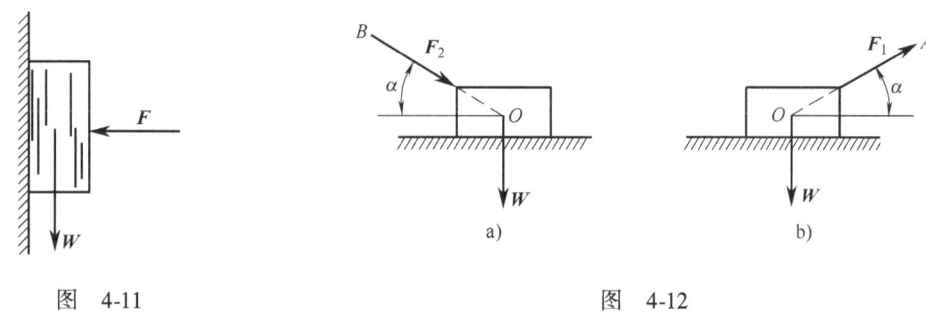

图 4-11　　　　　　　　　　　　图 4-12

3. 重为 W 的物体置于斜面上（图 4-13），已知物体与斜面间的摩擦因数为 f_s，且 $\tan\alpha < f_s$，问此物体能否下滑？如果增加物体的重量或在物体上另加一重 W_1 的物体，问能否达到下滑的目的？

4. 汽车行驶时，前轮受汽车车身作用的一个向前推力 F（图 4-14a），而后轮受一主动力偶矩为 M 的力偶（图 4-14b）。试分别画出前、后轮的受力图。

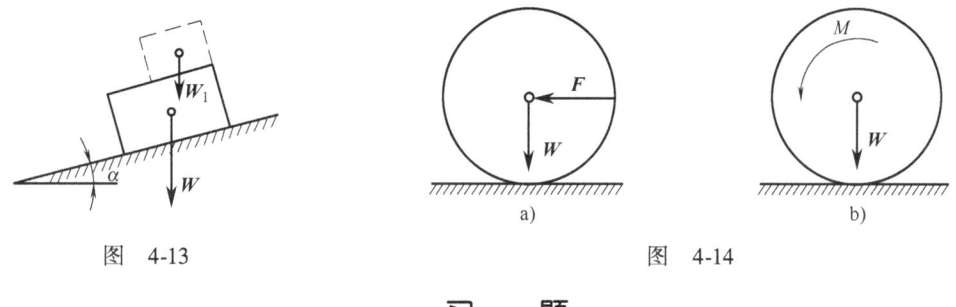

图 4-13　　　　　　　　　　　　图 4-14

习 题

4-1 如题 4-1 图所示，已知一重量 $G = 100$ N 的物块放在水平面上，物块与水平面间的摩擦因数 $f_s = 0.3$。当作用在物块上的水平推力 F 的大小分别为 10 N、20 N、40 N 时，试分析这三种情形下物块是否平衡？摩擦力分别等于多少？

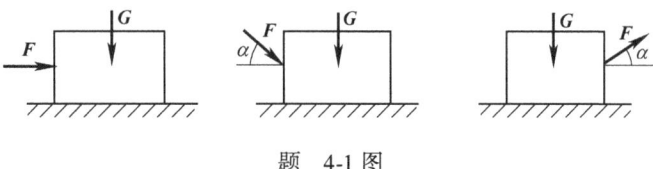

题 4-1 图

4-2 已知物块重 $G = 100$ N，斜面的倾角 $\alpha = 30°$，如题 4-2 图所示。物块与斜面间的摩擦因数 $f_s = 0.38$。求：使物块沿斜面向上运动的最小力 F。

4-3 如题 4-3 图所示梯子 AB 重为 $W = 200$ N，靠在光滑墙上，已知梯子与地面间的摩擦因数为 $f_s = 0.25$，今有重为 650 N 的人沿梯子向上爬，试问人达到最高点 A，而梯子保持平衡的最小角度 α 应为多少度？

4-4 如题 4-4 图所示，水平力 $F = 80$ N 作用在重为 300 N 的板条箱上，设箱与斜面间静摩擦因数为 0.3。试确定作用在箱上的法向力和摩擦力。

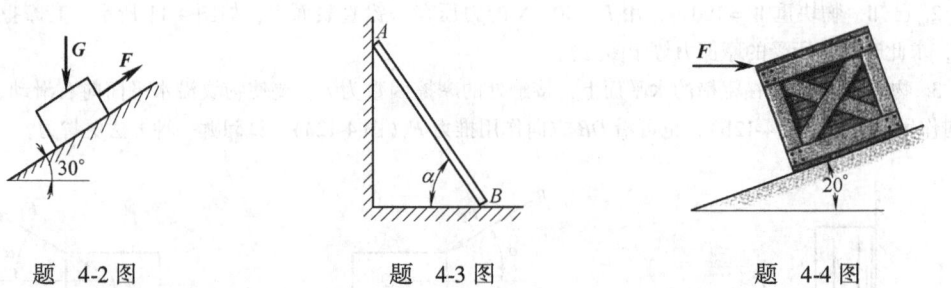

题 4-2 图　　　　　　　题 4-3 图　　　　　　　题 4-4 图

4-5 如题 4-5 图所示，一架 5 m 长质量均匀的梯子重为 400 N，靠在光滑墙面的 B 处。如果 A 点的静摩擦因数 $f_s = 0.4$，确定倾角 θ 为 60° 时梯子是否会滑倒。

4-6 如题 4-6 图所示在闸块制动器的两个杠杆上分别作用大小相等的力 F_1、F_2，设力偶矩 $M = 160$ N·m，闸块与轮间的静摩擦因数 $f_s = 0.2$，尺寸如图所示。试问 F_1 和 F_2 应分别为多大，方能使受到力偶作用的轴处于平衡状态。

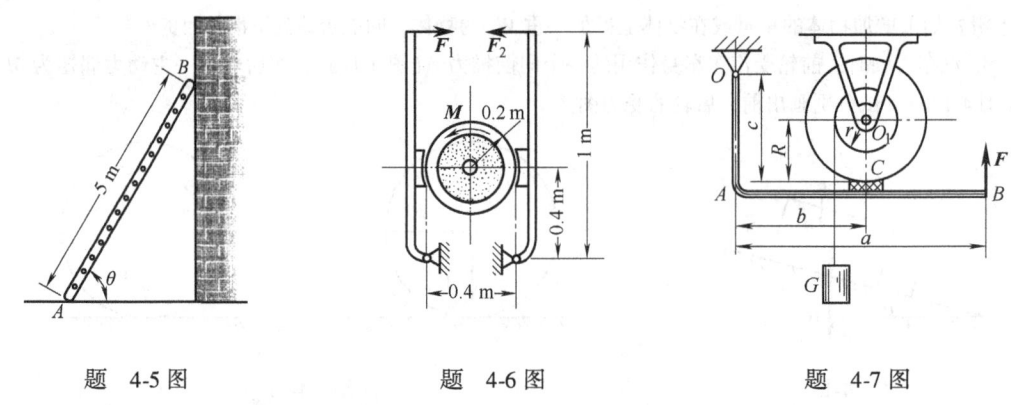

题 4-5 图　　　　　　　题 4-6 图　　　　　　　题 4-7 图

4-7 题 4-7 图所示一铰车，其鼓轮半径 $r = 15$ cm，制动轮半径 $R = 25$ cm，$a = 100$ cm，$b = 50$ cm，$c = 50$ cm，重物重 $G = 1$ kN，制动轮与制动块间摩擦因数 $f_s = 0.5$。试求当铰车吊着重物时，为使重物不致下落，加在杆上的力 F 至少应为多大？

4-8 修理电线工人重为 G，攀登电线杆时所用脚上套钩如题 4-8 图所示，已知电线杆的直径 $d = 30$ cm，套钩的尺寸 $b = 10$ cm，套钩与电线杆之间的摩擦因数 $f_s = 0.3$，套钩的重量略去不计，试求踏脚处到电线杆轴线间的距离 a 为若干方能保证工人安全操作。

4-9 砖夹的宽度为 0.25 m，曲杆 AGB 与 $GCED$ 在 G 点铰接，尺寸如题 4-9 图所示。设砖重 $W = 120$ N，提起砖的力 F 作用在砖夹的中心线上，砖夹与砖间的摩擦因数 $f_s = 0.5$，试求距离 b 为多大才能把砖夹起。

4-10 题 4-10 图所示一重 500 N 的圆桶静止于地板上，桶与地板间的静摩擦因数 $f_s = 0.5$。如果 $a = 0.9$ m，$b = 1.2$ m，试求使桶即将运动的最小力 F。

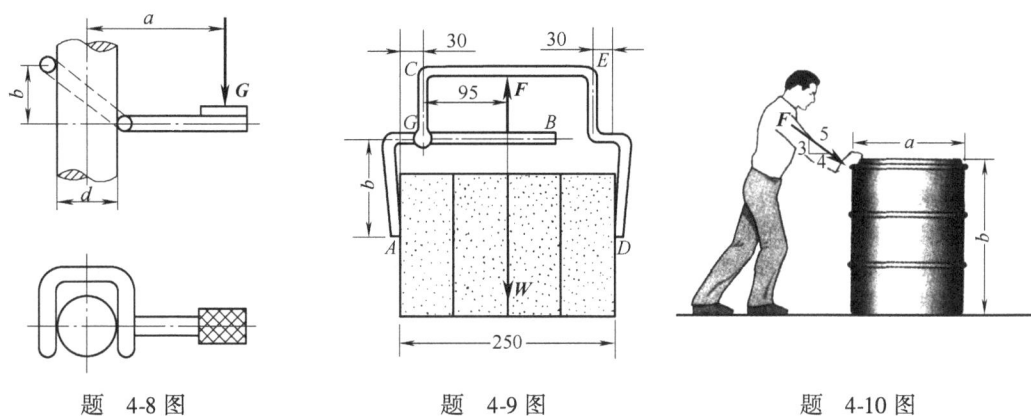

题 4-8 图   题 4-9 图   题 4-10 图

4-11 如题4-11图所示,已知质量块 A 重 30 N,B 重 50 N,所有接触面间的静摩擦因数均为 $f_s = 0.4$。求每对接触面间的摩擦力。

4-12 如题4-12图所示,已知铁板 B 重量为 2000 N,其上压一重量为 500 N 的物体 A,物体 A 上用一水平绳系住,已知铁板 B 与水平地面之间的静摩擦因数为 0.2,物体 A 与铁板 B 之间的静摩擦因数为 0.25。试求抽出铁板所需最小拉力 $F_{\min}$ 的大小。

4-13 如题4-13图所示,已知文件柜 A 的质量为 60 kg,G 点为其质心。将文件柜放在重 100 N 的板 B 上,A 与 B 之间的静摩擦因数为 $f_s = 0.4$,B 与地面之间的静摩擦因数为 0.3。求能推动 A 的力 F 的大小。

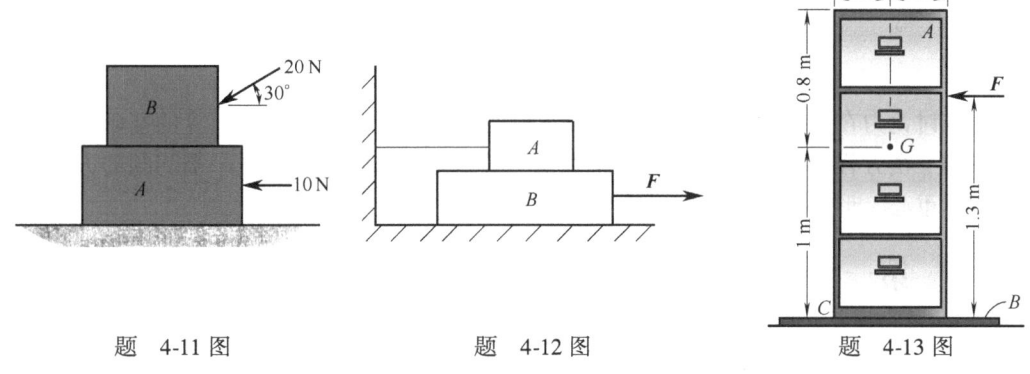

题 4-11 图   题 4-12 图   题 4-13 图

4-14 如题4-14图所示的手动钢筋剪床,用来剪断直径为 d 的钢筋,设钢筋与剪刀之间的静摩擦因数为 f_s。试求剪断钢筋时使之不打滑的最小尺寸 l。

4-15 在滚动摩阻因数为 0.15 cm 的路面上,要推动一辆 2t 的汽车至少需要多大的力?已知车轮的直径是 60cm。

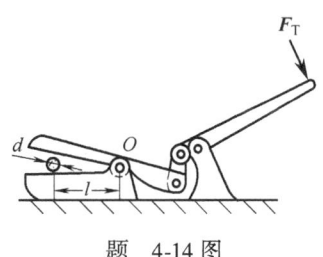

题 4-14 图

第五章 空间力系

在工程中，经常遇到物体所受的各力的作用线不在同一平面内，这种力系称为空间力系。根据力系中各力作用线的关系，空间力系又有各种形式：各力的作用线汇交于一点的力系称为空间汇交力系，如图5-1a中作用于节点 D 上的力系；各力的作用线彼此平行的力系称为空间平行力系，如图5-1b所示的三轮起重机所受的力系；各力的作用线在空间任意分布的力系称为空间任意力系（亦称空间一般力系），如图5-1c所示的轮轴所受的力系。

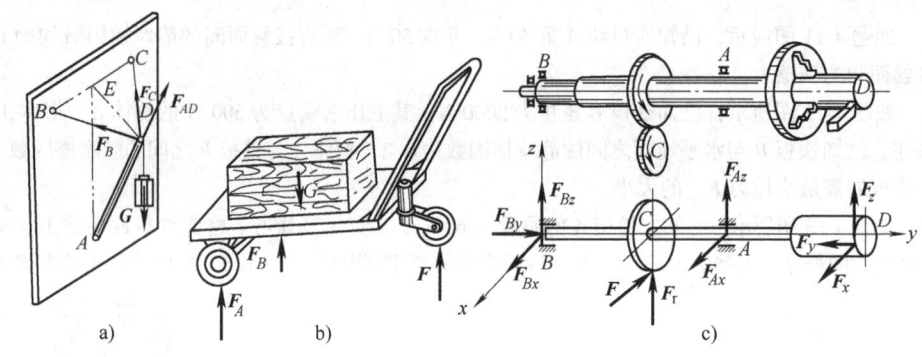

图 5-1

本章在讨论力在空间直角坐标轴上的投影以及力对轴之矩的概念和计算的基础上，给出空间力系的平衡方程，着重介绍应用平面力系的平衡方程求解空间力系平衡问题的方法。最后介绍物体重心、形心的概念，以及确定物体重心和形心位置的方法。

第一节 力在空间直角坐标轴上的投影及其计算

研究空间力系的合成与平衡问题，应先掌握力在空间直角坐标轴上投影的计算。

一、力在空间直角坐标轴上的投影

根据给定的力的方位，可有两种投影法。

1. 直接投影法

有一空间力 F，取空间直角坐标系如图5-2所示。以 F 为对角线，作一正六面体，由图可知，如已知力 F 与 x、y、z 轴间的夹角分别为 α、β、γ，则力 F 在坐标轴上的投影为

$$F_x = \pm F\cos\alpha, \quad F_y = \pm F\cos\beta, \quad F_z = \pm F\cos\gamma \tag{5-1}$$

力在轴上的投影是代数量，其正负号规定为：从力矢的起点到终点的投影方向与相应坐标轴正向一致的就取正号；反之，就取负号。

2. 二次投影法

当力与坐标轴的夹角不是全部已知时，可采用二次投影法。设已知力 F 与 z 轴的夹角为 γ 以及 F 与 z 轴所形成的平面与 xOz 坐标平面之间的夹角为 φ，如图5-3所示。可先将力 F 分解为沿 z 轴方向的分力 F_z 和位于 xOy 坐标平面内的分力 F_{xy}，然后再将 F_{xy} 分解为沿 x、y

轴方向的分力 F_x、F_y。则力 F 在三个坐标轴上的投影分别为

$$\left.\begin{array}{l}F_x = F\sin\gamma\cos\varphi \\ F_y = F\sin\gamma\sin\varphi \\ F_z = F\cos\gamma\end{array}\right\} \quad (5-2)$$

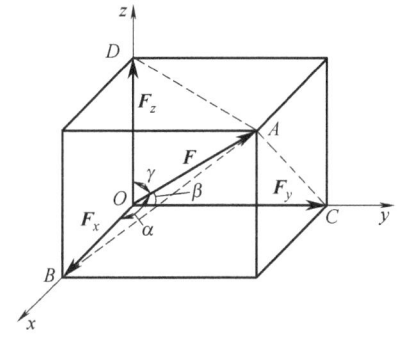

图 5-2

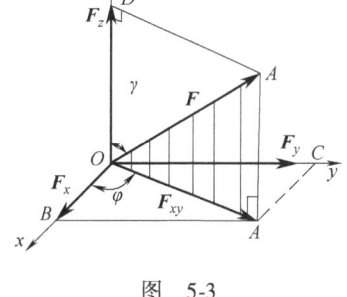

图 5-3

反之,若已知力 F 在三个坐标轴上的投影 F_x、F_y、F_z,也可以求出该力的大小和方向,即

$$\left.\begin{array}{l}F = \sqrt{F_x^2 + F_y^2 + F_z^2} \\ \cos\alpha = \dfrac{F_x}{F}, \quad \cos\beta = \dfrac{F_y}{F}, \quad \cos\gamma = \dfrac{F_z}{F}\end{array}\right\} \quad (5-3)$$

【例 5-1】 棱边长为 a 的正方体上作用力有 F_1、F_2,如图 5-4 所示,试计算二力在三个坐标轴上的投影。

【解】 由已知条件可求得

$$\cos\alpha = \frac{\sqrt{6}}{3}$$

应用二次投影法求力 F_1 在坐标轴上的投影。首先将力 F_1 投影到 xy 平面内,得到分力矢 F_{1xy} 的方向如图 5-4 所示,其大小为

$$F_{1xy} = F_1\cos\alpha = \frac{\sqrt{6}}{3}F_1$$

然后将力 F_{1xy} 向 x、y 轴投影,于是得到力 F_1 在这两个坐标轴上的投影

$$F_{1x} = -F_{1xy}\sin45° = -\frac{\sqrt{3}}{3}F_1, \quad F_{1y} = -F_{1xy}\cos45° = -\frac{\sqrt{3}}{3}F_1$$

F_1 在 z 轴上的投影为

$$F_{1z} = F_1\sin\alpha = \frac{\sqrt{3}}{3}F_1$$

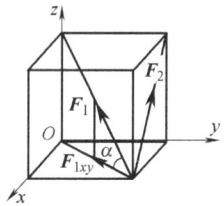

图 5-4

同理,可求出 F_2 在三个坐标轴上的投影分别为

$$X_2 = -F_2\cos45° = -0.707F_2, \quad Y_2 = 0, \quad Z_2 = F_2\sin45° = 0.707F_2$$

第二节 力对轴之矩 合力矩定理

在第二章已经建立了在平面内力对点之矩的概念。在实际工程中经常遇到物体绕固定轴的转动,如门、窗绕其铰链轴的转动,机器中的传动轴和电动机的转子等。为了度量力使物体绕某一轴转动的效应,本节提出力对轴之矩的概念。

一、力对轴之矩

在工程中,常遇到刚体绕定轴转动的情形。为了度量力对转动刚体的作用效应,需引入力对轴之矩的概念。

现以关门动作为例,图 5-5a 所示门的一边有固定铰链轴 z,在 A 点作用一力 F。为度量力 F 使门绕 z 轴的转动效应,可将力 F 分解为两个互相垂直的分力:一个是与转轴平行的分力 F_z,$F_z = F\sin\beta$;另一个是在与转轴 z 垂直平面上的分力 F_{xy},$F_{xy} = F\cos\beta$。

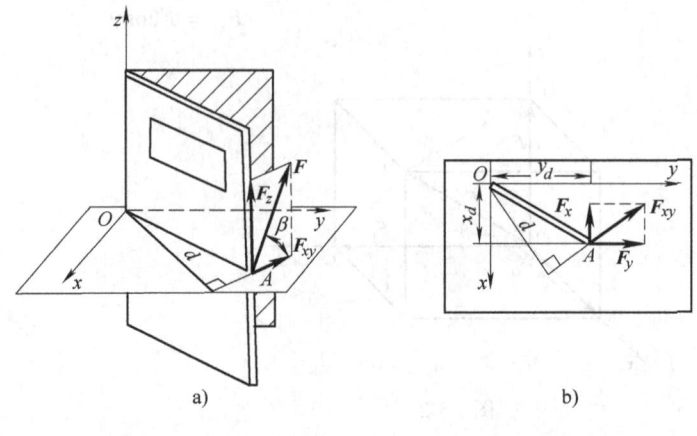

由经验可知,力 F_z 不能使门绕 z 轴转动,只有分力 F_{xy} 才对门有绕 z 轴的转动作用。如以 d 表示 z 轴与 xy 面的交点 O 到分力 F_{xy} 作用线的垂直距离,则分力 F_{xy} 对 O 点之矩就可以用来度量力 F 对门绕 z 轴的转动作用,记作 $M_z(F)$,即

$$M_z(F) = M_O(F_{xy}) = \pm F_{xy} d \tag{5-4}$$

图 5-5

即,力对轴之矩等于此力在垂直该轴平面上的分力对该轴与此平面的交点之矩。可见,空间力对轴之矩(如图 5-5a 力 F 对 z 轴的矩),可以转化为平面力对点之矩(如图 5-5b 力 F_{xy} 对点 O 的矩)来计算。

力对轴之矩是代数量,力矩的正负代表其转动作用的方向。当从轴正向看,逆时针方向转动为正,顺时针方向转动为负。当力的作用线与转轴平行或者与转轴相交时,即当力与转轴共面时,力对轴之矩等于零。力对轴之矩的单位为 N·m 或 kN·m。

二、合力矩定理

空间力系也可以用求矢量和的方法求合力,即

$$F_R = F_1 + F_2 + \cdots + F_n = \sum F_i \tag{5-5}$$

空间力系也有合力矩定理,可以表示为

$$M_z(F_R) = M_z(F_1) + M_z(F_2) + \cdots + M_z(F_n) = \sum M_z(F_i) \tag{5-6}$$

即空间力系若有合力 F_R,则合力对某轴的矩等于各分力对该轴的矩的代数和。

在实际计算力对轴的矩时,有时应用合力矩定理较为方便,即先将力按所取坐标轴进行分解,然后分别计算每一分力对这个轴的矩,最后再算出这些力矩的代数和,即为该力对该轴的矩。

【例 5-2】 如图 5-6 所示手柄 $ABCE$ 在水平面 Axy 内,其 D 处作用一力 F,力 F 在垂直于 y 轴的平面内偏离铅垂线的角度为 α。已知 $CD=a$,杆 BC 平行于 x 轴,杆 CE 平行于 y 轴,AB 和 BC 的长度都等于 l。试求力 F 对 x、y

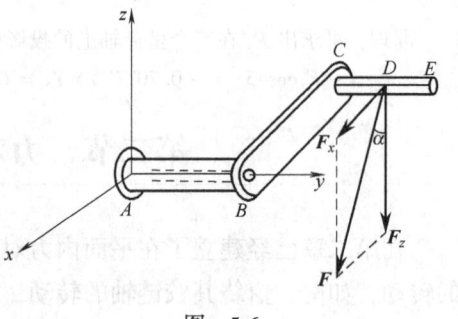

图 5-6

和 z 三轴的矩。

【解】 将力 F 沿坐标轴分解为 F_z 和 F_x 两个分力，其大小分别为 $F_x = F\sin\alpha$，$F_z = F\cos\alpha$。根据合力矩定理，力 F 对轴的矩等于分力 F_x 和 F_z 对同一轴的矩的代数和。注意到力对平行自身的轴的矩为零，于是有

$$M_x(\boldsymbol{F}) = M_x(\boldsymbol{F}_z) = -F_z(AB+CD) = -F(l+a)\cos\alpha$$
$$M_y(\boldsymbol{F}) = M_y(\boldsymbol{F}_z) = -F_z BC = -Fl\cos\alpha$$
$$M_z(\boldsymbol{F}) = M_z(\boldsymbol{F}_x) = -F_x(AB+CD) = -F(l+a)\sin\alpha$$

第三节 空间任意力系的平衡方程

一、空间力系的简化

设物体作用空间力系 $\boldsymbol{F}_1$，$\boldsymbol{F}_2$，$\cdots \boldsymbol{F}_n$，如图 5-7a 所示。与平面任意力系的简化一样，在物体内任取一点 O 作为简化中心，依据力的平移定理，将图中各力平移到 O 点，加上相应的附加力偶，这样就可得到一个作用于简化中心 O 点的空间汇交力系和一个附加的空间力偶系（图 5-7 中将力偶表示为力偶矩矢）。将作用于简化中心的空间汇交力系和附加的空间力偶系分别合成，便可以得到一个作用于简化中心 O 点的主矢 $\boldsymbol{F}'_R$ 和一个主矩 $\boldsymbol{M}_O$。

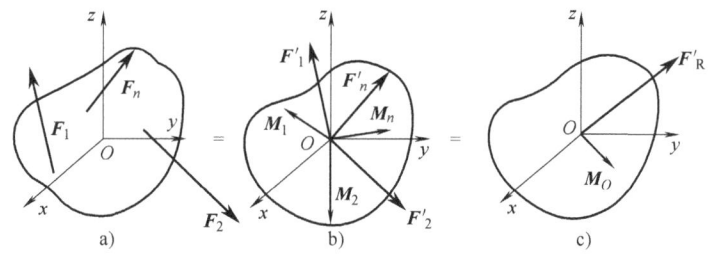

图 5-7

主矢 $\boldsymbol{F}'_R$ 的大小为

$$F'_R = \sqrt{(\sum F_x)^2 + (\sum F_y)^2 + (\sum F_z)^2} \tag{5-7}$$

主矩 $\boldsymbol{M}_O$ 的大小为

$$M_O = \sqrt{[\sum M_x(\boldsymbol{F}_i)]^2 + [\sum M_y(\boldsymbol{F}_i)]^2 + [\sum M_z(\boldsymbol{F}_i)]^2} \tag{5-8}$$

二、空间力系的平衡方程

空间任意力系平衡的必要与充分条件是：该力系的主矢和力系对于任一点的主矩都等于零，即 $F'_R = 0$，$M_O = 0$。

由式（5-7）和式（5-8）的分析推导，可以得到空间任意力系平衡的解析条件是：力系中各力在空间直角坐标系 $Oxyz$ 的各坐标轴上的投影的代数和分别等于零；各力对各坐标轴的矩的代数和分别等于零。亦即

$$\left.\begin{array}{l} \sum F_x = 0 \\ \sum F_y = 0 \\ \sum F_z = 0 \\ \sum M_x(\boldsymbol{F}) = 0 \\ \sum M_y(\boldsymbol{F}) = 0 \\ \sum M_z(\boldsymbol{F}) = 0 \end{array}\right\} \tag{5-9}$$

式（5-9）称为<u>空间任意力系的平衡方程</u>，前三个方程式称为投影方程式，后三个方程式称为力矩方程式。即空间任意力系有六个独立的平衡方程，可以求解六个未知量。

由上式可推知，空间汇交力系的平衡方程式为：各力在空间三个坐标轴上投影的代数和都等于零；空间平行力系的平衡方程为：各力在与其作用线平行的坐标轴上投影的代数和以及各力对另外二轴之矩的代数和都等于零。

三、球铰链

在研究空间力系时还常用到一种<u>空间球铰链约束</u>，简称球铰（spherical hinge）。是由球和球壳构成，被连接的两个物体可以绕球心作相对转动，但不能相对移动，如图 5-8 所示。若其中一个物体与地面或机架固定则称为球铰支座，如汽车的操纵杆下端和收音机的拉杆天线就采用球铰支座。球壳内壁给球的约束力分布在部分球面上，略去摩擦，这些分布力均通过球心而形成一空间汇交力系，可合成为一通过球心的集中力，其大小和方向取决于受约束物体上作用的主动力和其他约束情况，该约束力可用沿空间坐标轴的 3 个分量 F_x、F_y 和 F_z 表示。

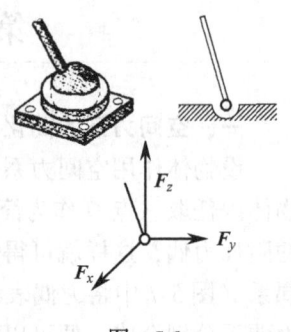

图　5-8

【例 5-3】 如图 5-9a 所示，已知均质水平矩形隔板重 $F_W = 800$ kN，$AB = CD = 1.5$ m，$AD = BC = 0.6$ m，$DK = 0.75$ m，$AH = BE = 0.25$ m。E 和 H 为折叠铰，D 和 K 为球铰。求：铰 E、H 和 D 的约束力。

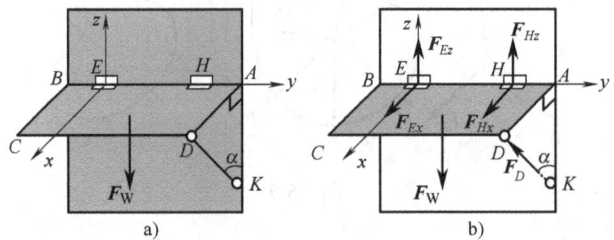

图　5-9

【解】 取隔板为研究对象，受力图如图 5-9b 所示，由空间任意力系的平衡方程有

$$\sum F_x = 0, \quad F_{Ex} + F_{Hx} + F_D \sin\alpha = 0$$

$$\sum F_z = 0, \quad F_{Ez} + F_{Hz} + F_D \cos\alpha - F_W = 0$$

$$\sum M_x(\boldsymbol{F}) = 0, \quad F_{Hz} \cdot EH + F_D \cos\alpha \cdot AE - F_W \cdot \frac{EH}{2} = 0$$

$$\sum M_y(\boldsymbol{F}) = 0, \quad F_W \cdot \frac{AD}{2} - F_D \cos\alpha \cdot AD = 0$$

$$\sum M_z(\boldsymbol{F}) = 0, \quad -F_{Hx} \cdot EH - F_D \sin\alpha \cdot AE = 0$$

其中 $\sin\alpha = AD/DK$，$\cos\alpha = AK/DK$，计算出 $\sin\alpha$ 和 $\cos\alpha$，代入以上各式中，整理得

$$F_D = 666.67 \text{ kN}, \quad F_{Ex} = 133.33 \text{ kN}, \quad F_{Ez} = 500 \text{ kN}$$

$$F_{Hx} = -666.67 \text{ kN}, \quad F_{Hz} = -100 \text{ kN}$$

【例 5-4】 某轴结构如图 5-10a 所示，轴上装有半径分别为 r_1、r_2 两个齿轮 C 和 D，两端为轴承约束。齿轮 C 上受径向力 F_{Cr}、圆周力 F_{Ct}；齿轮 D 上受径向力 F_{Dr}、圆周力 F_{Dt}，设各轴段长度均已知。试写出空间力系平衡方程组。

【解】 根据已知条件，画出受力图如图 5-10b 所示。A 端为向心推力轴承，有 x、y、z 三个方向的约束，设约束力分别为 F_{Ax}、F_{Ay}、F_{Az}。而 B 端为径向轴承，有 x、z 两个方向的约束，设约束力分别为 F_{Bx}、F_{Bz}。

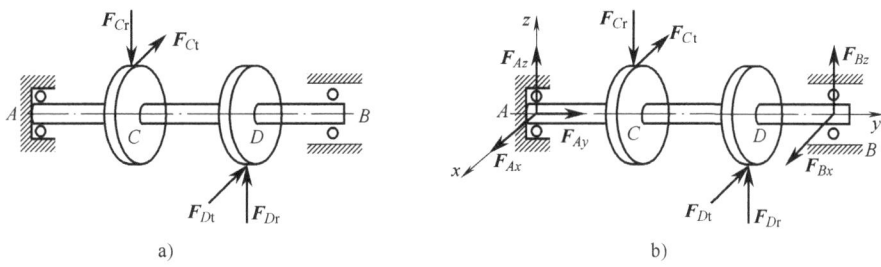

图 5-10

为避免在列平衡方程时发生遗漏或错误，可如下表所示，逐一列出各力在坐标轴上的投影及其对轴之矩：

	F_{Ax}	F_{Ay}	F_{Az}	F_{Bx}	F_{Bz}	F_{Ct}	F_{Cr}	F_{Dt}	F_{Dr}
F_x	F_{Ax}	0	0	F_{Bx}	0	$-F_{Ct}$	0	$-F_{Dt}$	0
F_y	0	F_{Ay}	0	0	0	0	0	0	0
F_z	0	0	F_{Az}	0	F_{Bz}	0	$-F_{Cr}$	0	F_{Dr}
$M_x(\boldsymbol{F})$	0	0	0	0	$F_{Bz}AB$	0	$-F_{Cr}AC$	0	$F_{Dr}AD$
$M_y(\boldsymbol{F})$	0	0	0	0	0	$-F_{Ct}r_1$	0	$F_{Dt}r_2$	0
$M_z(\boldsymbol{F})$	0	0	0	$-F_{Bx}AB$	0	$F_{Ct}AC$	0	$F_{Dt}AD$	0

由表中各行可以列出平衡方程

$$\sum F_x = F_{Ax} + F_{Bx} - F_{Ct} - F_{Dt} = 0 \tag{1}$$

$$\sum F_y = F_{Ay} = 0 \tag{2}$$

$$\sum F_z = F_{Az} + F_{Bz} - F_{Cr} + F_{Dr} = 0 \tag{3}$$

$$\sum M_x(\boldsymbol{F}) = F_{Bz} \times AB - F_{Cr} \times AC + F_{Dr} \times AD = 0 \tag{4}$$

$$\sum M_y(\boldsymbol{F}) = -F_{Ct} \times r_1 + F_{Dt} \times r_2 = 0 \tag{5}$$

$$\sum M_z(\boldsymbol{F}) = -F_{Bx} \times AB + F_{Ct} \times AC + F_{Dt} \times AD = 0 \tag{6}$$

利用上述六个方程，除可求五个约束力外，还可确定平衡时轴所传递的载荷。

上述求解空间力系平衡问题的方法，称为<u>直接求解法</u>。

第四节 空间平衡力系的平面解法

在机械工程中，常把空间的受力图投影到三个坐标平面上，画出三个视图（主视、俯视、侧视图），这样，就得到三个平面力系，分别列出它们的平衡方程，同样可以解出所求的未知量。这种将空间力系的平衡问题转化为三个坐标平面内的平面力系的平衡问题的讨论方法，就称为空间平衡力系的<u>平面解法</u>。其依据是物体在空间力系作用下处于静止平衡状态，那么该物体所受的空间力系在三个平面上的投影也是静止平衡的。

【例 5-5】 试用空间平衡力系的平面解法写出例 5-4 的平衡方程组。

【解】 如将图 5-11a 之空间力系向坐标平面投影，可分别求出三个坐标平面上的力。

(1) 由图 5-11b 所示的 yz 平面力系，可写出平衡方程

$$\sum F_y = F_{Ay} = 0 \tag{1}$$

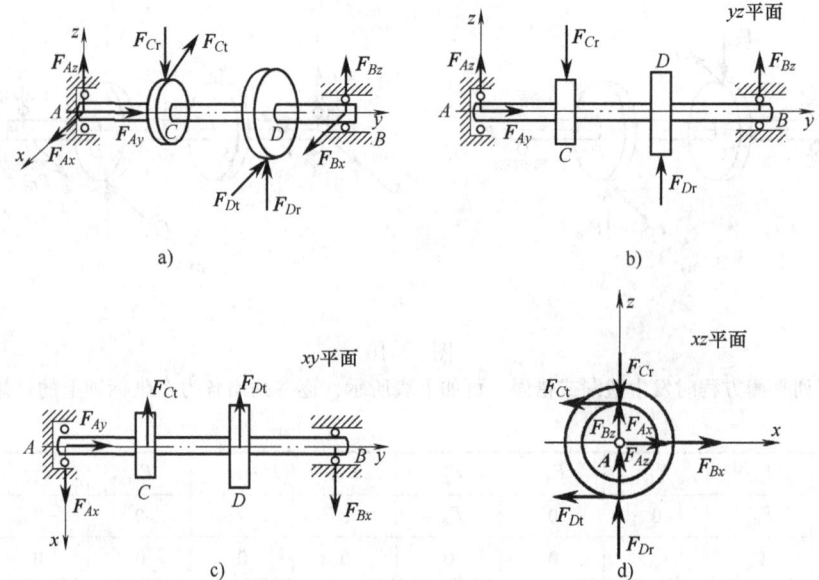

图 5-11

$$\sum F_z = F_{Az} + F_{Bz} - F_{Cr} + F_{Dr} = 0 \qquad (2)$$

$$\sum M_A(\boldsymbol{F}) = F_{Bz} \times AB - F_{Cr} \times AC + F_{Dr} \times AD = 0 \qquad (3)$$

(2) 由图 5-11c 所示的 xy 平面力系,可写出平衡方程

$$\sum F_x = F_{Ax} + F_{Bx} - F_{Ct} - F_{Dt} = 0 \qquad (4)$$

$$\sum F_y = F_{Ay} = 0 \qquad (5)$$

$$\sum M_A(\boldsymbol{F}) = -F_{Bx} \times AB + F_{Ct} \times AC + F_{Dt} \times AD = 0 \qquad (6)$$

(3) 由图 5-11d 所示的 xz 平面力系,可写出平衡方程

$$\sum F_x = F_{Ax} + F_{Bx} - F_{Ct} - F_{Dt} = 0 \qquad (7)$$

$$\sum F_z = F_{Az} + F_{Bz} - F_{Cr} + F_{Dr} = 0 \qquad (8)$$

$$\sum M_A(\boldsymbol{F}) = -F_{Ct} \times r_1 + F_{Dt} \times r_2 = 0 \qquad (9)$$

这样写出的平衡方程,与直接求解法是完全相同的。但应注意,由三个投影平面力系写出的九个平衡方程中,只有六个是独立的。三个力的投影方程各写了两次,两次是否一致可检查投影或投影方程的正确性。以坐标原点为矩心,在三个坐标平面内写出的三个力矩方程 $M_A(\boldsymbol{F}) = 0$,分别对应于空间力系平衡方程中的对三个坐标轴的力矩方程。如在 zy 平面内,力系对 A 点的力矩方程 $\sum M_A(\boldsymbol{F})$,就是空间力系对 x 轴之力矩方程 $\sum M_x(\boldsymbol{F})$,等等。

【例 5-6】 起重绞车,如图 5-12a 所示。已知 $\alpha = 20°$,$r = 10$ cm,$R = 20$ cm,$G = 10$ kN。试用空间平衡力系的平面解法求重物匀速上升时支座 A 和 B 的约束力及齿轮所受的力 $\boldsymbol{F}$(力 $\boldsymbol{F}$ 在垂直于轴的平面内与水平方向的切线成 α 角)。

【解】 重物匀速上升,鼓轮(包括轴和齿轮)作匀速转动,即处于平衡状态。取鼓轮为研究对象。将力 G 和 F 平移到轴线上,如图 5-12b 所示。分别作垂直平面、水平平面和侧垂直平面(图 5-12c、d、e)的受力图,并求轴承约束力和 $\boldsymbol{F}$ 力大小。

先由图 5-12e 的平衡条件

$$\sum M_A(\boldsymbol{F}) = 0, \quad FR\cos\alpha - Gr = 0$$

得
$$F = Gr/(R\cos\alpha) = 5.32 \text{ kN}$$

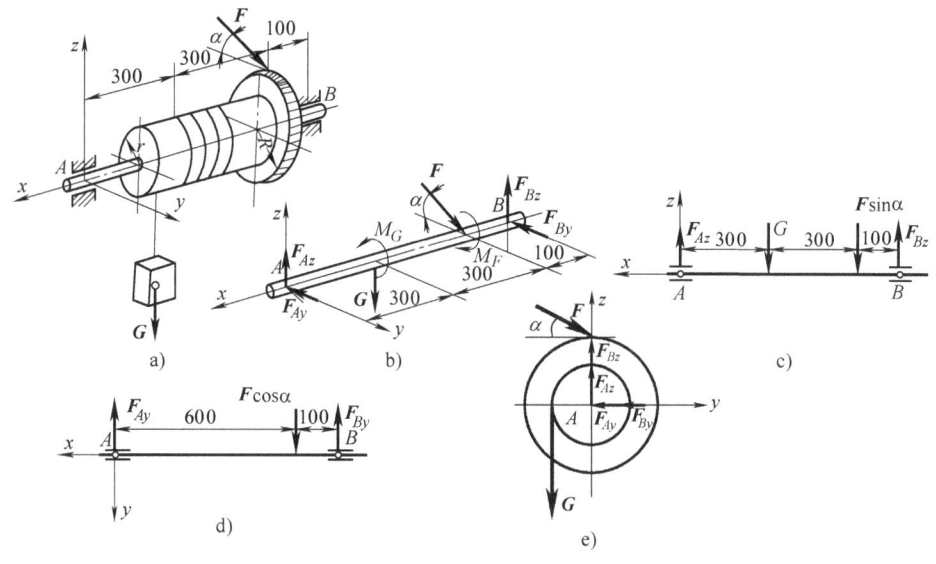

图 5-12

由图 5-12c，列出平衡方程求解：

$$\sum M_A(\boldsymbol{F}) = 0, \quad 30G + 60F\sin20° - 70F_{Bz} = 0, \quad F_{Bz} = 5.85 \text{ kN}$$

$$\sum F_z = 0, \quad F_{Az} + F_{Bz} - G - F\sin20° = 0, \quad F_{Az} = 5.97 \text{ kN}$$

再由图 5-12d，列出平衡方程求解：

$$\sum M_A(\boldsymbol{F}) = 0, \quad 60F\cos20° - 70F_{By} = 0, \quad F_{By} = 4.29 \text{ kN}$$

$$\sum \boldsymbol{F}_y = 0, \quad F_{Ay} + F_{By} - F\cos20° = 0, \quad F_{Ay} = 0.71 \text{ kN}$$

即 $F = 5.32$ kN, $F_{Ay} = 0.71$ kN, $F_{Az} = 5.97$ kN, $F_{By} = 4.29$ kN, $F_{Bz} = 5.85$ kN

第五节 重心和形心

一、重心和形心的概念

1. 重心

在工程实际中对物体进行力学分析研究时，经常需要确定研究对象的重力的中心，即重心。我们知道，重力是地球对物体的引力，也就是说，若将物体看做是由无穷多个质点所组成的，则每个质点都会受到地球引力的作用，这些力均应汇交于地心，构成一空间汇交力系。但物体在地面附近时，由于物体几何尺寸远小于地球的半径，所以，组成物体的各质点所受的重力可足够准确地看做是一空间平行力系。而这一同向的平行力系的合力就是物体的重力，重力的作用点即为物体的重心，且相对物体而言其重心的位置是固定不变的。

假设如图 5-13 所示一刚体由 n 个质点所组成，C 点为刚体的重心。为研究刚体重心的位置，建立图示与刚体固结的空间直角坐标系 $Oxyz$，刚体内一质点 M_i 为组成刚体的 n 个质点中的任一质点。设刚体和该质点的重力分别为 $\boldsymbol{G}$ 和 $\boldsymbol{G}_i$，且刚体的重心和质点的坐标分别为 $C(x_C、y_C、z_C)$ 和 $M_i(x_i、y_i、z_i)$。

因为刚体的重力 $\boldsymbol{G}$ 等于组成刚体的各个质点的重力 $\boldsymbol{G}_i$ 的合力，即

$$\boldsymbol{G} = \sum \boldsymbol{G}_i$$

应用对 y 轴应用合力矩定理，则有

$$Gx_C = G_1x_1 + G_2x_2 + \cdots + G_nx_n = \sum G_i x_i$$

所以
$$x_C = \frac{\sum G_i x_i}{G}$$

同理，若应用对 x 轴的合力矩定理，则有 $Gy_C = \sum G_i y_i$，即
$$y_C = \frac{\sum G_i y_i}{G}$$

因为物体的重心位置与物体如何放置无关，所以可将物体连同坐标系一起绕 x 轴转动 90°，使 y 轴铅垂向上，如图 5-14 所示，再应用合力矩定理对 x 轴取矩，则可得
$$z_C = \frac{\sum G_i z_i}{G}$$

综上所述，可知物体重心坐标计算公式为

$$\left.\begin{array}{l} x_C = \dfrac{\sum G_i x_i}{G} \\ y_C = \dfrac{\sum G_i y_i}{G} \\ z_C = \dfrac{\sum G_i z_i}{G} \end{array}\right\} \tag{5-10}$$

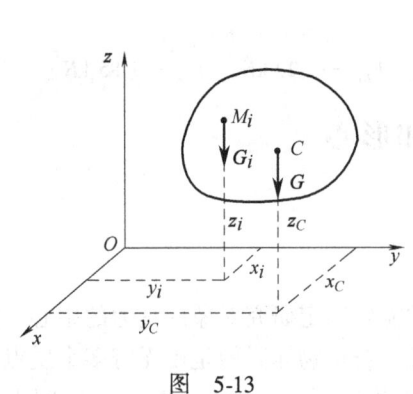
图 5-13

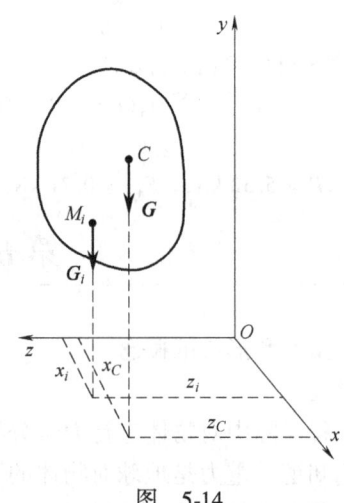
图 5-14

2. 形心

如果物体是均质的，其单位体积的重量为 γ，各微小部分的体积为 ΔV_i，整个物体的体积 $V = \sum \Delta V_i$，则 $\Delta G_i = \gamma \Delta V_i$，$G = \gamma V$，代入式(5-10)得

$$x_C = \frac{\sum \Delta V_i x_i}{V}, \quad y_C = \frac{\sum \Delta V_i y_i}{V}, \quad z_C = \frac{\sum \Delta V_i z_i}{V} \tag{5-11a}$$

由此可见，均质物体的重心位置与物体的重量无关，而只取决于物体的几何形状，这时物体的重心就是物体几何形状的中心——形心(centroid of area)。

对于等厚薄壁物体，如双曲薄壳的屋顶、薄壁容器、飞机机翼等，其形心必位于壁厚之间的中面上，若以 ΔA 表示中面上的任一微面积，A 表示整个中面的面积，则其形心坐标为

$$x_C = \frac{\sum \Delta A_i x_i}{A}, \quad y_C = \frac{\sum \Delta A_i y_i}{A}, \quad z_C = \frac{\sum \Delta A_i z_i}{A} \tag{5-11b}$$

对于等截面细长杆，若以 Δl_i 表示曲杆的任一微段的长度，以 l 表示曲杆总长度，则其形心坐标为

$$x_C = \frac{\sum \Delta l_i x_i}{l}, \quad y_C = \frac{\sum \Delta l_i y_i}{l}, \quad z_C = \frac{\sum \Delta l_i z_i}{l} \tag{5-11c}$$

二、重心和形心的确定

重心和形心可以利用相关计算公式(5-10)、式(5-11)确定。但多数情况下可以凭经验判定。如若均质物体有对称中心、对称轴、对称面时，则该物体的重心和形心一定在对称中心、对称轴、对称面上，如均质球的重心和形心在球心上。一些简单形状的均质物体的重心或形心位置还可查阅有关工程手册确定。在本书的附录 A 中列出几种常见刚体的重心和形心。

1. 实验法

对于形状复杂而不便计算或非均质物体的重心位置，可采用实验方法测定。常用的实验方法有以下两种：

(1) 悬挂法　如果需求一薄板的重心，可先将薄板悬挂于任一点 A，如图 5-15a 所示。根据二力平衡原理，重心必在经过悬挂点 A 的铅垂线上，于是可在板上标出此线。然后，再将薄板悬挂于另一点 B，同样画出另一直线，两直线的交点 C 即为此薄板的重心，如图 5-15b 所示。

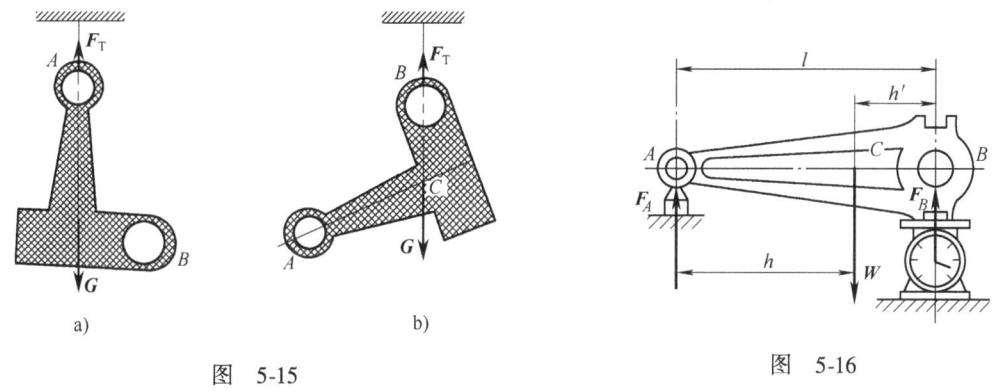

图 5-15　　　　　　　　　　图 5-16

(2) 称重法　如图 5-16 所示的连杆具有两个相互垂直的纵向对称平面，其重心必在这两个平面的交线，即在连杆的中心线 AB 上。先用磅秤称出连杆的重量 W，然后将连杆的一端支于固定点 A，另一端支于秤上，并尽量使中心线 AB 位于水平位置，量出两支点间的水平距离 l，并读出磅秤上的读数 F_B。由于力 W 和 F_B 对 A 点力矩的代数和应等于零，因此物体的重心 C 至 A 支点的水平距离为

$$h = \frac{F_B l}{W} \tag{5-12}$$

再如图 5-17a 所示的外形较复杂的小轿车，为确定汽车的重心，先用地磅秤称得小轿车重量 G，然后分别按图 5-17a、b、c 所示，用磅秤称得 F_1、F_3 和 F_5 大小，并量出轴距 l_1、轮距 l_2 及后轮抬高高度 h。则汽车重心 C 距后轮、右轮的距离 a、b 和高度 c，可由下列的平衡方程求出：

$$\sum M_B = 0, \quad a = \frac{F_1}{G} l_1$$

$$\sum M_E = 0, \quad b = \frac{F_3}{G} l_2$$

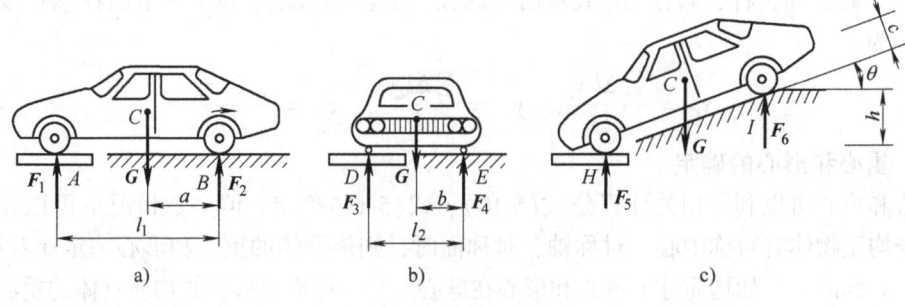

图 5-17

$$\sum M_I = 0, \quad -F_5 l_1 \cos\theta + (G\cos\theta)a + (G\sin\theta)c = 0$$

则得
$$c = \frac{1}{G}(F_5 l_1 - Ga)\cot\theta = \frac{1}{Gh}(F_5 - F_1)l_1 \sqrt{l_1^2 - h^2}$$

2. 简单形状均质组合体的形心计算

有些均质物体可以看成是由几个简单形状的均质物体组成的组合体,计算时可将组合体分割成几个简单形状物体,并确定每个简单形状物体的形心(或重心),再应用有关的公式,就可确定整个物体的重心或形心。下面举例说明。

【例 5-7】 试求图 5-18a 所示平面图形的形心位置(图中尺寸单位:mm)。

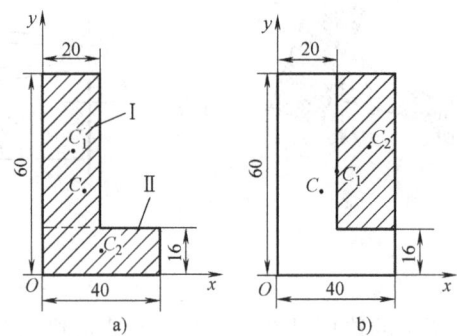

图 5-18

【解】 该题可用两种方法求解

(1) 分割法 如图 5-18a 所示,将该图形分割成两个矩形 I 和 II,它们的形心位置分别为 $C_1(x_1, y_1)$、$C_2(x_2, y_2)$。其面积分别为 A_1 和 A_2。根据图形分析可知

$$x_1 = 10 \text{ mm}, \quad y_1 = 38 \text{ mm}, \quad A_1 = (20 \times 44) \text{ mm}^2 = 880 \text{ mm}^2$$
$$x_2 = 20 \text{ mm}, \quad y_2 = 8 \text{ mm}, \quad A_2 = (16 \times 40) \text{ mm}^2 = 640 \text{ mm}^2$$

根据式(5-11)则有

$$x_C = \frac{\sum A_i x_i}{\sum A_i} = \frac{A_1 x_1 + A_2 x_2}{A_1 + A_2} = \frac{880 \times 10 + 640 \times 20}{880 + 640} \text{ mm} = 14.21 \text{ mm}$$

$$y_C = \frac{\sum A_i y_i}{\sum A_i} = \frac{A_1 y_1 + A_2 y_2}{A_1 + A_2} = \frac{880 \times 38 + 640 \times 8}{880 + 640} \text{ mm} = 25.37 \text{ mm}$$

(2) 负面积法 如图 5-18b 所示,将该图形看成是边长分别为 40 m 和 60 mm 的大矩形 I 切去一个小矩形 II(图中阴影线部分)。它们的形心位置分别为 $C_1(x_1, y_1)$、$C_2(x_2, y_2)$,其面积分别为 A_1 和 A_2,只是

切去部分的面积 A_2 应取负值，根据图形分析可知

$$x_1 = 20 \text{ mm}, \quad y_1 = 30 \text{ mm}, \quad A_1 = (40 \times 60) \text{ mm}^2 = 2400 \text{ mm}^2$$
$$x_2 = 30 \text{ mm}, \quad y_2 = 38 \text{ mm}, \quad A_2 = (-20 \times 44) \text{ mm}^2 = -880 \text{ mm}^2$$

根据式(5-11)得

$$x_C = \frac{\sum A_i x_i}{\sum A_i} = \frac{A_1 x_1 - A_2 x_2}{A_1 - A_2} = \frac{2400 \times 20 - 880 \times 30}{2400 - 880} \text{ mm} = 14.21 \text{ mm}$$

$$y_C = \frac{\sum A_i y_i}{\sum A_i} = \frac{A_1 y_1 - A_2 y_2}{A_1 - A_2} = \frac{2400 \times 30 - 880 \times 38}{2400 - 880} \text{ mm} = 25.37 \text{ mm}$$

通过以上计算分析可知，两种方法求得的结果一致。

思 考 题

1. 什么是空间力系？举例说明。
2. 空间力系的平衡方程有几个？各是什么？最多能解几个未知数？
3. 试分析以下两种力系各有几个平衡方程：
(1) 空间力系中各力的作用线平行于某一固定平面；
(2) 空间力系中各力的作用线分别汇交于两个固定点。
4. 空间力系的平衡问题可转化为三个平面任意力系的平衡问题，根据一个平面任意力系的平衡方程可解三个未知数，那么三个平面任意力系是否可求出九个未知数？
5. 物体的重心是否一定在物体上？
6. 计算同一物体重心时，如选取坐标系位置不同，则重心坐标是否改变？物体的重心位置是否改变？计算方法不同，则重心位置是否改变？
7. 一容器中盛水部分，在容器水平放置与倾斜放置时，其重心位置是否发生改变？为什么？当容器中盛有固体时，按上述两种放置，该固体的重心位置发生改变吗？
8. 当物体质量分布不均匀时，重心和几何中心还重合吗？为什么？

习 题

5-1 如题 5-1 图所示，已知 $F_1 = 3$ kN，$F_2 = 2$ kN，$F_3 = 1$ kN。F_1 于轴边长为 3、4、5 的正六面体前棱边，F_2 在此六面体顶面对角上，F_3 则处于正六面体的斜角线上。试计算 F_1、F_2、F_3 三力在 x、y、z 轴上的投影。

5-2 如题 5-2 图所示，设在图中水平轮上 A 点作用一力 F，其作用线与过 A 点的切线成 $60°$ 角，且在过 A 点而与轮缘圆周相切的平面内，而点 A 与圆心 O 的连线与通过 O 点平行于 y 轴的直线成 $45°$ 角。设 $F = 1000$ N，$h = r = 1$ m。试求力 F 在三个坐标轴上投影及其对三个坐标轴的力矩。

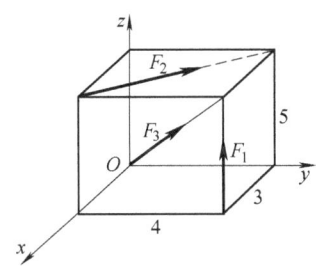

题 5-1 图

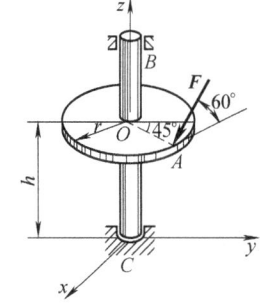

题 5-2 图

5-3 挂物架如题 5-3 图所示，三杆的重量不计，用铰链连接于 O 点，平面 BOC 是水平的，且 $BO = CO$，角度如图。若在 O 点挂一重物，其重为 $G = 1000$ N，求三杆所受的力。

5-4 简易起重机如题 5-4 图所示，已知 $AD = BD = 1$ m，$CD = 1.5$ m，$CM = 1$ m，$ME = 4$ m，$MS = 0.5$ m，机身的重力 $G_1 = 100$ kN，起吊重物的重力 $G_2 = 10$ kN。试求 A、B、C 三轮对地面的压力。

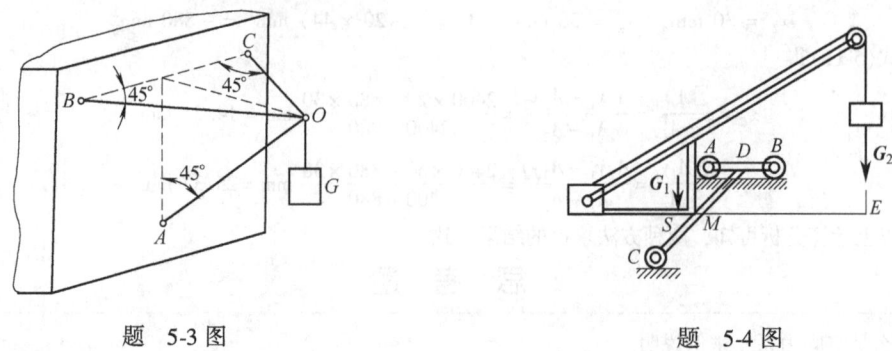

题 5-3 图　　　　　　　　　　　题 5-4 图

5-5 如题 5-5 图所示三轮平板车上作用有图示的三个载荷，求三个车轮的法向约束力。

5-6 如题 5-6 图所示水平轴上装有两个凸轮，凸轮上分别作用有已知力 $F_1 = 800$ N 和未知力 F_2。如轴平衡，求力 F_2 和轴承反力。

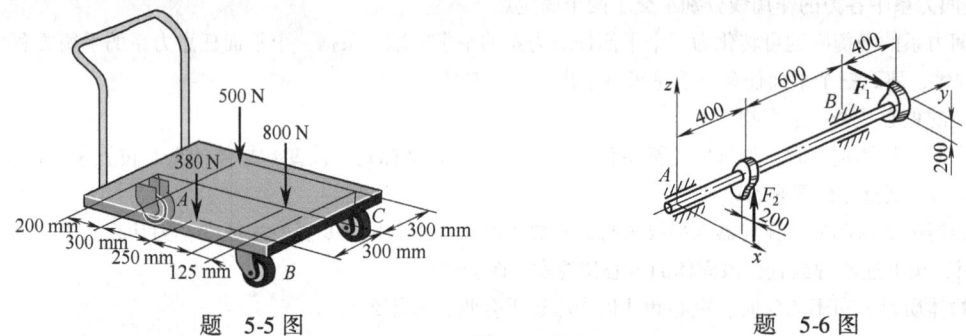

题 5-5 图　　　　　　　　　　　题 5-6 图

5-7 如题 5-7 图所示的 AB 轴上装有两个直齿轮，分度圆半径 $r_1 = 100$ mm，$r_2 = 72$ mm，啮合点分别在两齿轮最低与最高位置，如图所示。在齿轮 1 上的径向力 $F_{r1} = 0.575$ kN，圆周力 $F_1 = 1.58$ kN。在齿轮 2 上的径向力 $F_{r2} = 0.799$ kN，试求当轴平衡时作用于齿轮 2 上的圆周力 F_2 及两轴承约束力。

*5-8 如题 5-8 图所示电动机通过链条传动将重物匀速提起，已知 $r = 10$ cm，$R = 20$ cm，$G = 10$ kN，链条与水平线成角 $\alpha = 30°$，紧边链条拉力为 F_{T1}，松边链条拉力为 F_{T2}，且 $F_{T1} = 2F_{T2}$。求轴承约束力及链条的拉力。

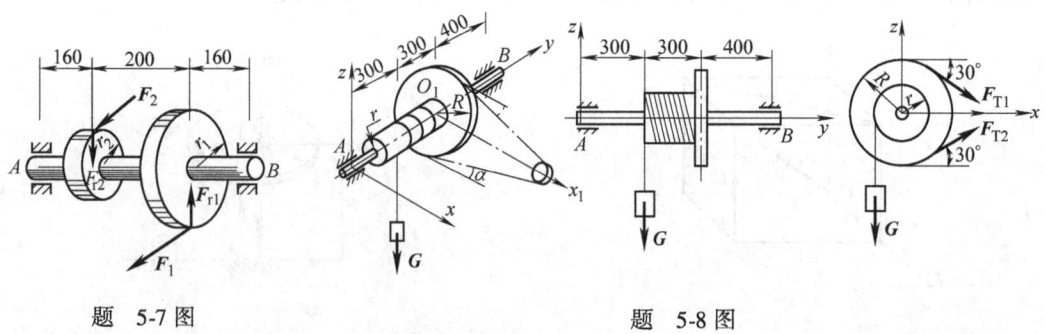

题 5-7 图　　　　　　　　　　　题 5-8 图

5-9 如题 5-9 图所示的截面图形，试求该图形的形心位置。

5-10 试确定题 5-10 图所示的平面图形的形心位置。

5-11 题 5-11 图所示的 T 形,求其形心坐标。

5-12 忽略拐角焊缝 A 和 B 的尺寸,确定题 5-12 图所示的截面形心坐标 $\bar{y}$。

5-13 题 5-13 图所示铝支柱的横截面,每一部分的厚度均为 10 mm,确定横截面形心位置。

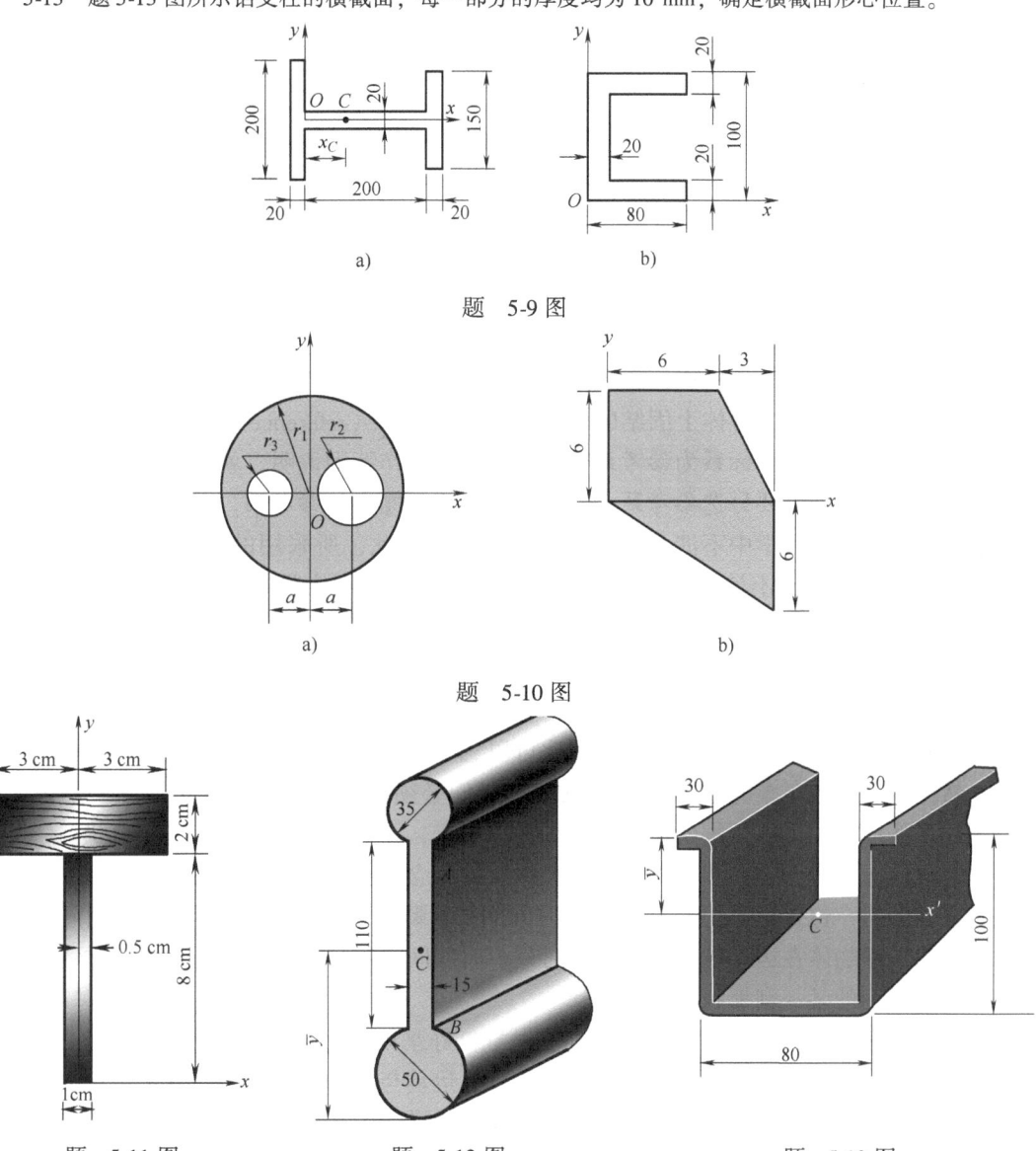

题 5-9 图

题 5-10 图

题 5-11 图   题 5-12 图   题 5-13 图

第二篇 运动学

引 言

运动学（kinematics）是从几何学的角度来研究物体的机械运动，即研究物体在空间的位置随时间的变化，而不考虑物体运动变化的物理原因（即物体所受的力和物体的质量）。

机械运动是指物体在空间的位置随时间的变化。要描述物体位置以及它的运动，必须选取另一个物体作为参考，这个用作参考的物体称为参考物体（reference body）。同一物体对不同参考体的运动是不同的。例如，行驶的车厢内放置的物体，相对车厢而言是静止的，而相对地面而言则是运动的，所以，运动的描述具有相对性。在力学中，描述任何物体的运动都必须指明参考体。在参考体上固结的坐标系称为参考系（reference frame）。一般工程问题中，都取与地面固连的坐标系为参考系。以后，如果不作特别说明，就应如此理解。对于特殊的问题，则应根据需要另选参考系，同时必须指明问题中的参考系。

前已述及，在运动学中不涉及力和质量的概念，因此，所采用的力学模型是"点"和"刚体"。所谓点，是指不计大小和质量，但在空间占有确定位置的几何点；所谓刚体，是指由无数点组成的不变形系统。点和刚体都是实际物体的抽象化。当描述一物体的运动时，如果它的大小和形状不起主要作用，可以把它抽象化为一个点，反之，就应把它看成刚体。例如，分析汽车在制动过程中的速度和加速度时，虽然汽车各部分的运动情况各不相同，但是我们研究的是汽车整体的运动规律，因此可以忽略其形状大小，将汽车的运动简化为点的运动。然而当分析汽车车轮上各点的运动时，我们必须把车轮简化为一定尺寸的刚体来研究。因此，如何简化，完全由所研究问题的性质而定，不取决于物体的大小和形状。

描述机械运动时，还要涉及时间间隔和瞬时的概念。对应于物体在不停顿的运动中从某一位置移动到另一位置所经历的时间称为时间间隔。瞬时（instantaneous）是时间间隔趋于零的一瞬间，即物体在运动过程中的某一时刻。时间间隔总是对应于运动的某个过程；而瞬时则对应于运动的某一刹那状态。

学习运动学的目的，一方面是为学习动力学打好基础，因为只有掌握了运动分析方法，才能正确地进行物体系统的运动特性分析，并建立运动与力的关系；另一方面，运动学在工程技术中也具有直接指导实践的意义。例如，在机械设计中常要进行机构分析与综合，这就要求对所选机构进行运动分析，以便能达到预定的运动要求。

在运动学中，我们将依次研究点的运动、刚体的基本运动、点的合成运动以及刚体的平面运动。

第六章 点的运动学

点的运动学是研究一般物体运动的基础,又具有独立的应用意义。本章将研究点的简单运动,研究点相对某一个参考系的几何位置随时间变动的规律。所研究的点既包括由物体抽象得来的点,也包括物体上的某一具体的点。

本章介绍描述点运动的三种方法:<u>矢径法</u>、<u>直角坐标法</u>和<u>自然法</u>。利用这三种方法建立点的运动方程(用以描述点在空间的位置随时间变化的规律)及求点的速度和加速度。

第一节 描述点运动的矢径法

一、用矢径表示点的运动方程

如图 6-1 所示,欲研究动点 M 的运动轨迹,可任选某确定点 O 为参考点,自点 O 向动点 M 作矢量 r,r 称为动点 M 相对于原点 O 的<u>位置矢量</u>,简称动点的<u>矢径</u>(radius vector)。当动点 M 运动时,矢径 r 随时间 t 而变化,是时间 t 的单值连续矢量函数,即

$$r = r(t) \tag{6-1}$$

式(6-1)完全确定了任一瞬时动点在空间的位置,称为以矢径表示的动点的<u>运动方程</u>(motion equation)。动点 M 在运动过程中,其矢径 r 的末端描绘出一条连续曲线,称为<u>矢端曲线</u>。显然矢径 r 的矢端曲线就是动点 M 的<u>运动轨迹</u>(motion path),如图 6-1 所示。

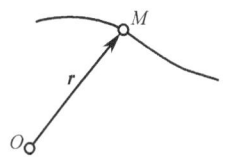

图 6-1

二、用矢径表示点的速度

点的速度是描述动点在某一瞬时运动的快慢和方向的物理量。

设动点于不同时刻 t 和 $t + \Delta t$ 在定参考系中处于不同位置,分别以 M 和 M' 表示(图 6-2),则动点在 Δt 时间间隔内经过的路程为 $\overparen{MM'}$;对应的位移矢量(自 M 引向 M')为 $\overrightarrow{MM'}$,它等于动点位于 M' 位置和 M 位置的矢径 $r' = r(t + \Delta t)$ 和 $r(t)$ 之差,记作 Δr,即

$$\Delta r = r(t + \Delta t) - r(t)$$

点在时间间隔 Δt 内的位移由点的起止位置完全确定,与所走的路径无关。

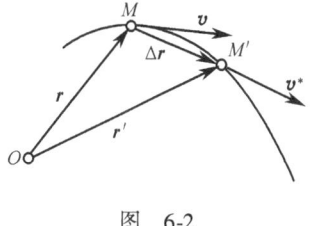

图 6-2

将位移矢量 Δr 除以位移所经历的时间间隔 Δt,定义为点在 Δt 时间间隔内的平均速度,则平均速度 $v^* = \dfrac{\Delta r}{\Delta t}$。当 Δt 趋近于零时,平均速度 v^* 的极限值定义为点在 t 时刻的瞬时速度,简称为<u>点的速度</u>,记作 v,即

$$v = \lim_{\Delta t \to 0} v^* = \frac{dr}{dt} \tag{6-2a}$$

力学中经常在变量字符上加一个点表示对时间的一阶导数,所以上式可以写成

$$v = \dot{r} \tag{6-2b}$$

因此，点的速度 v 等于点的矢径 r 对于时间 t 的一阶导数，其方向就是 Δt 趋近于零时 Δr 的极限方向，即沿着动点的轨迹在 M 点的切线，指向运动前进的一方（图6-2）。

速度 v 的模为 $|v|$，量纲为 [长度][时间]$^{-1}$，在国际单位制中，速度常用单位为米/秒(m/s)或千米/小时(km/h)。

三、用矢径表示点的加速度

点的<u>加速度</u>(acceleration)是描述动点在某一瞬时速度大小和方向随时间变化的物理量。如图6-3a所示，设动点在相邻时间 t 和 $t+\Delta t$ 的速度分别为 v 和 $v' = v + \Delta v$，Δv 为点在 Δt 时间间隔内的速度增量，将 Δv 除以 Δt，定义为点在 Δt 时间间隔内的平均加速度，则平均加速度 $a^* = \dfrac{\Delta v}{\Delta t}$。当 Δt 趋近于零时，平均加速度 a^* 的极限值定义为点在 t 时刻的瞬时加速度，简称为点的<u>加速度</u>，记作 a，即

$$a = \lim_{\Delta t \to 0} a^* = \frac{\mathrm{d}v}{\mathrm{d}t} = \dot{v} = \frac{\mathrm{d}^2 r}{\mathrm{d}t^2} = \ddot{r} \tag{6-3}$$

因此，点的加速度 a 等于点的速度 v 对于时间 t 的一阶导数，或是矢径 r 对于时间 t 的二阶导数。

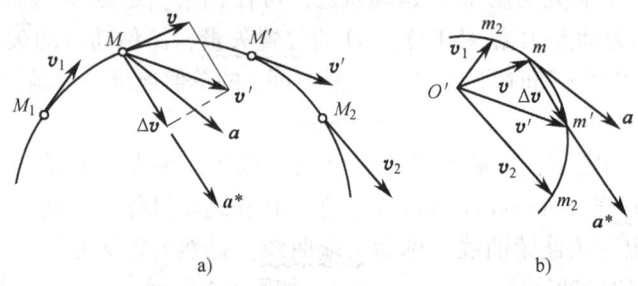

图 6-3

加速度的方向沿 Δt 趋近于零时 Δv 的极限方向。应当注意，一般而言加速度的方位与速度的方位不会重合。当点作曲线运动时，其速度的大小和方向都随时间的变化而变化，即速度是变矢量。将图6-3a中不同瞬时的速度矢量移到同一点 O'，这些速度矢量的末端便描绘出一条连续的曲线，如图6-3b所示，称为<u>速度矢端图</u>。那么，加速度 a 就等于速度矢量 v 的端点 m 沿速度矢端曲线运动的速度。由此可知，加速度矢量的方向沿着速度矢端曲线在 m 点的切线方向。

加速度 a 的模为 $|a|$，量纲为 [长度][时间]$^{-2}$，在国际单位制中，加速度常用单位为米/秒^2(m/s^2)或厘米/秒^2(cm/s^2)。

第二节 描述点运动的直角坐标法

一、用直角坐标表示点的运动方程

如图6-4所示的动点 M 在空间运动时，它在某瞬时的位置也可以用空间直角坐标系 $Oxyz$ 的三个的坐标 $(x、y、z)$ 来表示，位置坐标 $x、y、z$ 都是时间 t 的单值连续函数，即

$$\left. \begin{array}{l} x = x(t) \\ y = y(t) \\ z = z(t) \end{array} \right\} \tag{6-4}$$

式(6-4)就是动点 M 的<u>直角坐标运动方程</u>。当函数 $x = x(t)$，$y = y(t)$，$z = z(t)$ 已知时，动点 M 在任一瞬时的位置就完全确定。

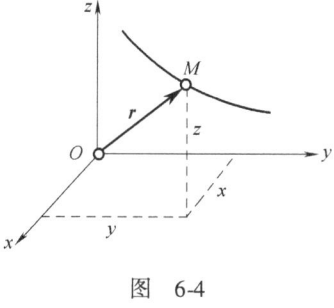

图 6-4

因为动点的轨迹与时间无关，如果需要求点的轨迹方程，可以从式(6-4)中消去 t，即得动点的轨迹方程

$$F(x,y,z) = 0 \tag{6-5}$$

在工程中，经常遇到点在某平面内运动的情形，显然此时点的轨迹为一平面曲线。如取该平面为坐标平面 Oxy，则点的运动方程简化为

$$\left.\begin{aligned} x &= x(t) \\ y &= y(t) \end{aligned}\right\} \tag{6-6}$$

当动点始终沿一直线运动时，如取该直线为坐标轴 Ox，则点的运动方程为

$$x = x(t) \tag{6-7}$$

二、用直角坐标表示点的速度

如图 6-5 所示，若以 O 点为坐标原点建立 $Oxyz$ 直角坐标系，则动点 M 的矢径，可表示为

$$\boldsymbol{r} = x\boldsymbol{i} + y\boldsymbol{j} + z\boldsymbol{k} \tag{6-8}$$

式中，$\boldsymbol{i}$、$\boldsymbol{j}$、$\boldsymbol{k}$ 分别为沿三个直角坐标轴正向的单位矢量。

由于动点的速度等于矢径对时间的一阶导数，故动点的速度可表示为

$$\boldsymbol{v} = \frac{d\boldsymbol{r}}{dt} = \frac{dx}{dt}\boldsymbol{i} + \frac{dy}{dt}\boldsymbol{j} + \frac{dz}{dt}\boldsymbol{k} \tag{6-9}$$

设动点 M 的速度 $\boldsymbol{v}$ 在直角坐标轴上的投影为 v_x、v_y 和 v_z，即

$$\boldsymbol{v} = v_x\boldsymbol{i} + v_y\boldsymbol{j} + v_z\boldsymbol{k} \tag{6-10}$$

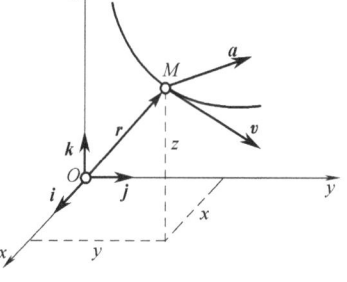

图 6-5

比较式(6-9)和式(6-10)，得到

$$v_x = \frac{dx}{dt}, \quad v_y = \frac{dy}{dt}, \quad v_z = \frac{dz}{dt} \tag{6-11}$$

上式表明，动点的速度在各直角坐标轴上的投影分别等于动点的相应位置坐标对时间的一阶导数。

由式(6-11)求得 v_x、v_y 和 v_z 后，速度 $\boldsymbol{v}$ 的大小和方向就可由它的这三个投影完全确定。速度的大小及方向余弦为

$$\left.\begin{aligned} v &= \sqrt{v_x^2 + v_y^2 + v_z^2} = \sqrt{\left(\frac{dx}{dt}\right)^2 + \left(\frac{dy}{dt}\right)^2 + \left(\frac{dz}{dt}\right)^2} \\ \cos(\boldsymbol{v},\boldsymbol{i}) &= \frac{v_x}{v}, \quad \cos(\boldsymbol{v},\boldsymbol{j}) = \frac{v_y}{v}, \quad \cos(\boldsymbol{v},\boldsymbol{k}) = \frac{v_z}{v} \end{aligned}\right\} \tag{6-12}$$

三、用直角坐标表示点的加速度

与前述点的速度和点的位置坐标的关系类似，由于动点的加速度等于速度对时间的一阶导数，所以动点的加速度 $\boldsymbol{a}$ 在直角坐标轴上的投影 a_x、a_y、a_z 分别等于动点的速度 $\boldsymbol{v}$ 在直角

坐标轴上的投影 v_x、v_y、v_z 对时间 t 的一阶导数，即

$$\left. \begin{array}{l} a_x = \dfrac{\mathrm{d}v_x}{\mathrm{d}t} = \dfrac{\mathrm{d}^2 x}{\mathrm{d}t^2} \\ a_y = \dfrac{\mathrm{d}v_y}{\mathrm{d}t} = \dfrac{\mathrm{d}^2 y}{\mathrm{d}t^2} \\ a_z = \dfrac{\mathrm{d}v_z}{\mathrm{d}t} = \dfrac{\mathrm{d}^2 z}{\mathrm{d}t^2} \end{array} \right\} \quad (6\text{-}13)$$

上式表明，动点的加速度在各直角坐标轴上的投影分别等于动点的速度的相应投影对时间的一阶导数或动点的相应位置坐标对时间的二阶导数。加速度的大小及方向余弦为

$$\left. \begin{array}{l} a = \sqrt{a_x^2 + a_y^2 + a_z^2} = \sqrt{\left(\dfrac{\mathrm{d}^2 x}{\mathrm{d}t^2}\right)^2 + \left(\dfrac{\mathrm{d}^2 y}{\mathrm{d}t^2}\right)^2 + \left(\dfrac{\mathrm{d}^2 z}{\mathrm{d}t^2}\right)^2} \\ \cos(\boldsymbol{a},\boldsymbol{i}) = \dfrac{a_x}{a}, \quad \cos(\boldsymbol{a},\boldsymbol{j}) = \dfrac{a_y}{a}, \quad \cos(\boldsymbol{a},\boldsymbol{k}) = \dfrac{a_z}{a} \end{array} \right\} \quad (6\text{-}14)$$

【例 6-1】 如图 6-6 所示，已知点 M 的运动方程为

$$x = r\cos\omega t$$
$$y = r\sin\omega t$$

其中，r、ω 是常数。求动点的运动轨迹、速度与加速度。

【解】 为求动点的运动轨迹，将运动方程两式平方后相加，消去 t 得

$$x^2 + y^2 = r^2$$

这说明动点的运动轨迹是以 O 为圆心、r 为半径的一个圆。当 $\omega t = 0$ 时，$x = r$，$y = 0$，动点位于 x 轴上，即位于圆周上的 M_0 点处；当 $\omega t = \pi/2$ 时，$x = 0$，$y = r$，动点位于 y 轴上，即位于圆周上的 M_1 点处。

动点的速度在坐标轴上的投影为

$$v_x = \frac{\mathrm{d}x}{\mathrm{d}t} = -r\omega\sin\omega t$$
$$v_y = \frac{\mathrm{d}y}{\mathrm{d}t} = r\omega\cos\omega t$$

因此速度的大小为

$$v = \sqrt{v_x^2 + v_y^2} = r\omega$$

可见动点速度的大小是常数。速度 $\boldsymbol{v}$ 与 x 轴正向夹角的方向余弦为

$$\cos(\boldsymbol{v},\boldsymbol{i}) = \frac{v_x}{v} = -\sin\omega t = \cos\left(\frac{\pi}{2} + \omega t\right)$$

由此可知，动点速度的方向与 x 轴正向的夹角是 $(\pi/2) + \omega t$，如图 6-6 所示。

动点的加速度在坐标轴上的投影为

$$a_x = \frac{\mathrm{d}v_x}{\mathrm{d}t} = -r\omega^2\cos\omega t$$
$$a_y = \frac{\mathrm{d}v_y}{\mathrm{d}t} = -r\omega^2\sin\omega t$$

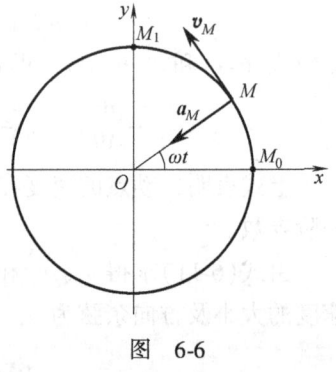

图 6-6

因此加速度的大小为

$$a = \sqrt{a_x^2 + a_y^2} = r\omega^2$$

可见动点加速度的大小是常数。加速度 $\boldsymbol{a}$ 与 x 轴正向夹角的方向余弦为

$$\cos(\boldsymbol{a},\boldsymbol{i}) = \frac{a_x}{a} = -\cos\omega t = \cos(\pi + \omega t)$$

由此可知，动点加速度的方向与 x 轴正向的夹角是 $\pi + \omega t$，指向圆心，如图 6-6 所示。

【例6-2】 牵引车自 B 点沿水平面匀速开出,速度 $v_0 = 1\text{m/s}$,通过绕过 A 的定滑轮将重物 M 自地面提起,如图6-7所示。若滑轮 A 距地面高为9 m,车上的牵引钩 D 距地面高为1 m,求重物 M 的运动方程、速度和加速度,以及重物由地面升到 A 处所需的时间。

【解】 由于重物作直线运动,以地面上的 B 为坐标原点沿竖直方向建立坐标轴 y。M 点的运动方程为

$$y = \sqrt{(v_0 t)^2 + (9-1)^2} - 8 = \sqrt{t^2 + 8^2} - 8 (\text{m})$$

M 点的速度为

$$v = \frac{\mathrm{d}y}{\mathrm{d}t} = \frac{t}{\sqrt{t^2 + 64}}(\text{m/s})$$

M 点的加速度为

$$a = \frac{\mathrm{d}v}{\mathrm{d}t} = \frac{64}{\sqrt{(t^2 + 64)^3}}(\text{m/s}^2)$$

当 M 点升到 A 处时,$y = 9$ m,代入运动方程,得

$$9 = \sqrt{t^2 + 64} - 8$$

故

$$t = 15 \text{ s}$$

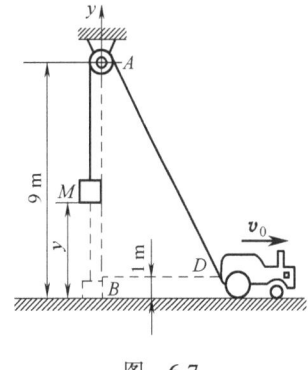

图 6-7

第三节 描述点运动的自然法

一、用弧坐标表示点的运动方程

若动点运动的轨迹曲线是已知的,以动点的轨迹作为曲线坐标轴,并规定从 O 点开始沿轨迹的某一边为曲线坐标轴正方向,则另一边为曲线坐标轴的负方向,动点 M 的位置用由 O 点到动点的弧长  $= s$ 来表示,称为动点 M 的弧坐标,并规定当动点 M 位于曲线坐标轴的正方向一侧时弧坐标为正,反之为负,如图6-8所示。当动点 M 沿轨迹曲线运动时,动点 M 的弧坐标 s 将随时间 t 而变化,是时间 t 的单值连续函数,即

$$s = s(t) \tag{6-15}$$

上式称为动点 M 的弧坐标运动方程(arc coordinate motion equation)。显然,当函数 $s = s(t)$ 已知时,任意瞬时动点 M 在轨迹曲线上的位置就完全确定了。

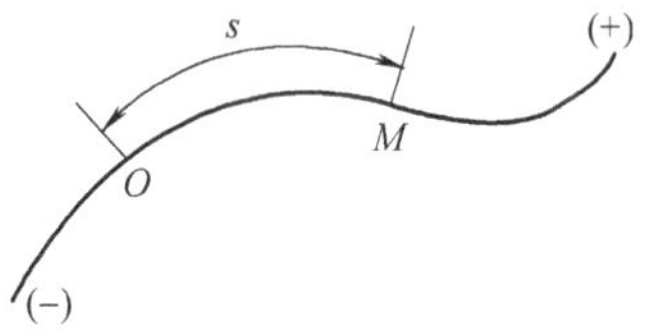

图 6-8

二、用自然法表示点的速度

如图6-9所示,设动点 M 在某平面内运动,其运动轨迹已知,沿该轨迹的运动方程为 $s = s(t)$,在瞬时 t,动点 M 的矢径为 $\boldsymbol{r}$,经过时间间隔 Δt,动点 M 沿已知轨迹运动到 M',其矢径为 $\boldsymbol{r}'$。动点在 Δt 时间间隔内的位移为 $\Delta \boldsymbol{r}$,相应的弧坐标增量为 Δs。由式(6-2),动点的速度 $\boldsymbol{v} = \mathrm{d}\boldsymbol{r}/\mathrm{d}t$,将该式的分子和分母同乘以 $\mathrm{d}s$,得

$$\boldsymbol{v} = \frac{\mathrm{d}\boldsymbol{r}}{\mathrm{d}t} = \frac{\mathrm{d}\boldsymbol{r}}{\mathrm{d}t}\frac{\mathrm{d}s}{\mathrm{d}s} = \frac{\mathrm{d}\boldsymbol{r}}{\mathrm{d}s}\frac{\mathrm{d}s}{\mathrm{d}t}$$

由图6-9可知,当 $\Delta s \to 0$ 时,$\Delta \boldsymbol{r}/\Delta s$ 的大小趋于1,$\Delta \boldsymbol{r}/\Delta s$ 的方向总是趋于弧坐标的正向(若 $\Delta s > 0$,$\Delta \boldsymbol{r}$ 的方向趋于弧坐标的正向,$\Delta \boldsymbol{r}/\Delta s$ 也趋于弧坐标的正向;若 $\Delta s < 0$,由于 $\Delta \boldsymbol{r}$ 的方向趋

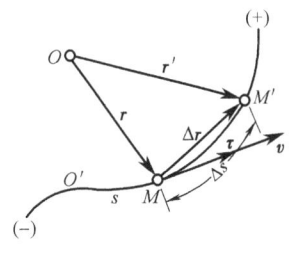

图 6-9

于弧坐标的负向,故 $\Delta \boldsymbol{r}/\Delta s$ 仍趋于弧坐标的正向),且与轨迹相切,所以始终有

$$\frac{\mathrm{d}\boldsymbol{r}}{\mathrm{d}s} = \boldsymbol{\tau} \qquad (6\text{-}16)$$

式中,$\boldsymbol{\tau}$ 为沿轨迹切线指向弧坐标正向的单位矢量。此外,$\frac{\mathrm{d}s}{\mathrm{d}t} = \lim\limits_{\Delta t \to 0} \frac{\Delta s}{\Delta t} = v$,显然这是速度的代数值,当 $\frac{\mathrm{d}s}{\mathrm{d}t} > 0$ 时,s 随时间 t 而增大,v 的指向与 $\boldsymbol{\tau}$ 相同;当 $\frac{\mathrm{d}s}{\mathrm{d}t} < 0$ 时,s 随时间 t 而减小,v 的指向与 $\boldsymbol{\tau}$ 相反。于是得到动点沿曲线运动时的速度的表达式为

$$\boldsymbol{v} = v\boldsymbol{\tau} = \frac{\mathrm{d}s}{\mathrm{d}t}\boldsymbol{\tau} \qquad (6\text{-}17)$$

由上可知,动点沿已知轨迹运动速度的代数值等于弧坐标 s 对时间的一阶导数,速度的方向沿轨迹的切线方向,当 v 为正时,指向与 $\boldsymbol{\tau}$ 相同,反之指向与 $\boldsymbol{\tau}$ 相反。

三、用自然法表示点的加速度

为求动点 M 的加速度 $\boldsymbol{a}$,将式(6-17)代入式(6-3),得

$$\boldsymbol{a} = \frac{\mathrm{d}\boldsymbol{v}}{\mathrm{d}t} = \frac{\mathrm{d}}{\mathrm{d}t}(v\boldsymbol{\tau}) = \frac{\mathrm{d}v}{\mathrm{d}t}\boldsymbol{\tau} + v\frac{\mathrm{d}\boldsymbol{\tau}}{\mathrm{d}t} \qquad (6\text{-}18)$$

此式表明,动点的加速度 $\boldsymbol{a}$ 由两个分矢量组成。

第一个分矢量是 $\frac{\mathrm{d}v}{\mathrm{d}t}\boldsymbol{\tau}$,方向沿轨迹的切线,大小等于 $\frac{\mathrm{d}v}{\mathrm{d}t}$ 或 $\frac{\mathrm{d}^2 s}{\mathrm{d}t^2}$。当 $\frac{\mathrm{d}^2 s}{\mathrm{d}t^2} > 0$ 时,该矢量与 $\boldsymbol{\tau}$ 同向;当 $\frac{\mathrm{d}^2 s}{\mathrm{d}t^2} < 0$ 时,则与 $\boldsymbol{\tau}$ 反向。因此,此分矢量称为<u>切向加速度</u>(tangentialacceleration),用 $\boldsymbol{a}_\mathrm{t}$ 表示,即

$$\boldsymbol{a}_\mathrm{t} = \frac{\mathrm{d}v}{\mathrm{d}t}\boldsymbol{\tau} = \frac{\mathrm{d}^2 s}{\mathrm{d}t^2}\boldsymbol{\tau} \qquad (6\text{-}19)$$

第二个分矢量是 $v\frac{\mathrm{d}\boldsymbol{\tau}}{\mathrm{d}t}$。为了确定它的大小和方向,首先分析 $\frac{\mathrm{d}\boldsymbol{\tau}}{\mathrm{d}t}$。在图 6-10 中,在 t 和 $t+\Delta t$ 瞬时,设动点分别位于轨迹上的点 M 和点 M' 处,对应位置的切向单位矢量为 $\boldsymbol{\tau}$ 和 $\boldsymbol{\tau}'$,矢量 $\boldsymbol{\tau}$、$\boldsymbol{\tau}'$ 的方位角(与水平线的夹角)分别为 φ、φ'。$\Delta\boldsymbol{\tau} = \boldsymbol{\tau}' - \boldsymbol{\tau}$ 是切向单位矢量的改变量,$\Delta\varphi = \varphi' - \varphi$ 是方位角的改变量。$\boldsymbol{\tau}$ 的方向随它的方位角 φ 和动点弧坐标 s 变化而变化,又因为 $v = \frac{\mathrm{d}s}{\mathrm{d}t}$,$\frac{1}{\rho} = \frac{\mathrm{d}\varphi}{\mathrm{d}s}$,$\rho$ 为曲线在点 M 的曲率半径,所以

$$\frac{\mathrm{d}\boldsymbol{\tau}}{\mathrm{d}t} = \frac{\mathrm{d}\boldsymbol{\tau}}{\mathrm{d}\varphi}\frac{\mathrm{d}\varphi}{\mathrm{d}s}\frac{\mathrm{d}s}{\mathrm{d}t} = \frac{v}{\rho}\frac{\mathrm{d}\boldsymbol{\tau}}{\mathrm{d}\varphi}$$

由图 6-10 所示的几何关系知 $\frac{\mathrm{d}\boldsymbol{\tau}}{\mathrm{d}t}$ 的方向由 $\Delta\boldsymbol{\tau}$ 的极限方向决定。当 $\Delta t \to 0$ 时,$\Delta\varphi \to 0$ 时,$\Delta\boldsymbol{\tau}$ 的方向趋近于轨迹在点 M 的法线方向且指向曲率中心。于是

$$\left|\frac{\mathrm{d}\boldsymbol{\tau}}{\mathrm{d}\varphi}\right| = \lim\limits_{\Delta\varphi \to 0}\left|\frac{\Delta\boldsymbol{\tau}}{\Delta\varphi}\right| = \lim\limits_{\Delta\varphi \to 0}\frac{2 \times 1 \times \sin\frac{\Delta\varphi}{2}}{\Delta\varphi} = 1$$

故有

$$\frac{\mathrm{d}\boldsymbol{\tau}}{\mathrm{d}t} = \frac{v}{\rho}\boldsymbol{n}$$

因而
$$v\frac{d\boldsymbol{\tau}}{dt} = \frac{v^2}{\rho}\boldsymbol{n}$$

式中，$\boldsymbol{n}$ 为沿轨迹法线指向曲率中心的单位矢量。

上式表明，加速度 $\boldsymbol{a}$ 的第二个分矢量的大小为 $\frac{v^2}{\rho}$，其方向恒沿轨迹法线指向曲率中心，称之为<u>法向加速度</u>（normal acceleration），用 $\boldsymbol{a}_n$ 表示，即

$$\boldsymbol{a}_n = \frac{v^2}{\rho}\boldsymbol{n} \tag{6-20}$$

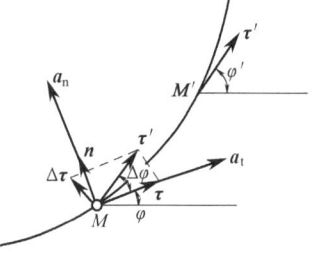

图 6-10

将式(6-19)、式(6-20)代入式(6-18)，可得点的加速度在自然轴系的表达式

$$\boldsymbol{a} = \boldsymbol{a}_t + \boldsymbol{a}_n = \frac{dv}{dt}\boldsymbol{\tau} + \frac{v^2}{\rho}\boldsymbol{n} \tag{6-21}$$

点的加速度在自然轴上的投影

$$\left.\begin{array}{l} a_t = \dfrac{dv}{dt} \\ a_n = \dfrac{v^2}{\rho} \end{array}\right\} \tag{6-22}$$

切向加速度反映速度代数值的变化快慢程度，法向加速度则反映速度方向的变化快慢程度。如图 6-10 所示，式(6-22)完全确定了点的加速度大小和方向：

$$\left.\begin{array}{l} a = \sqrt{a_t^2 + a_n^2} = \sqrt{\left(\dfrac{dv}{dt}\right)^2 + \left(\dfrac{v^2}{\rho}\right)^2} \\ \tan\theta = \left|\dfrac{a_t}{a_n}\right| \end{array}\right\} \tag{6-23}$$

综上所述，运用自然法能够方便地描述点在轨迹上的位置，同时由于自然轴系是与弧的几何特性联系在一起的参考系，这就导致点的速度、加速度在自然轴系中的各个分量有着明显的几何意义。当点的运动轨迹已知时，常采用自然轴系来描述点的速度、加速度；当点运动轨迹未知时，则运用直角坐标来描述点的运动规律。

四、点的运动的几种特殊情况

1. 直线运动

由于点的这种运动的轨迹是直线，故其曲率半径 $\rho = \infty$，因此 $\boldsymbol{a}_n = 0$，$\boldsymbol{a} = \boldsymbol{a}_t$，这种运动只有切向加速度。

2. 匀速曲线运动

由于点的这种运动的速度大小不变，$\boldsymbol{a}_t = 0$，$\boldsymbol{a} = \boldsymbol{a}_n$，这种运动只有法向加速度。运动方程可由 $ds = vdt$ 积分得出

$$\int_{s_0}^{s} ds = v\int_{0}^{t} dt$$

即

$$s = s_0 + vt \tag{6-24}$$

3. 匀变速曲线运动

由于点的这种运动的切向加速度是常数，将 $dv = a_t dt$ 积分，得

$$\int_{v_0}^{v} dv = a_t \int_0^t dt$$

即
$$v = v_0 + a_t t \tag{6-25}$$

再将 $ds = vdt$ 积分，得
$$\int_{s_0}^{s} ds = \int_0^t v dt = \int_0^t (v_0 + a_t t) dt$$

即
$$s = s_0 + v_0 t + \frac{1}{2} a_t t^2 \tag{6-26}$$

由上两式消去 t，得
$$v^2 - v_0^2 = 2a_t(s - s_0) \tag{6-27}$$

式(6-25)~式(6-27)是匀变速曲线运动的常用公式。

【例 6-3】 在图 6-11a 所示平面机构中，直杆 OA 以匀角速度 ω 绕过点 O 的固定轴逆钟向转动，杆 O_1M 长为 r，绕过点 O_1 的固定轴转动，两杆的运动通过套在杆 OA 上的套筒 M 而联系起来，$OO_1 = r$，初始时杆 O_1M 与 OO_1 在同一直线上，试用自然法与直角坐标法求套筒 M 的运动方程以及它的速度和加速度。

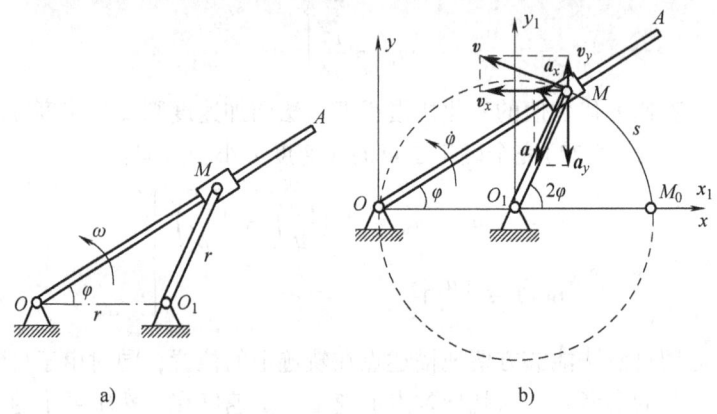

图 6-11

【解一】 自然法

因为已知动点 M 的轨迹是以 O_1 为圆心、r 为半径的圆，故首先宜采用自然法求解。取套筒初始位置 M_0 为弧坐标 s 的原点，以套筒的运动方向为弧坐标 s 的正向 (图 6-11b)，于是
$$s = \widehat{M_0 M} = 2r\varphi$$

将 $\varphi = \omega t$ 代入上式，得套筒 M 沿其轨迹的运动方程
$$s = 2r\omega t \tag{1}$$

套筒 M 的速度大小为
$$v = ds/dt = 2r\omega \tag{2}$$

其方向如图 6-11b 所示。由此可知套筒作匀速圆周运动。

套筒 M 的切向和法向加速度分别为
$$a_t = \frac{dv}{dt} = 0, \quad a_n = \frac{v^2}{r} = 4r\omega^2$$

故套筒 M 的加速度大小为
$$a = \sqrt{a_t^2 + a_n^2} = a_n = 4r\omega^2 \tag{3}$$

其方向指向圆心 O_1。

【解二】 直角坐标法

选取固定直角坐标系 Oxy 如图 6-11b 所示，则套筒 M 的坐标为

$$x = OM \cdot \cos\varphi = 2r\cos^2\varphi = r + r\cos 2\varphi$$
$$y = OM \cdot \sin\varphi = 2r\cos\varphi\sin\varphi = r\sin 2\varphi$$

将 $\varphi = \omega t$ 代入上式，即得套筒 M 在直角坐标系中的运动方程

$$x = r(1 + \cos 2\omega t), \quad y = r\sin 2\omega t \tag{4}$$

将式(4)对时间 t 求导数得

$$v_x = \frac{dx}{dt} = -2r\omega\sin 2\omega t, \quad v_y = \frac{dy}{dt} = 2r\omega\cos 2\omega t \tag{5}$$

故套筒 M 的速度大小和方向分别为

$$v = \sqrt{v_x^2 + v_y^2} = 2r\omega$$
$$\cos(\boldsymbol{v},\boldsymbol{i}) = v_x/v = -\sin 2\omega t, \quad \cos(\boldsymbol{v},\boldsymbol{j}) = v_y/v = \cos 2\omega t$$

再将式(5)对时间 t 求导数，得

$$a_x = \frac{dv_x}{dt} = -4r\omega^2\cos 2\omega t, \quad a_y = \frac{dv_y}{dt} = -4r\omega^2\sin 2\omega t \tag{6}$$

故套筒 M 的加速度大小和方向分别为

$$a = \sqrt{a_x^2 + a_y^2} = 4r\omega^2$$
$$\cos(\boldsymbol{a},\boldsymbol{i}) = \frac{a_x}{a} = -\cos 2\omega t, \quad \cos(\boldsymbol{a},\boldsymbol{j}) = \frac{a_y}{a} = -\sin 2\omega t$$

显然，采用直角坐标法所得的结果与自然法的结果完全一致，但是本题采用自然法较简便，且物理概念清晰。

思 考 题

1. 点的运动方程与轨迹方程有什么区别？
2. 点作匀速运动时和点的速度为零时，其加速度是否必为零？试举例说明。
3. 点在运动时，若某瞬时 $a > 0$，那么点是否一定在作加速运动？
4. 点的切向加速度与法向加速度的物理意义是什么？指出当：1) $a_t = 0$，$a_n = 0$；2) $a_t = 0$，$a_n =$ 常数；3) $a_t =$ 常数，$a_n = 0$ 时点各作什么运动？
5. 加速度 $\boldsymbol{a}$ 的方向是否表示点的运动方向？加速度的大小是否表示点的运动快慢程度？
6. 什么是切向加速度和法向加速度？它们的意义是什么？怎样的运动既无切向加速度又无法向加速度？怎样的运动只有切向而无法向加速度？怎样的运动只有法向而无切向加速度？怎样的运动既有切向加速度又有法向加速度？
7. 在图 6-12 中给出了动点沿曲线轨迹运动到 A、B、C、D、E 各点时速度和加速度的方向，试判断动点在哪些点处作加速运动？哪些点处作减速运动？哪些点处是不可能出现的运动？

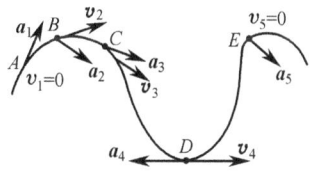

图 6-12

习 题

6-1 已知动点 M 的运动方程 $x = a\cos^2 kt$,$y = a\sin^2 kt$。试求：1)动点 M 的轨迹；2)此点沿轨迹的运动方程。

6-2 花园中水管的喷嘴以 15 m/s 的速度喷水，若喷嘴被固定在地面，倾角为 30°，求水柱达到的最大高度以及水柱所能达到的最远水平距离。

6-3 如题 6-3 图所示一动点沿曲线由 A 运动到 B 共用了 2 s，又用了 4 s 由 B 运动到 C，再用了 3 s 由 C 运动到 D。求动点从 A 运动到 D 的平均速率。

6-4 如题 6-4 图所示，一汽车沿图示道路从 A 行驶到 B，然后又从 B 行驶到 C，求汽车的位移的大小和行驶的路程。

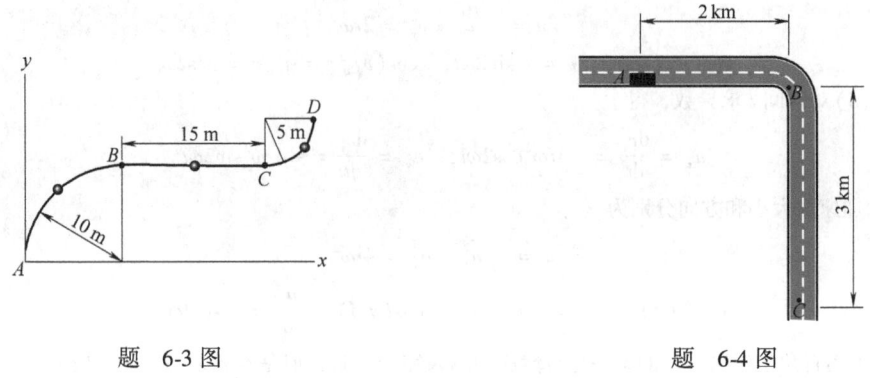

题 6-3 图　　　　　　　　　　题 6-4 图

6-5 如题 6-5 图所示，求消防队员使喷射的水能达到的最大高度 h，假设水喷出的速度为 $v_C = 16$ m/s。

6-6 如题 6-6 图所示，通过观看篮球比赛录像，分析投篮情况。球将要投进篮筐中时，球员 B 试图拦截篮球。忽略球的大小，求球的初始速度 v_A 的大小及队员 B 需要跳起的高度 h。

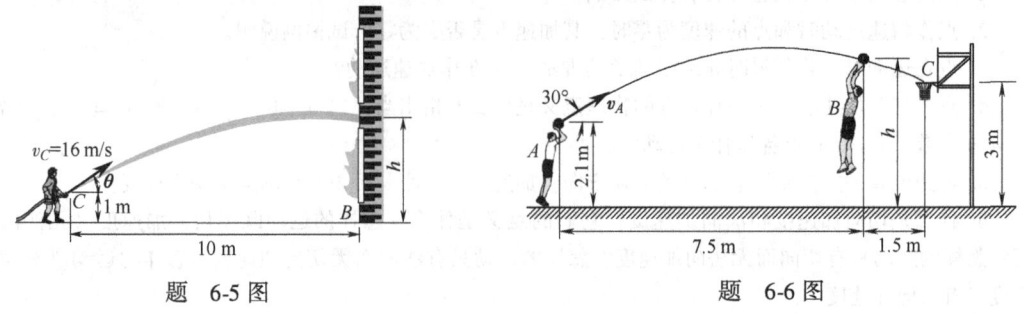

题 6-5 图　　　　　　　　　　题 6-6 图

6-7 如题 6-7 图所示，在泥地摩托车比赛中，观察到车手从障碍处跃起，与水平线的夹角为 60°，若落地时水平距离为 6 m，求车子离开地面时的瞬时速度。忽略车的大小。

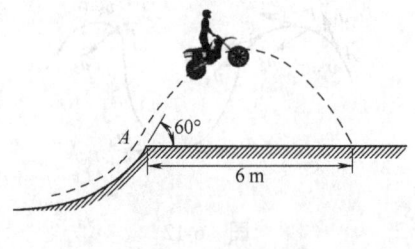

题 6-7 图

6-8 如题 6-8 图所示一人作高台滑雪运动。据观测，滑雪者离开坡道 A 点时与水平面的夹角为 $\theta = 25°$，若他在 B 点落地，求他的初始速度 v_A 和飞行的时间 t_{AB}。

6-9 如题 6-9 图所示，椭圆规规尺的端点 A、B 可分别沿直线导槽 Ox 及 Oy 滑动，B 端以匀速 v 运动。已知 $AM = a$，$BM = b$，求规尺上一点 M 的速度与加速度的大小。

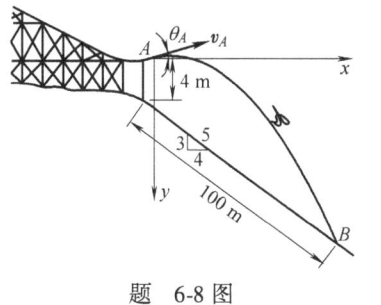

题 6-8 图

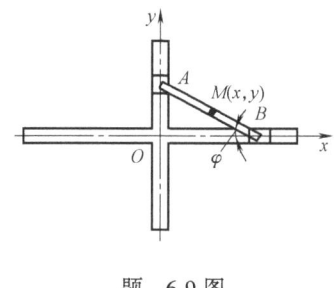

题 6-9 图

6-10 高尔夫球被击起，速度为 24 m/s，如题 6-10 图所示，求它落地时所走的距离 d。

*6-11 如题 6-11 图所示一卡车沿半径为 50 m 的环形路径行驶，速率为 4 m/s，在距 $s = 0$ 很短的距离内，速率增加率为 $dv/dt = (0.05s)$ m/s^2，s 的单位是 m。求当 $s = 10$ m 时，卡车的速度和加速度的大小。

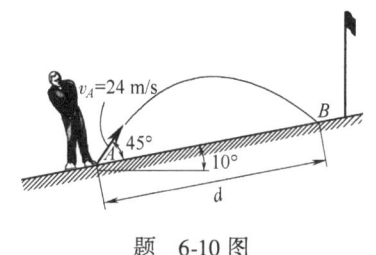

题 6-10 图

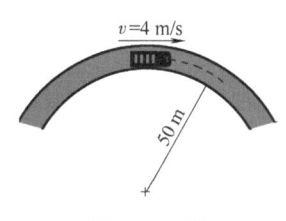

题 6-11 图

*6-12 如题 6-12 图所示，网球跳过 B 点落在 C 点，求网球的初始水平速度，同时求出 B、C 两点间的距离 s。

6-13 如题 6-13 图所示，一列火车以 14 m/s 的恒定速率沿曲线行驶。求火车头 B 在到达 A 点 $(y = 0)$ 时刻的加速度的大小。

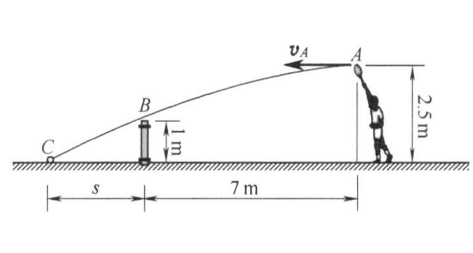

题 6-12 图

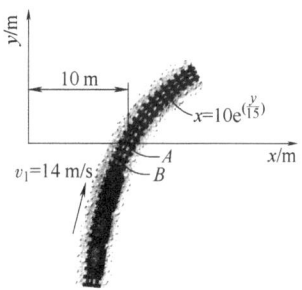

题 6-13 图

6-14 在某一瞬时，火车在 E 点的速率为 20 m/s，加速度为 14 m/s^2，方向如题 6-14 图所示。求火车的速率增加率和路径的曲率半径 ρ。

*6-15 已知火箭在 B 点处铅直发射，$\theta = kt$，如题 6-15 图所示。求火箭的运动方程，以及在 $\theta = \pi/6$ 和 $\pi/3$ 时，火箭的速度和加速度。

*6-16 如题 6-16 图所示，当火箭到达 40 m 高度后开始沿抛物线 $(y - 40)^2 = 160x$ 轨迹运行，坐标系的

单位为 m。若速度的垂直分量是常值 $v_y = 180$ m/s，求火箭达到 80 m 高度时的速度大小和加速度大小。

*6-17 如题 6-17 图所示，已知飞机沿半径为 R 的圆弧以匀速 v_0 飞行；点 M 在 A 处与飞机分离，g 为重力加速度，若原点与飞机铰接的坐标系 Oxy 与固定坐标系 $O_1x_1y_1$ 平行。求在坐标系 Oxy 中，点 M 的加速度 a 与角 φ 的关系。

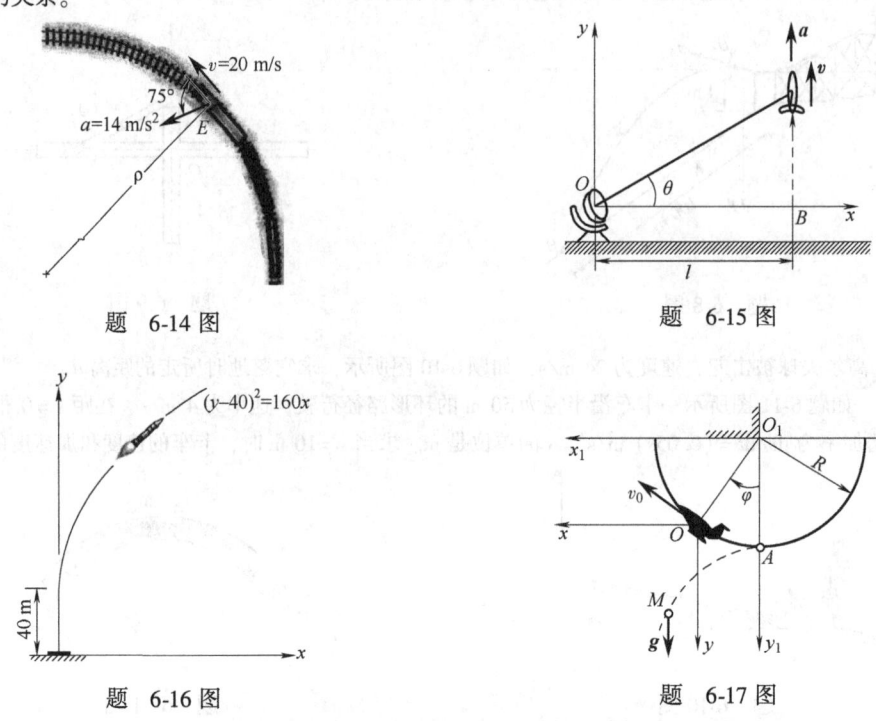

题 6-14 图

题 6-15 图

题 6-16 图

题 6-17 图

*6-18 如题 6-18 图所示，曲柄连杆机构，曲柄长 $OA = r$，以匀角速度 ω 绕 O 轴转动，$\varphi = \omega t$。曲柄的一端 A 用销子与长为 l 的连杆 AB 连接，连杆另一端用销子与滑块 B 相连。由于连杆的带动，滑块 B 沿水平直线导槽作往复直线运动。求 B 滑块的运动方程、速度和加速度。

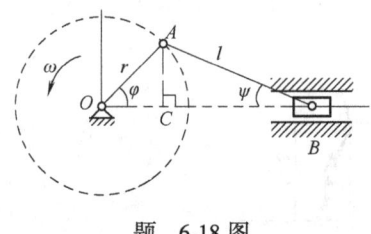

题 6-18 图

第七章　刚体的基本运动

前一章中介绍了点的运动，但在工程实际中常见的往往是刚体的运动。如机床工作台的升降、机器中轴和齿轮的旋转、火车车轮的滚动等。刚体的运动形式多种多样，图 7-1 列出了作这些运动的刚体的例子。

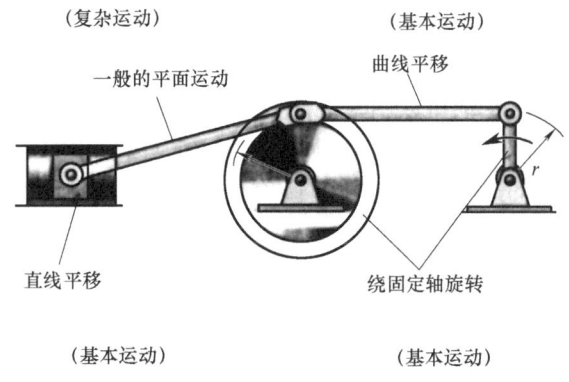

图　7-1

本章将研究刚体最简单、最基本的两种运动形式：平动和定轴转动。刚体的一些较为复杂的运动，例如刚体平面运动（第九章），都可以归结为这两种基本运动的组合。因此，平动和定轴转动是研究刚体各种运动的基础。

第一节　刚体的平行移动

刚体在运动过程中，其上任意一条直线总是与它的初始位置保持平行，这种运动称为刚体的平行移动，简称平动（translation）。根据刚体平动时，其上各点的轨迹是直线还是曲线，将刚体的平动分为直线平动和曲线平动两种情况。例如，图 7-2a 所示在平直公路上行驶的汽车车厢的运动是直线平动；图 7-2b 所示娱乐车本身沿圆形路径运动，但在运动过程中车身始终保持与地面平行，娱乐车是作曲线平动，这样才能使位于车内的乘客总保持向上的位置状态。

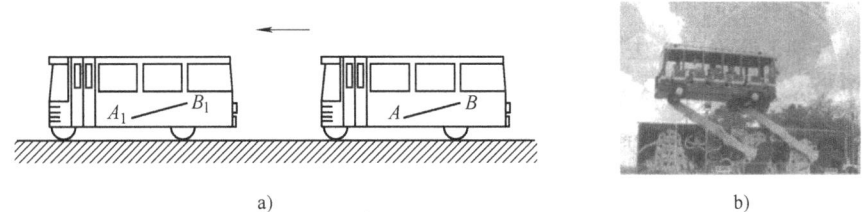

图　7-2

分析图 7-2 可以发现，无论刚体是作直线平动，还是作曲线平动，刚体上任意两点（如图 7-2a 中车厢上的 A、B）的运动轨迹完全相同。

为了研究平动刚体的运动学问题，简明起见，我们对常见的平行四边形机构中作平动的刚体（连杆 AB）的运动进行分析（图 7-3a）。A、B 两点的运动轨迹分别是以 O_1、O_2 为圆心，O_1A、O_2B 为半径的圆周。在连杆 AB 上任取一点 M，O_1AMO' 为平行四边形（图 7-3b），分析可知，M 点的运动轨迹是以 O' 为圆心、以 $O'M$ 为半径的圆周，此轨迹与 A 点和 B 点的运动轨迹完全相同。因此，刚体平动时，其上各点具有相同的运动轨迹、相同的运动方程，在同一瞬时，刚体上各点具有相同的速度、相同的加速度。这是刚体作平动时的基本特征。

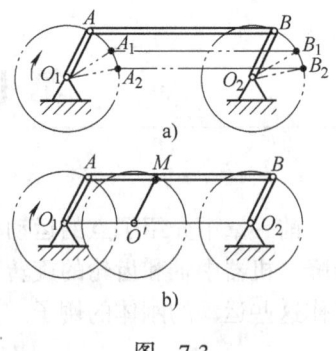

图 7-3

上述结论表明，刚体的平动可以用其上任一点的运动来代替，即刚体平动的运动学问题可以归结为点的运动学问题来研究。平动刚体上的所有点以同样的速度和加速度运动。因此可以用第六章讨论过的点的运动学来求出作平移运动刚体的运动。

第二节 刚体绕定轴转动

刚体运动时，其上或其延伸部分有一条直线始终固定不动，而刚体上这条直线以外的各点都在垂直于该直线的平面内作圆周运动，刚体的这种运动称为<u>刚体绕定轴转动</u>（fixed-axis rotation），简称<u>转动</u>（rotation）。位置保持不变的那条直线称为<u>转动轴</u>（rotation axis），简称<u>轴</u>（axis）。刚体的定轴转动在工程实际中随处可见，例如电动机转子的转动，机器中的带轮、传动轴、齿轮、机床主轴的转动等。

一、转动方程

为确定转动刚体在空间的位置，如图 7-4 所示，过转轴 z 作一固定平面 I 为参考面，半平面 II 过转轴 z 且固连在刚体上，初始半平面 I、II 共面。当刚体绕轴 z 转动的任一瞬时，刚体在空间的位置都可以用固定的半平面 I 与动平面 II 之间的夹角 φ 来表示，φ 称为刚体的<u>转角</u>（rotation angular）。刚体转动时，转角 φ 随时间 t 变化，是时间 t 的单值连续函数，即

$$\varphi = \varphi(t) \tag{7-1}$$

式（7-1）为刚体的转动方程（Rigid rotation equation），它反映了转动刚体任一瞬时在空间的位置，即刚体转动的规律。转角 φ 是代数量，规定从转轴 z 的正向看去，逆时针转向的转角为正，反之为负。转角 φ 的单位是弧度（rad）。

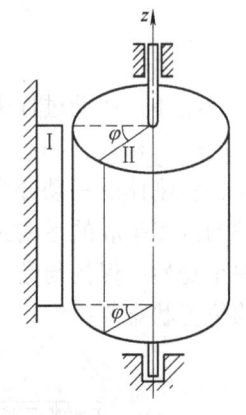

图 7-4

二、角速度（angular velocity）

角速度是反映刚体转动快慢的物理量。设在瞬时 t 刚体的转角为 φ，经时间间隔 Δt，转角变为 $\varphi + \Delta \varphi$，$\Delta \varphi$ 为在时间间隔 Δt 内刚体的角位移。$\Delta \varphi / \Delta t$ 称为刚体在 Δt 时间间隔内的平均角速度 ω^*，当 Δt 趋于零时，即得刚体在 t 瞬时的角速度为

$$\omega = \lim_{\Delta t \to 0} \omega^* = \lim_{\Delta t \to 0} \frac{\Delta \varphi}{\Delta t} = \frac{d\varphi}{dt} \tag{7-2}$$

上式表明，刚体转动的角速度等于转角对时间的一阶导数。

这里，角速度可用代数量来表示，其正负表示刚体的转动方向。当 $\omega > 0$ 时，从转轴 z 的正向看去，刚体逆时针转动；反之则顺时针转动。角速度的单位是 rad/s。

工程上常用每分钟转过的圈数表示刚体转动的快慢，称为转速，用符号 n 表示，单位是转/分（r/min）。转速 n 与角速度 ω 的关系为

$$\omega = \frac{2\pi n}{60} = \frac{\pi n}{30} \tag{7-3}$$

三、角加速度（angular acceleration）

角加速度是反映刚体转动时角速度变化快慢的物理量。设在瞬时 t 刚体的角速度为 ω，经时间间隔 Δt，角速度改变了 $\Delta\omega$，$\Delta\omega/\Delta t$ 称为刚体在时间间隔 Δt 内的平均角加速度 ε^*，当 Δt 趋于零时，即得刚体在 t 瞬时的角加速度为

$$\varepsilon = \lim_{\Delta t \to 0} \varepsilon^* = \lim_{\Delta t \to 0} \frac{\Delta\omega}{\Delta t} = \frac{d\omega}{dt} = \frac{d^2\varphi}{dt^2} \tag{7-4}$$

上式表明，刚体转动的角加速度等于角速度对时间的一阶导数，或等于转角对时间的二阶导数。角加速度的单位为 rad/s²。

ω 与 ε 的正负号可能相同，也可能相反，ω 与 ε 同号表示刚体作加速转动，ω 与 ε 异号表示刚体作减速转动。

第三节 定轴转动刚体上点的速度和加速度

在工程实际中，不仅要知道刚体转动的角速度和角加速度，还要知道刚体转动时其上某点的速度和加速度。例如设计带轮时，要知道带轮转动时其边缘上点的速度；在车削工件时，要知道工件边缘上点的速度等。

一、定轴转动刚体上点的速度

如图 7-5a 所示，一刚体绕轴 O 作定轴转动，在刚体上任取一点 M，在通过 M 点且垂直于转轴的平面内，M 点到转轴的距离为 R，R 称为 M 点的转动半径，则点 M 的运动轨迹是以 O 为圆心、以 R 为半径的圆周。设初始时刻 $t=0$ 时，点 M 的位置为 M_0，在 t 瞬时，刚体的转角为 φ，点 M 到达图示位置。沿 M 点的运动圆周建立自然坐标轴，则点 M 的弧坐标 s 与转角 φ 之间的关系为

$$s = R\varphi$$

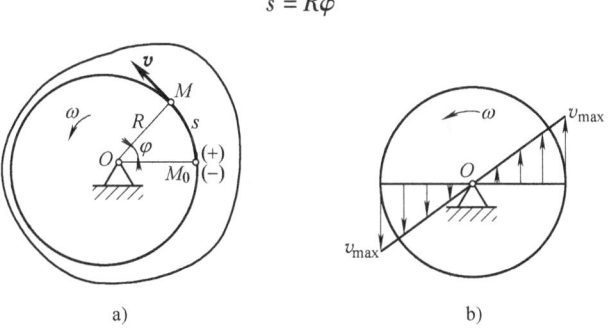

图 7-5

用自然法求得点 M 的速度为

$$v = \frac{ds}{dt} = R\frac{d\varphi}{dt} = R\omega \tag{7-5}$$

即刚体作定轴转动时,某瞬时其上任意一点速度的大小等于该点的转动半径与同一瞬时刚体的角速度的乘积,方向沿轨迹的切线方向(垂直于转动半径),指向与角速度 ω 的转向一致。

由式(7-5)可知,刚体作定轴转动时,同一瞬时,其上各点的速度与各点的转动半径成正比,速度分布规律如图7-5b 所示,从图中可以看出,点到转轴的距离越远,速度越大;点到转轴的距离越近,速度越小;转轴上各点的速度为零;所有到转轴距离相等的点,其速度大小相等。

工程中,作定轴转动的物体大都是圆柱体,如传动中的齿轮和带轮、车削加工时回转的工件等,其圆周上点的速度习惯称为圆周速度。若已知圆柱体的直径 D 和转速 n,则圆周速度的计算公式为

$$v = R\omega = \frac{D}{2}\frac{\pi n}{30} = \frac{\pi D n}{60} \tag{7-6}$$

式中,直径 D 的单位是米(m);转速 n 的单位是转/分钟(r/min);速度 v 的单位为米/秒(m/s)。

二、定轴转动刚体上点的加速度

刚体作定轴转动时,其上任意一点 M 的运动轨迹为圆周,所以其加速度分为切向加速度和法向加速度两个分量。其中切向加速度的大小为

$$a_t = \frac{dv}{dt} = R\frac{d\omega}{dt} = R\varepsilon \tag{7-7}$$

法向加速度的大小为

$$a_n = \frac{v^2}{R} = \frac{(R\omega)^2}{R} = R\omega^2 \tag{7-8}$$

即刚体作定轴转动时,某瞬时其上任意一点切向加速度的大小等于该点的转动半径与该瞬时刚体角加速度的乘积,方向沿轨迹的切线方向(垂直于转动半径),指向与角加速度 ε 的转向一致;法向加速度的大小等于该点的转动半径与该瞬时刚体角速度平方的乘积,方向沿轨迹的法线方向,指向转动中心,如图7-6 所示。点 M 的全加速度的大小和方向为

$$\left. \begin{aligned} a &= \sqrt{a_t^2 + a_n^2} = R\sqrt{\varepsilon^2 + \omega^4} \\ \tan\theta &= \left|\frac{a_t}{a_n}\right| = \left|\frac{\varepsilon}{\omega^2}\right| \end{aligned} \right\} \tag{7-9}$$

式中,θ 为 a 与 a_n 之间所夹的锐角。

由式(7-9)可知,刚体作定轴转动时,其上各点的加速度也与其到转轴的距离成正比。同一瞬时,刚体上各点的加速度分布规律如图7-7 所示,从图中可以看出,点到转轴的距离越远,加速度越大;点到转轴的距离越近,加速度越小;点在转轴上,加速度为零。

通过以上内容的介绍可以知道,刚体作定轴转动时,其上各点(转轴除外)具有相同的转动方程,在同一瞬时具有相同的角速度、相同的角加速度;但各点的速度不同,加速度也不同,其值随点到转轴距离的变化而变化。

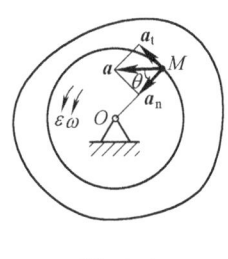
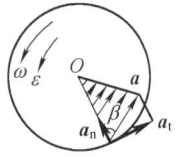

图 7-6 图 7-7

刚体作定轴转动的基本公式与点作直线运动的基本公式,形式上非常相似,其对应关系见表 7-1。

表 7-1 刚体作定轴转动与点作直线运动的基本公式的对应关系

点的直线运动		刚体的定轴转动	
运动方程	$s = f(t)$	转动方程	$\varphi = f(t)$
速度	$v = \dfrac{ds}{dt}$	角速度	$\omega = \dfrac{d\varphi}{dt}$
加速度	$a = \dfrac{dv}{dt}$	角加速度	$\varepsilon = \dfrac{d\omega}{dt}$
匀速直线运动	$s = s_0 + vt$	匀速转动	$\varphi = \varphi_0 + \omega t$
匀变速直线运动	$(s_0 = 0)$ $v = v_0 + at$ $s = v_0 t + \dfrac{1}{2}at^2$ $v^2 - v_0^2 = 2as$	匀变速转动	$(\varphi_0 = 0)$ $\omega = \omega_0 + \varepsilon t$ $\varphi = \omega_0 t + \dfrac{1}{2}\varepsilon t^2$ $\omega^2 - \omega_0^2 = 2\varepsilon\varphi$

第四节 刚体基本运动问题的举例

【例 7-1】 发动机正常工作时其转子作匀速转动,已知转子的转速 $n_0 = 1200$ r/min,在制动后作匀减速转动,从开始制动到停止转动转子共转过 80 圈。求发动机制动过程所需要的时间。

【解】 制动开始时,转子的角速度为

$$\omega_0 = \frac{\pi n_0}{30} = \frac{\pi \times 1200}{30} \text{ rad/s} = 40\pi \text{ rad/s}$$

制动结束时,转子的角速度 $\omega = 0$,在制动过程中,转子转过的转角为

$$\varphi = 2\pi n = (2\pi \times 80) \text{ rad} = 160\pi \text{ rad}$$

由表 7-1 得匀减速转动时角加速度为

$$\varepsilon = \frac{\omega^2 - \omega_0^2}{2\varphi} = \frac{-(40\pi)^2}{2 \times 160\pi} \text{ rad/s}^2 = -5\pi \text{ rad/s}^2$$

制动时间为

$$t = \frac{\omega - \omega_0}{\varepsilon} = \frac{-40\pi}{-5\pi} \text{ s} = 8 \text{ s}$$

【例 7-2】 曲柄导杆机构如图 7-8 所示,曲柄 OA 绕固定轴 O 转动,通过滑块 A 带动导杆 BC 在水平槽

内作直线往复运动。已知 $OA = r$，$\varphi = \omega t$（ω 为常量），求导杆在任一瞬时的速度和加速度。

【解】 由于导杆在水平直线导槽内运动，所以其上任一直线始终与它的最初位置相平行，且其上各点的轨迹均为直线。因此，导杆作直线平动。导杆的运动可以用其上的任一点的运动来表示。选取导杆上 M 点研究，M 点沿 x 轴作直线运动，其运动方程为

$$x_M = OA\cos\varphi = r\cos\omega t$$

则 M 点的速度和加速度分别为

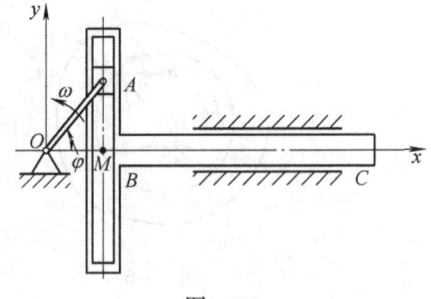

图 7-8

$$v_M = \frac{dx_M}{dt} = -r\omega\sin\omega t$$

$$a_M = \frac{dv_M}{dt} = -r\omega^2\cos\omega t$$

【例 7-3】 图 7-9 所示平行四边形机构，O_1A 和 O_2B 杆可分别绕 O_1 和 O_2 轴作 360°旋转。已知曲柄 O_1A 的转动方程为 $\varphi = 10\pi t$（rad），其中 t 以 s 计。且 $O_1A = R = 0.2$ m。求 $t = 0.5$ s 时，连杆 AB 的中点 M 的速度和加速度。

【解】 由题意分析可知，曲柄 O_1A、O_2B 作定轴转动，连杆 AB 作平动，故点 M 的速度、加速度即为点 A 的速度、加速度。

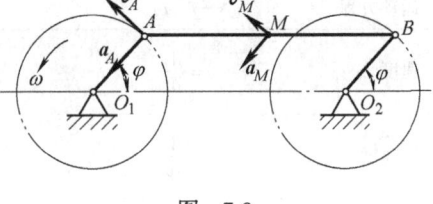

图 7-9

(1) 求曲柄 O_1A 的角速度、角加速度

$$\omega = \frac{d\varphi}{dt} = 10\pi \text{ rad/s}$$

$$\varepsilon = \frac{d\omega}{dt} = 0$$

即曲柄 O_1A 作匀速转动。

(2) 求点 M 的速度和加速度 由式（7-5）得点 A 的速度

$$v_A = R\omega = (0.2 \times 10\pi) \text{ m/s} = 6.28 \text{ m/s}$$

由式（7-8）得点 A 的加速度

$$a_{An} = R\omega^2 = [0.2 \times (10\pi)^2] \text{ m/s}^2 = 197.39 \text{ m/s}^2$$

故

$$a_A = a_{An} = 197.39 \text{ m/s}^2$$

所以点 M 的速度和加速度分别为

$$v_M = v_A = 6.28 \text{ m/s}, \quad a_M = a_A = 197.39 \text{ m/s}^2$$

点 M 的速度和加速度的方向如图 7-9 所示。

【例 7-4】 如图 7-10 所示，重物 A 和 B 用假设不可伸长的绳子分别绕在大小半径分别为 $R_A = 25$ cm 和 $R_B = 15$ cm 的滑轮上，且两滑轮刚性连接成一体。已知重物 A 以匀加速度 $a_A = 50$ cm/s^2 和初速度 $v_0 = 75$ cm/s 向上运动。试求当 $t = 2$ s 时，重物 B 的速度和轮缘上 M 点的加速度。

【解】 滑轮的初角速度和角加速度分别为

$$\omega_0 = \frac{v_{A0}}{R_A} = \frac{75}{25} \text{ rad/s} = 3 \text{ rad/s}$$

$$\varepsilon = \frac{a_A}{R_A} = \frac{50}{25} \text{ rad/s}^2 = 2 \text{ rad/s}^2$$

当 $t = 2$ s 时，滑轮的角速度为

$$\omega = \omega_0 + \varepsilon t = (3 + 2 \times 2) \text{ rad/s} = 7 \text{ rad/s}$$

所以 $t = 2\text{s}$ 时，重物 B 的速度为

$$v_B = R_B \cdot \omega = (15 \times 7) \text{ cm/s} = 105 \text{ cm/s}$$

轮缘上 M 点的全加速度的大小和方向为

$$a = R_A \sqrt{\varepsilon^2 + \omega^4} = 25\sqrt{2^2 + 7^4} \text{ cm/s}^2 = 1226 \text{ cm/s}^2$$

$$\beta = \arctan\frac{|\varepsilon|}{\omega^2} = \arctan\frac{2}{7^2} = 2°20'$$

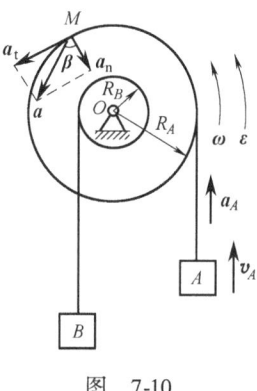

图 7-10

【*例 7-5】 图 7-11a 所示半径为 R 的半圆盘在 A、B 处与曲柄 O_1A 和 O_2B 铰接。已知 $O_1A = O_2B = l = 4$ cm，$O_1O_2 = AB$，曲柄 O_1A 的转动规律 $\varphi = 4\sin(\pi t/4)$，其中 φ 以 rad 计，t 以 s 计。求当 $t = 0$ 和 $t = 2$ s 时，半圆盘上 M 点的速度和加速度，以及半圆盘的角速度 ω_{AB}。

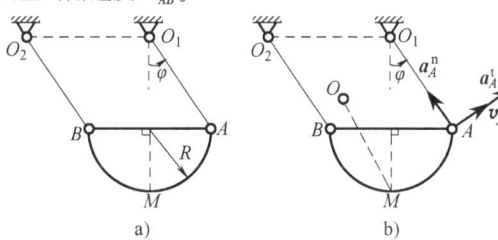

图 7-11

【解】 半圆盘作曲线平移，所以其上各点的运动轨迹相同，且速度、加速度相等。故任一瞬时 M 点的速度 v_M、加速度 a_M 分别为（图 7-11b）

$$v_M = v_A = l\dot{\varphi} = 4\pi\cos\frac{\pi}{4}t \text{ cm/s} \tag{1}$$

$$a_M^n = a_A^n = l\dot{\varphi}^2 = 4\pi^2\cos^2\frac{\pi}{4}t \text{ cm/s}^2 \tag{2}$$

$$a_M^t = a_A^t = l\ddot{\varphi} = -\pi^2\sin\frac{\pi}{4}t \text{ cm/s}^2 \tag{3}$$

将 $t = 0$ 代入以上三式，得此瞬时

$$v_M = 4\pi \text{ cm/s} \quad \text{（方向水平向右）}$$

$$a_M^t = 0, \quad a_M = a_M^n = 4\pi^2 \text{ cm/s}^2 \quad \text{（方向铅直向上）}$$

半圆盘作曲线运动，其角速度 $\omega_{AB} = v_M/l = 4\pi/4 (\text{rad/s}) = \pi \text{ rad/s}$。

将 $t = 2\text{s}$ 代入式（1）、式（2）、式（3），得此瞬时

$$v_M = 0, \quad a_M^n = 0, \quad a_M = a_M^t = -\pi^2 \text{ cm/s}^2 \quad \text{（垂直于 } AO_1\text{，指向左斜下方）}$$

因为半圆盘作平移，所以其角速度 $\omega_{AB} = 0$。

讨论：①求解此类问题，正确判断作平移的刚体很重要。②因为半圆盘作平动，所以盘上各点的运动应与 A 点相同，它们均作半径为 $l = 4$cm 的变速圆周运动。在同一瞬时，各点的曲率半径相互平行，各点有各自的曲率中心。例如，任一瞬时半圆盘上 M 点作变速圆周运动的曲率中心就在图 7-11b 的 O 点，且 $OM \underline{\parallel} AO_1$。

思 考 题

1. 刚体平动时是否可以用点的运动轨迹、速度和加速度来描述？为什么？试举出生活、生产中刚体平动、定轴转动的例子。

2. 刚体作定轴转动时，角速度为负，是否一定作减速转动？

3. 悬挂重物的不可伸长的绳子绕在鼓轮上，如图 7-12 所示。试问当鼓轮以角速度 ω、角加速度 ε 转动

时，图中绳上 A 点和 B 点的速度是否相同？加速度是否相同？

4. 如图 7-13 所示机构，在某瞬时 A 点和 B 点的速度完全相同（大小相等，方向相同），试问 AB 板的运动是否是平动？

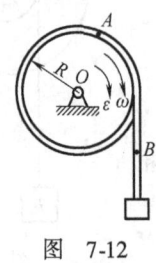

图 7-12

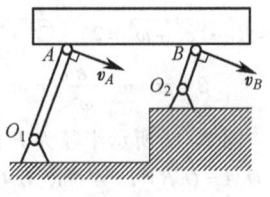

图 7-13

习 题

7-1 刚体作定轴转动，其转动方程为 $\varphi = t^3$（φ 的单位为 rad，t 的单位为 s）。试求 $t = 2$ s 时刚体转过的圈数、角速度和角加速度。

7-2 飞轮以 $n = 240$ r/min 转动，截断电流后，飞轮作匀减速转动，经 4 分 10 秒停止。试求飞轮的角加速度和停止之前所转过的转角。

7-3 一圆盘绕中心作定轴转动，其角加速度的变化规律为 $\varepsilon = \pi t^2$（rad/s^2），其中 t 以 s 计。初始时，$t = 0$，$\varphi_0 = 0$，$\omega_0 = 6\pi$ rad/s。试求 $t = 10$ s 时的转角值。

7-4 车刀最佳切削速度 $v = 20$ m/min，工件直径 $D_1 = 15$ mm。问车床主轴相应转速 n_1 为多少？又若工件直径改为 $D_2 = 120$ mm，则相应的转速 n_2 为多少？

7-5 题 7-5 图所示带轮边缘上一点 A 以 50 cm/s 的速度运动，在轮缘内另一点 B 以 10 cm/s 的速度运动。两点到轮轴的距离相差 20 cm，求带轮的角速度及直径。

7-6 题 7-6 图所示卷扬机鼓轮半径 $r = 0.16$ m，可绕过点 O 的水平轴转动。已知鼓轮的转动方程为 $\varphi = t^3/8$ rad，其中 t 单位以 s 计，求 $t = 4$ s 时轮缘上一点 M 的速度 v 和加速度 a。

7-7 题 7-7 图所示升降机装置，由半径为 $R = 50$ cm 的鼓轮带动。被升降物体的运动方程 $x = 5t^2$，t 以 s 计，x 以 m 计。求鼓轮的角速度和角加速度，并求在任意瞬时鼓轮轮缘上一点的全加速度的大小。

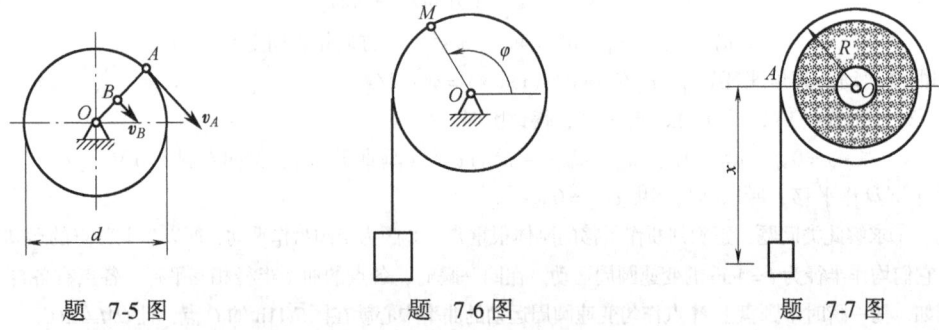

题 7-5 图　　　　题 7-6 图　　　　题 7-7 图

7-8 如题 7-8 图所示平转盘由一个电动机驱动，转盘的角坐标为 $\theta = (20t + 4t^2)$ rad，t 的单位是 s。求 $t = 90$ s 时，转盘的转数以及转盘的角速度和角加速度。

7-9 题 7-9 图所示为一搅拌机构，已知 $O_1A = O_2B = R$，O_1A 绕 O_1 转动，转速为 n。试分析 BAM 上一点 M 的轨迹及其速度和加速度。

7-10 题 7-10 图所示揉茶机的揉桶由三个曲柄支持。各曲柄均长 $l = 15$ cm，互相保持平行，并以相同的转速 $n = 45$ r/min 绕各自支座转动。求揉桶中心 O 点的速度和加速度。

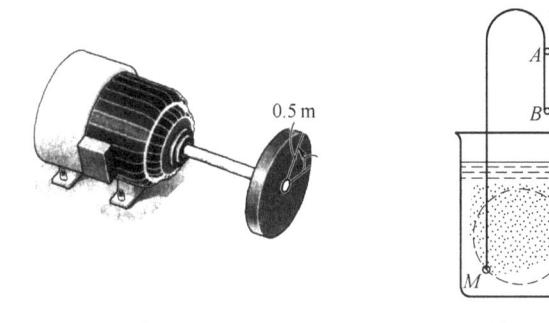
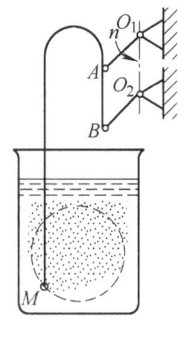
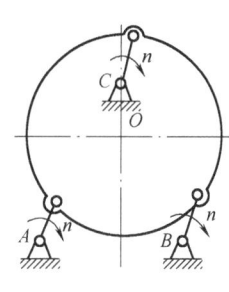

题 7-8 图　　　　　题 7-9 图　　　　　题 7-10 图

7-11　如题 7-11 图所示，已知 $OA=0.1$ m，$R=0.1$ m，OA 杆以匀角速度 $\omega=4$ rad/s 绕 O 轴转动。求导杆 BC 的运动规律以及当 $\varphi=30°$ 时 BC 杆的速度 v 和加速度 a。

7-12　如题 7-12 图所示为固结在一起的两滑轮由电动机带动，其半径分别为 $r=5$ cm，$R=10$ cm，A、B 两物体与滑轮以绳相连，设物体 A 以运动方程 $s=80t^2$ 向下运动，其中 s 以 cm 计，t 以 s 计。试求：1）滑轮的转动方程及第 2s 末大滑轮轮缘上一点的速度、加速度；2）物体 B 的运动方程。

7-13　电动绞车由带轮 I、II 和鼓轮 III 组成，鼓轮 III 与带轮 II 固定在同一轴上，如题 7-13 图所示。各轮的半径分别为 $R_1=30$ cm，$R_2=75$ cm，$R_3=40$ cm，轮 I 的转速 $n_1=100$ r/min。设带轮与带间无相对滑动，求重物 Q 上升速度及胶带 A、B、C、D 各点的加速度。

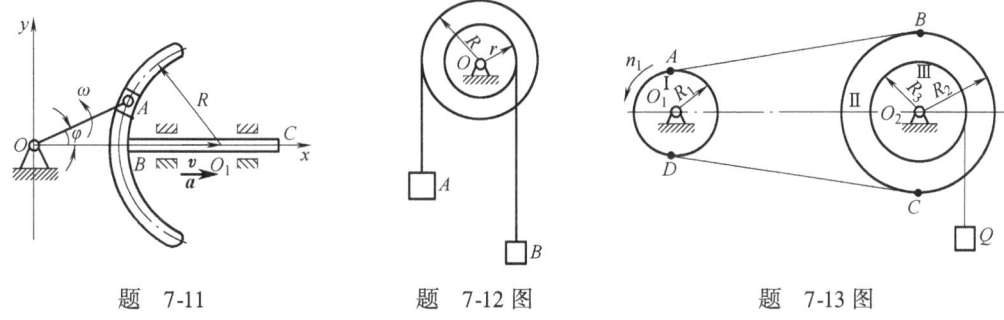

题 7-11　　　　　题 7-12 图　　　　　题 7-13 图

7-14　双曲柄机构的曲柄 AB 和 CD 分别绕 A、C 轴摆动，带动托架 DBE 运动使重物上升，如题 7-14 图所示。某瞬时曲柄的角速度 $\omega=4$ rad/s，角加速度 $\varepsilon=2$ rad/s²，曲柄长 $R=20$ cm。求物体重心 G 的轨迹、速度和加速度。

7-15　如题 7-15 图所示曲柄 CB 以匀角速度 ω_0 绕轴 C 转动，其转动方程为 $\varphi=\omega_0 t$（rad），通过滑块 B，带动摇杆 OA 绕轴 O 转动。设 $OC=h$，$CB=r$，求摇杆的转动方程。

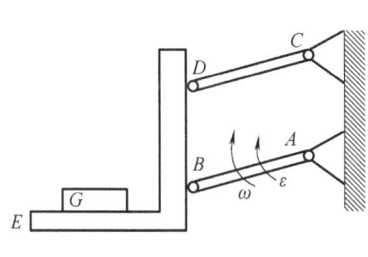
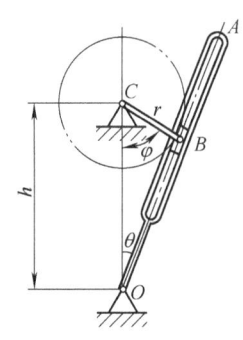

题 7-14 图　　　　　题 7-15 图

第八章 点的合成运动

本章讨论点的较复杂的运动，主要研究点作复杂运动时的速度和加速度的合成(或分解)内容。

第一节 点的合成运动的概念

采用不同的参考系来描述同一点的运动，其结果可以不相同，这就是运动描述的相对性。例如无风时，站在地面上的人，看到雨滴 M 是铅垂下落的，坐在行驶车厢里的人(图 8-1)，看到雨滴 M 却是向车后偏斜下落的(图中用虚线表示的方向)。产生不同结论的原因是：前者以静止的地面为参考系，而后者是以向前行驶的车厢为参考系。

如分析图 8-2 所示桥式起重机起吊重物 M 的运动，重物相对于小车铅垂上升，小车相对于桥架水平直线平动，而重物相对于桥架的运动则是比较复杂的运动。但是，重物相对于小车的运动和小车相对于横梁的运动都是简单的直线运动。再如图 8-3 所示，直管 OA 绕固定于机座的 O 轴转动，管内有一小球 M 沿直管向外

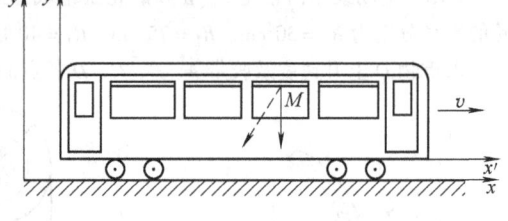

图 8-1

运动，小球相对于直管作直线运动，直管相对于地面定轴转动，而小球相对于地面的运动是复杂的曲线运动。由此我们想到，一些复杂的运动，如能适当选取不同的坐标系，可以看成是两个较为简单运动的合成，或者说把比较复杂的运动，亦称复合运动(composite motion)，分解成两个比较简单的运动。这种研究方法在工程实践和理论上都具有重要意义。

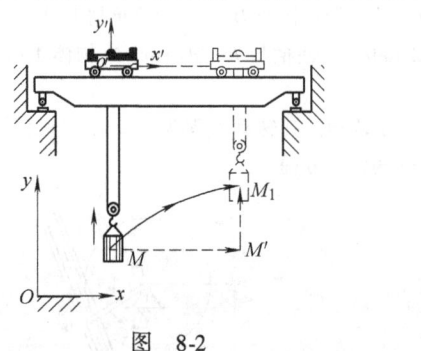

图 8-2

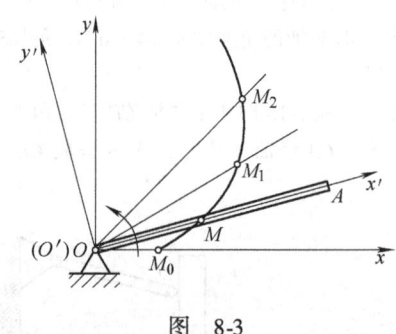

图 8-3

为了便于分析，我们把研究的点称为动点，习惯上把与地面或机架固结的参考系称为定坐标系(简称定系)，以 Oxy 表示；把固连于运动物体(如桥架、直管)上的坐标系称为动坐标系(简称动系)，以 $O'x'y'$ 表示。

由于选取了一个动点和两个参考系，因此存在三种运动：

(1) **绝对运动**(absolute motion)——动点相对定系的运动。动点在绝对运动中的轨迹、

速度和加速度，分别称为动点的**绝对轨迹**(absolute path)、**绝对速度**(absolute velocity)v_a 和**绝对加速度**(absolute acceleration)a_a。

(2) **相对运动**(relative motion)——动点相对动系的运动。动点在相对运动中的轨迹、速度和加速度，分别称为动点的**相对轨迹**(relative path)、**相对速度**(relative velocity)v_r 和**相对加速度**(relative acceleration)a_r。

(3) **牵连运动**(convected motion)——动系相对定系的运动。在任意瞬时，动系上与动点重合的那一点(牵连点)的速度和加速度，分别称为动点的**牵连速度**(convected velocity)v_e 和**牵连加速度**(convected acceleration)a_e。动系通常固连在某一刚体上，其运动形式与刚体的运动形式相同，而动点的牵连速度和牵连加速度必须根据某瞬时动系上与动点重合点的确切位置来确定。

由上述三种运动的定义可知，点的绝对运动、相对运动的主体是动点本身，其运动可能是直线运动或曲线运动；而牵连运动的主体却是动系所固连的刚体，其运动可能是平移、转动或其他较复杂的运动。

如图 8-2 所示的桥式起重机起吊重物，在研究重物的运动时，以重物为动点，固连于地面的坐标系 Oxy 为定系，固连于小车的坐标系 $O'x'y'$ 为动系。这时重物相对于小车的铅垂向上运动就是动点的相对运动；小车相对于桥架的水平向右平移就是牵连运动；重物相对于地面的曲线运动就是动点的绝对运动。要想知道某一瞬时重物的绝对运动速度和加速度，必须研究动点在不同坐标系中各运动量之间的关系。

研究点的合成运动时，如何选择动点、动系是解决问题的关键。一般来讲，由于合成运动求解方法上的要求，动点相对于动坐标系应有相对运动，因而动点与动坐标系不能选在同一刚体上，同时应使动点相对于动坐标系的相对运动轨迹为已知。

第二节　点的速度合成定理

本节讨论动点的相对速度、牵连速度与绝对速度三者之间的关系。由于点的速度是根据位移的概念导出的，因此首先分析动点的位移。

设动点在任意刚体 K 上运动，弧 $\overset{\frown}{AB}$ 是动点在刚体 K 上的相对运动轨迹，如图 8-4 所示；刚体 K 又可以任意运动。把动坐标系固结在刚体 K 上，静坐标系固结在地面上。

设在某瞬时 t，刚体 K 在图左边的位置，动点位于 M 处；经过时间间隔 Δt 后，刚体 K 运动到右边的位置，动点运动到 M_1' 处，$\overset{\frown}{MM_1'}$ 是它的绝对轨迹；M_1 是瞬时 t 的牵连点，$\overset{\frown}{MM_1}$ 是此牵连点的轨迹。

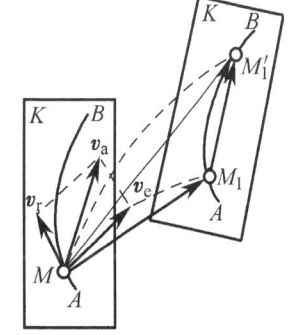

图 8-4

连接矢量 $\overrightarrow{MM_1'}$、$\overrightarrow{MM_1}$、$\overrightarrow{M_1M_1'}$。在时间间隔 Δt 中，$\overrightarrow{MM_1'}$ 是动点绝对运动的位移；$\overrightarrow{M_1M_1'}$ 是动点相对于刚体 K 的相对位移；$\overrightarrow{MM_1}$ 是瞬时 t 的牵连点的位移。在矢量三角形 MM_1M_1' 中，动点的绝对位移是牵连位移和相对位移的矢量和，即

$$\overrightarrow{MM_1'} = \overrightarrow{MM_1} + \overrightarrow{M_1M_1'}$$

此矢量式除以 Δt，并取 Δt 趋近于零的极限，即

$$\lim_{\Delta t \to 0} \frac{\overrightarrow{MM_1'}}{\Delta t} = \lim_{\Delta t \to 0} \frac{\overrightarrow{MM_1}}{\Delta t} + \lim_{\Delta t \to 0} \frac{\overrightarrow{M_1M_1'}}{\Delta t}$$

按照速度的基本概念，$\dfrac{\overrightarrow{MM_1'}}{\Delta t}$ 是在时间间隔 Δt 内，动点 M 在绝对运动中的平均速度 v_a^*；$\lim\limits_{\Delta t \to 0}\dfrac{\overrightarrow{MM_1'}}{\Delta t}$ 是动点在瞬时 t 的绝对速度 v_a，其方向沿曲线 $\overset{\frown}{MM_1'}$ 上 M 点的切线方向。同理，矢量 $\lim\limits_{\Delta t \to 0}\dfrac{\overrightarrow{MM_1}}{\Delta t}$ 是动点在瞬时 t 的牵连点的速度，即动点的牵连速度 v_e，其方向沿曲线 $\overset{\frown}{MM_1}$ 上 M 点的切线方向；矢量 $\lim\limits_{\Delta t \to 0}\dfrac{\overrightarrow{M_1M_1'}}{\Delta t}$ 是动点在瞬时 t 沿曲线 AB 运动的速度，即动点的相对速度 v_r，其方向沿曲线 AB 上 M 点的切线方向，于是

$$v_a = v_e + v_r \tag{8-1}$$

此式表明：动点在任一瞬时的绝对速度等于它的牵连速度与相对速度的矢量和。这就是<u>点的速度合成定理</u>，也称为速度平行四边形定理。这是个矢量方程，共包含绝对速度、牵连速度和相对速度的大小及方向六个量，已知其中任意四个量可求出其余的两个未知量。

点的速度合成定理对于任何形式的牵连运动（平动或转动）都是成立的。

【例 8-1】 如图 8-5 所示，汽车以速度 v_1 沿水平直线行驶，雨点 M 以速度 v_2 铅垂下落，求雨点相对于汽车的速度。

【解】 1) 动点和参考系的选取：取雨点为动点，定系 Oxy 固连于地面上，动系 $O'x'y'$ 固连于汽车上。

2) 三种运动分析：

绝对运动——雨点对地面的铅垂向下直线运动。绝对速度 $v_a = v_2$。

相对运动——雨点对汽车的运动。相对速度 v_r 的大小、方向未知。

牵连运动——汽车的水平直线平动。由于牵连运动为直线平动，故牵连点的速度（牵连速度）$v_e = v_1$。

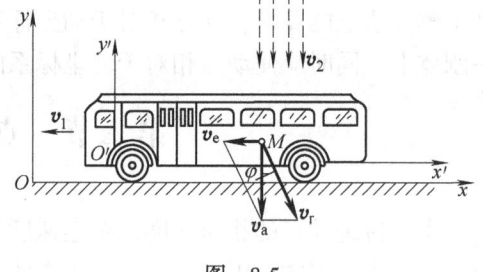

图 8-5

3) 由上述分析可知，共有相对速度 v_r 的大小、方向两个未知量，可以应用速度合成定理，作速度平行四边形（图 8-5）。由图可得相对速度的大小为

$$v_r = \sqrt{v_e^2 + v_a^2} = \sqrt{v_1^2 + v_2^2}$$

其方向用 φ 表示，可由 v_a、v_r、v_e 的直角三角形关系算出。

【例 8-2】 如图 8-6 所示，半径为 R 的半圆柱形凸轮顶杆机构中，凸轮在机架上沿水平方向向右运动，使推杆 AB 沿铅垂导轨滑动，在 $\varphi = 60°$ 的图示位置时，凸轮的速度为 V，求该瞬时推杆 AB 的速度。

【解】 凸轮与推杆都作直线平动，且二者之间有相对运动。取推杆上与凸轮接触的 A 点为动点，动系与凸轮固连，定系与机架固连。相对运动为动点 A 相对凸轮轮廓的圆弧运动，牵连运动是凸轮相对于机架的水平直线平动，绝对运动为 A 点的铅垂往复直线运动。

速度分析如下：

	v_a	v_e	v_r
大小	未知	V	未知
方向	铅垂方向	水平向右	沿轮廓切线

根据速度合成定理，画出速度平行四边形，如图 8-6 所示，由三角关系可知

$$v_a = v_e \cot\varphi = V\cot 60° = \frac{\sqrt{3}}{3}V$$

所以，推杆 AB 的速度为 $0.577V$，还可求得相对速度，即

$$v_r = \frac{v_e}{\sin\varphi} = \frac{V}{\sin 60°} = \frac{2}{\sqrt{3}}V$$

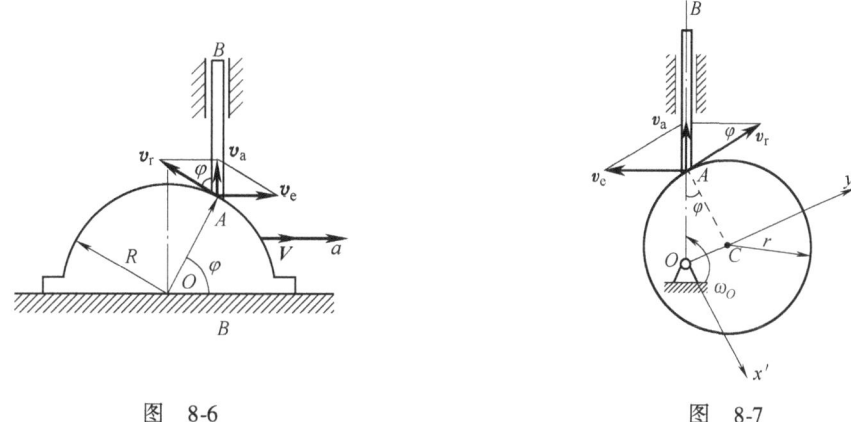

图 8-6　　　　　　　　　　图 8-7

【例 8-3】 图 8-7 中，偏心圆凸轮的偏心距 $OC = e$，半径 $r = \sqrt{3}e$，设凸轮以匀角速度 ω_O 绕轴 O 转动，试求 OC 与 CA 垂直的瞬时，杆 AB 的速度。

【解】 凸轮为定轴转动，AB 杆为直线平移，只要求出 AB 杆上任一点的速度就可以知道 AB 杆的速度。由于 A 点始终与凸轮接触，因此，它相对于凸轮的相对运动轨迹为已知圆。选 AB 杆上的 A 点为动点，动坐标系 $Ox'y'$ 固结在凸轮上，定坐标系固结于地面上。这样，A 点的绝对运动是直线运动，动点的绝对速度 v_a 沿 AB 方向；相对运动是以 C 为圆心、r 为半径的圆周运动，动点的相对速度 v_r 为该圆在 A 点的切线方向；牵连运动是动坐标系（凸轮）绕 O 轴的定轴转动，动点的牵连速度 v_e 就是凸轮上与杆 AB 的 A 点接触之点的速度，其与 OA 垂直，指向沿 ω_O 的转动方向，如图 8-7 所示。

由已知条件，$v_e = OA \cdot \omega_O = 2e\omega_O$，再根据 v_a、v_r 的方向，画出速度平行四边形，因而可求出 v_a 的大小

$$\tan\varphi = \frac{OC}{AC} = \frac{v_a}{v_e}$$

$$v_a = \frac{1}{\sqrt{3}}e\omega_O$$

其中 $OC = e$，$AC = r = \sqrt{3}e$，于是这就是 AB 杆在此瞬时的速度，方向向上。

由上述分析可以看到，在本例中应用点的合成运动的方法可以简捷、清楚地求得结果。尤其是在实际问题中，经常只需要就几个特殊位置进行计算，应用这种方法更为方便。然而，为了进行运动分析，就必须恰当地选好动点和动坐标系。在本题中，AB 杆的 A 点为动点，动坐标系与凸轮固结。因此，三种运动，特别是相对运动轨迹十分明显、简单且为已知圆，使问题得以顺利解决。反之，若选凸轮上的点（例如与 A 重合之点）为动点，而动坐标系与 AB 杆固结，这样，相对运动轨迹不仅难以确定，而且其曲率半径未知。因而相对运动轨迹变得十分复杂，这将导致求解（特别是求加速度）困难。

【例 8-4】 设有汽车 A 以速度 $v_A = 40$ km/h 由南向北行驶，另一汽车 B 以速度 $v_B = 30$ km/h 由西向东行驶，如图 8-8 所示。试求图示瞬时，B 车相对于 A 车的速度 v_{BA}。

【解】 将汽车 B 视为动点，动参考系固结在汽车 A 上，地面作为定参考系。

汽车 B 由西向东的直线运动是绝对运动。汽车 A 相对于地面由南向北的直线平动是牵连运动。汽车 B 相对于汽车 A 的运动是相对运动。所以，绝对速度 $v_a = 30$ km/h，牵连速度 $v_e = 40$ km/h。相对速度 v_r 的大小和方向是待求未知量。

根据速度合成定理，在动点 B 上画出速度平行四边形，如图 8-8 所示。利用几何关系，可得相对速度大小为

$$v_r = v_{BA} = \sqrt{30^2 + 40^2} \text{ km/h} = 50 \text{ km/h}$$

相对速度方向为 $\theta = \arctan\dfrac{v_e}{v_B} = \arctan\dfrac{4}{3} = 53°8'$

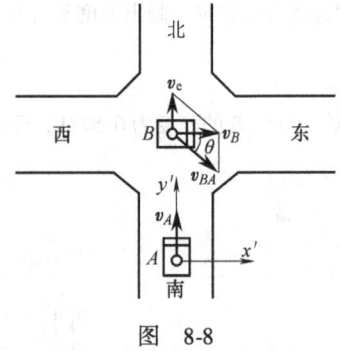

图 8-8

这个题设的运动也是生产实践中常需要分析的一类运动形式，两显著不直接相关的物体，各自以不同的速度运动。此类问题应用合成运动的方法研究时，宜取一个物体为动点，另一个物体为动参考系，并且取作动点的物体应视为点，固结着动参考系的物体应视为刚体。

*第三节　点的加速度合成定理

前面在推证点的速度合成定理时曾经指出，所得结论对于任何形式的牵连运动都是成立的，但对于加速度合成问题则不然，根据不同形式的牵连运动——平动还是转动，可以得到不同形式的加速度合成规律。本节主要讨论牵连运动为平动时的加速度合成定理。

一、牵连运动为平动时的加速度合成定理

与点的速度合成定理推导类似，可以得如下关系式：

$$\boldsymbol{a}_a = \boldsymbol{a}_e + \boldsymbol{a}_r \tag{8-2}$$

这就是牵连运动为平动时点的加速度合成定理（theorem for the composition of accelerations），即当牵连运动为平动时，动点在每一瞬时的绝对加速度 $\boldsymbol{a}_a$ 等于其牵连加速度 $\boldsymbol{a}_e$ 与相对加速度 $\boldsymbol{a}_r$ 的矢量和。

【**例 8-5**】　凸轮机构如图 8-9a 所示。半径为 R 的半圆形凸轮沿水平方向向右移动，使顶杆 AB 沿铅直导槽上下运动。凸轮中心 O 和点 A 的连线 AO 与水平方向的夹角 $\varphi = 60°$ 时，凸轮的速度为 $\boldsymbol{v}_0$，加速度为 $\boldsymbol{a}_0$，试求该瞬时点 A 的相对速度和顶杆 AB 的加速度。

【**解**】　（1）点 A 的相对速度　取顶杆 AB 上的点 A 为动点，将动系固连于凸轮，定系固连于机架。则动点 A 的绝对运动是沿导槽的铅垂直线运动，绝对速度 $\boldsymbol{v}_a$ 和绝对加速度 $\boldsymbol{a}_a$ 皆为铅垂方向。由于动点 A 始终与凸轮表面相接触，可以看出动点 A 的相对运动轨迹就是凸轮边缘的圆周曲线，因此相对速度 $\boldsymbol{v}_r$ 沿圆周 A 点的切线方向，而相对加速度 $\boldsymbol{a}_r$ 应有切向和法向两个分量：切向加速度 $\boldsymbol{a}_r^t$ 沿圆周 A 点的切线方向，大小未知；法向加速度大小为 $a_r^n = v_r^2/R$，方向由点 A 指向圆心 O。牵连运动为凸轮的水平直线平动，动点 A 的牵连速度 $\boldsymbol{v}_0$ 和牵连加速度 $\boldsymbol{a}_0$ 皆为已知。

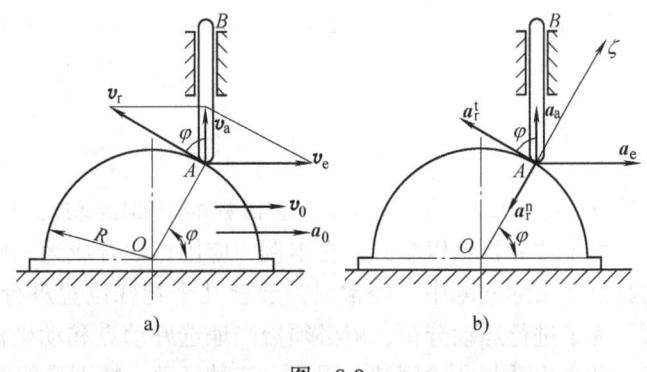

图 8-9

根据点的速度合成定理，作速度平行四边形（图 8-9a）。由图中几何关系得点 A 的相对速度

$$v_r = v_e/\sin\varphi = v_0/\sin 60° = \dfrac{2\sqrt{3}}{3}v_0$$

（2）顶杆 AB 的加速度　由牵连运动为平动时的加速度合成定理

$$a_a = a_e + a_r^n + a_r^t$$

画出各加速度矢量关系图（图 8-9b）。上式中只有 a_a 和 a_r 的大小两个未知要素，而题意只要求顶杆 AB 的加速度 a_a，因杆 AB 作直线平动，故选坐标 τ、ξ。为计算 a_a 的大小，可将上式投影到 ξ 轴上，得

$$a_a \sin\varphi = a_e \cos\varphi - a_r^n$$

解得
$$a_a = \frac{1}{\sin\varphi}\left(a_0 \cos\varphi - \frac{v_r^2}{R}\right)$$

*二、牵连运动为转动时的加速度合成定理的简介

牵连运动为转动时，加速度合成定理不再是式（8-2）的形式，应加上一项科氏加速度（Coriolis acceleration）a_k，即

$$a_a = a_e + a_r + a_k \tag{8-3}$$

式（8-3）表明：牵连运动为转动时，动点在每一瞬时的绝对加速度等于牵连加速度、相对加速度与科氏加速度三者的矢量和。这就是牵连运动为转动时的加速度合成定理。

经进一步演算可得计算科氏加速度 a_k 的公式为

$$a_k = 2\boldsymbol{\omega} \times \boldsymbol{v}_r \tag{8-4}$$

式中，$\boldsymbol{\omega}$ 是动参考系转动的角速度矢量。

根据矢积运算规则，科氏加速度 a_k 的大小为

$$a_k = 2\omega v_r \sin\theta \tag{8-5}$$

式中，θ 为 $\boldsymbol{\omega}$ 与 $\boldsymbol{v}_r$ 间的最小夹角。科氏加速度 a_k 的方向垂直于 $\boldsymbol{\omega}$ 与 $\boldsymbol{v}_r$ 所在的平面，指向由右手法则决定。四指旋转方向由 $\boldsymbol{\omega} \to \boldsymbol{v}_r$，则拇指指向就是 a_k 的方向，如图 8-10a 所示。

当研究平面问题时，因 $\boldsymbol{\omega}$ 与 $\boldsymbol{v}_r$ 两矢互相垂直，故其大小 $a_k = 2\omega v_r$；其方向则可将 $\boldsymbol{v}_r$ 矢向顺 $\boldsymbol{\omega}$ 转 $90°$，即为 a_k 之矢向（图 8-10b）。

只有当牵连运动为平动时，由于 $\boldsymbol{\omega} = 0$，导致科氏加速度的值为零，动点的绝对加速度才等于其牵连加速度与相对加速度的矢量和，即 $a_a = a_e + a_r$。

科氏加速度的产生，是牵连转动和相对运动之间相互影响的结果。当牵连运动为平动时，就不存在这种相互影响，因此不出现科氏加速度。关于科氏加速度的详细讨论，可参阅有关书籍。

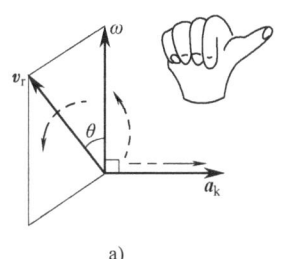
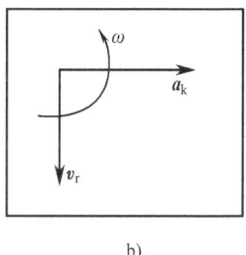

图 8-10

*【例 8-6】

如图 8-11a 所示，半径为 R 的半圆凸轮以匀速 $\boldsymbol{v}$ 水平向左平动，推动杆 OA 绕轴 O 转动。当 $\angle AOD = \theta$ 时，试求：(1) 杆 OA 的角速度 ω；(2) 杆 OA 的角加速度 ε。

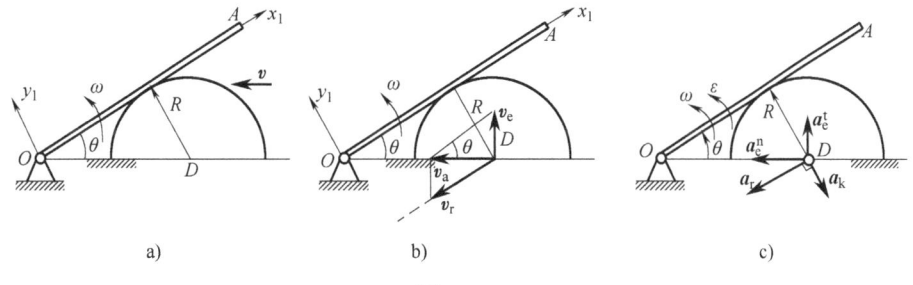

图 8-11

【解】 (1) 求杆 OA 的角速度 ω（图 8-11b） 选动点与动系：选凸轮圆心 D 为动点；动系固连在 OA 杆上，相对运动的轨迹为一条直线（平行于 AO）。

v_a 的大小方向均已知；v_r 大小未知，方向沿直线（相对运动的轨迹）；牵连运动是整个平面随杆 OA 以角速度 ω 绕 O 轴转动，因此牵连速度 v_e 铅垂向上，其大小为

$$v_e = OD \cdot \omega = \frac{R\omega}{\sin\theta}$$

由矢量方程 $\boldsymbol{v}_a = \boldsymbol{v}_e + \boldsymbol{v}_r$ 和速度矢量图投影可得

$$v_a = v_r \cos\theta$$
$$0 = v_e - v_r \sin\theta$$

解得

$$\omega = \frac{v}{R}\sin\theta\tan\theta$$

转向如图 8-11b 所示。

（2）求杆 OA 的角加速度 ε（图 8-11c） 选凸轮圆心 D 为动点；动系固连在 OA 杆上；因牵连运动为定轴转动，故产生科氏加速度 $\boldsymbol{a}_k$。

由牵连运动为转动时的加速度合成定理，有

$$\boldsymbol{a}_a = \boldsymbol{a}_e^n + \boldsymbol{a}_e^t + \boldsymbol{a}_r + \boldsymbol{a}_k$$

其中

$$a_a = 0, \quad a_e^n = OD \cdot \omega^2 = \frac{\omega^2 R}{\sin\theta}$$

$$a_e^t = OD \cdot \varepsilon = \frac{\varepsilon R}{\sin\theta}$$

$$a_k = 2\omega v_r \sin\frac{\pi}{2} = \frac{2v^2}{R}\tan^2\theta$$

沿 $\boldsymbol{a}_k$ 方向投影，有

$$0 = -a_e^n \sin\theta - a_e^t \cos\theta + a_k$$

解得

$$\varepsilon = \frac{v^2}{R^2}\tan^3\theta\,(1 + \cos^2\theta)$$

当然，因为 ω 为变量，此题也可用角速度 $\omega = \frac{v}{R}\sin\theta\tan\theta$ 对时间求导得到角加速度。

思 考 题

1. 相对运动、牵连运动和绝对运动都是指同一个点的运动，因而它们可能是直线运动，也可能是曲线运动。这种说法是否正确？为什么？

2. 什么是牵连速度、牵连加速度？是否动参考系中任何一点的速度（或加速度）就是牵连速度（或加速度）？

3. 为什么牵连运动为平动时，动参考系某瞬时的速度与加速度就是动点的牵连速度与牵连加速度？

4. 某瞬时动参考系上与动点 M 相重合的点为 M'，试问动点 M 与点 M' 在此瞬时的绝对速度是否相等？为什么？动系相对于定系运动的速度称为牵连速度，对吗？为什么？

*5. 科氏加速度是反映了哪两种运动相互影响的结果？为什么当牵连运动为平动时，这种影响就不存在了呢？

习 题

8-1 试在题 8-1 图所示机构中，选取动点、动系，并指出动点的相对运动及牵连运动。

8-2 题 8-2 图所示车厢以匀速 $v_1 = 5$ m/s 水平行驶。途中遇雨，雨滴铅直下落。而在车厢中观察到的雨线却向后，与铅直线成夹角 30°。试求雨滴的绝对速度。

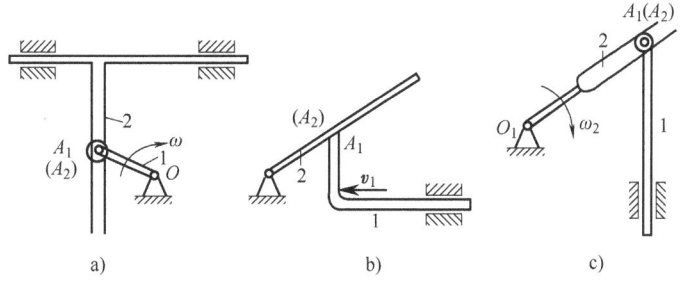

题 8-1 图

8-3 如题 8-3 图所示细直管长 $OA = l$，以匀角速度 ω 绕固定轴 O 转动。管内有一小球 M 沿管道以速度 v 向外运动。设在小球离开管道的瞬时，$v = l\omega$。求这时小球 M 的绝对速度。

8-4 如题 8-4 图所示，车床主轴的转速 $n = 30$ r/min，工件直径 $d = 4$ cm。如车刀横向走刀速度为 $v = 1$ cm/s。求车刀对工件的相对速度。

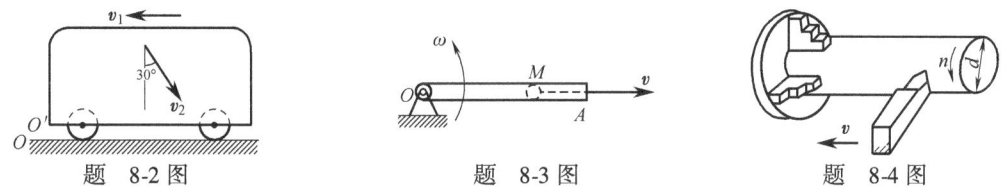

题 8-2 图　　　　题 8-3 图　　　　题 8-4 图

8-5 题 8-5 图所示的瓦特离心调速器以角速度 ω 绕铅直线转动。由于机器负荷的变化，调速器重球以角速度 ω_1 向外张开。如 $\omega = 10$ rad/s，$\omega_1 = 1.2$ rad/s。球柄长 $l = 50$ cm，悬挂球柄的支点到铅直轴的距离为 $e = 5$ cm，球柄与铅直轴夹角 $\alpha = 30°$，求此时重球的绝对速度。

8-6 题 8-6 图所示 L 形杆 OAB 以匀角速度 ω 绕 O 轴转动，$OA = l$，OA 垂直 AB，通过滑套 C 推动杆 CD 沿铅直导槽运动。在图示位置时，$\angle AOC = \varphi$，试求杆 CD 的速度。

8-7 题 8-7 图所示的滑杆 AB 以等速 u 向上运动。开始时 $\varphi = 0$，求当 $\varphi = \pi/4$ 时摇杆 OC 的角速度和角加速度大小。

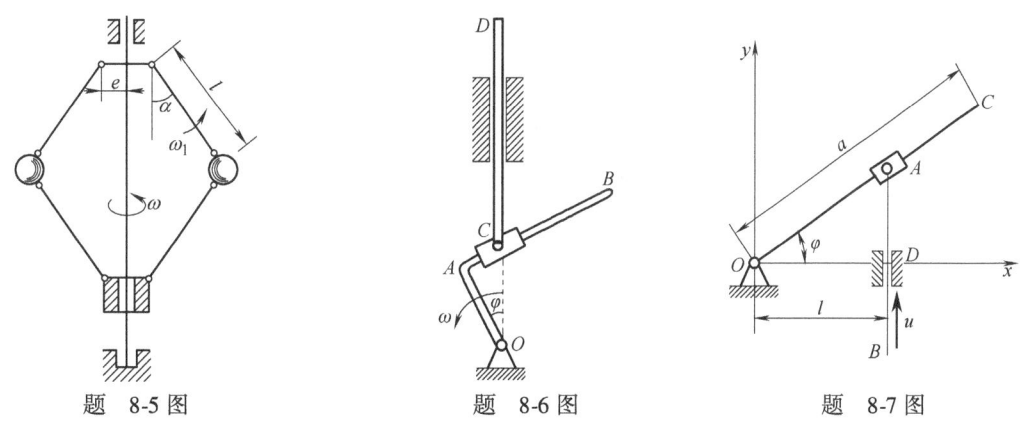

题 8-5 图　　　　题 8-6 图　　　　题 8-7 图

8-8 题 8-8 图所示矿砂从传送带 A 落到另一传送带 B，其绝对速度为 $v_1 = 4$ m/s。方向与铅直线成 30° 角。设传送带 B 与水平面成 15° 角，其速度为 $v_2 = 2$ m/s。求此时矿砂对于传送带 B 的相对速度。并问当传送带 B 的速度为多大时，矿砂的相对速度才能与它垂直？

8-9 题 8-9 图所示杆 OA 长 l，由推杆推动而在图面内绕点 O 转动。假定推杆的速度为 v，其弯头高为 a。试求杆端 A 的速度的大小（表示为由推杆至点 O 的距离 x 的函数）。

8-10 平底顶杆凸轮机构如题 8-10 图所示，顶杆 AB 可沿导轨上下移动，偏心圆盘绕轴 O 转动，轴 O

位于顶杆轴线上,工作时顶杆的平底始终接触凸轮表面。该凸轮半径为 R,偏心距 $OC = e$,凸轮绕轴 O 转动的角速度为 ω,OC 与水平线成夹角 φ。求当 $\varphi = 0°$ 时,顶杆的速度。

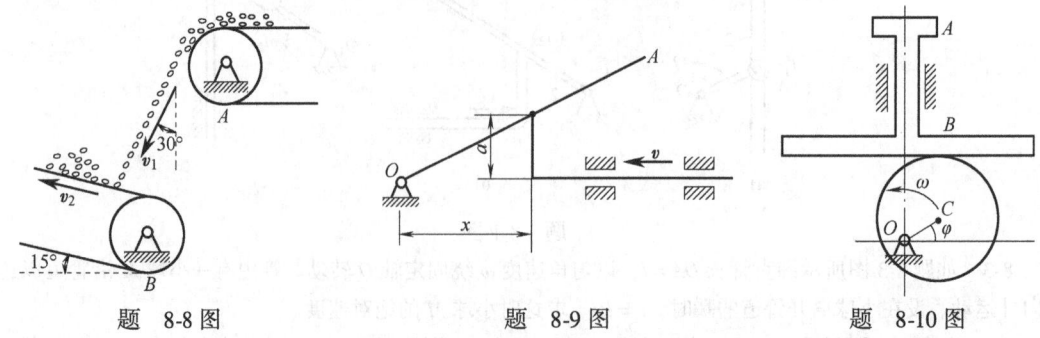

题 8-8 图　　　　　　题 8-9 图　　　　　　题 8-10 图

8-11　题 8-11a、b 图所示的两种机构中,已知 $O_1O_2 = a = 200$ mm,$\omega_1 = 3$ rad/s。求图示位置时杆 O_2A 的角速度。

8-12　题 8-12 图所示一个人站在码头边的 C 点,以恒定速率 1.8 m/s 水平拉绳子,当绳长 $AB = 15$ m 时,求此时船的速度是多少?

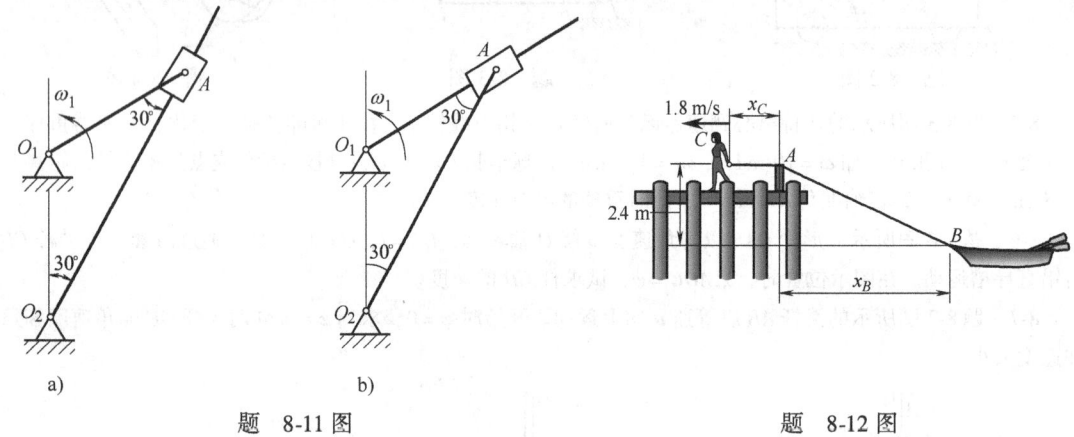

题 8-11 图　　　　　　　　　　　　　题 8-12 图

8-13　如题 8-13 图所示,两条船同时离开河岸,向不同的方向行驶。若 $v_A = 6$ m/s,$v_B = 4.5$ m/s。求 A 船相对于 B 船的速率是多少?行驶多长时间后两船相距 240 m?

8-14　如题 8-14 图所示的时刻,自行车手 A 的速率为 7 m/s,并沿曲线赛道以 0.5 m/s^2 的加速度加速行驶。在直道上的自行车手 B 的速率为 8.5 m/s,加速度为 0.7 m/s^2。求在这一瞬间 A 相对于 B 的速度和加速度各是多少?

8-15　如题 8-15 图所示的瞬间,汽车 A 和汽车 B 的速率分别为 88 km/h 和 64 km/h,若汽车 B 的加速度为 1920 km/h^2,而汽车 A 保持恒定的速率沿直线向左行驶,汽车 B 沿曲率半径为 0.8 km 的曲线行驶。求汽车 B 相对于汽车 A 的速度和加速度各是多少?

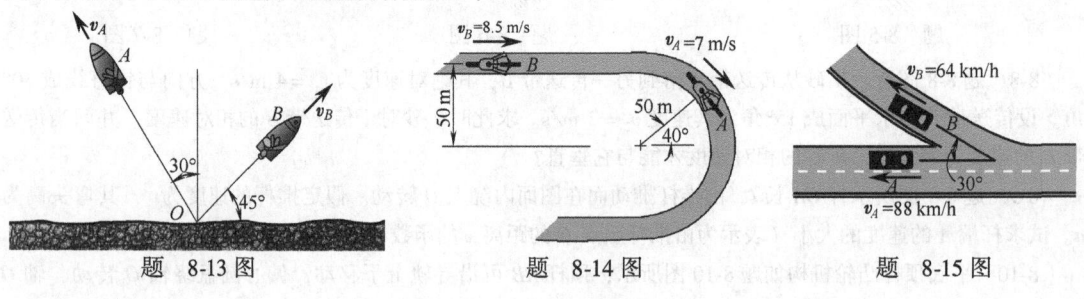

题 8-13 图　　　　　　题 8-14 图　　　　　　题 8-15 图

第九章 刚体的平面运动

前面讨论的刚体平动与定轴转动是最常见、最简单的刚体运动形式。在工程实践中还经常遇到刚体另一种较为复杂的运动形式——刚体的平面运动。本章运用合成运动的方法，分析计算刚体平面运动的速度和加速度问题。

第一节 刚体平面运动的运动特征与运动分解

一、刚体平面运动的概念与实例

在刚体的运动过程中，如果刚体内部任意点到某固定的参考平面的距离始终保持不变，如图 9-1 所示，那么称此刚体的运动为平面运动。刚体的平面运动是工程上常见的一种运动，如图 9-2a 所示的曲柄连杆机构中，分析连杆 AB 的运动。由于点 A 作圆周运动，点 B 作直线运动，因此，杆 AB 的运动既不是平动也不是定轴转动，而是平面运动。又如在直道上滚动的汽车轮子的运动，如图 9-2b 所示，也是平面运动。

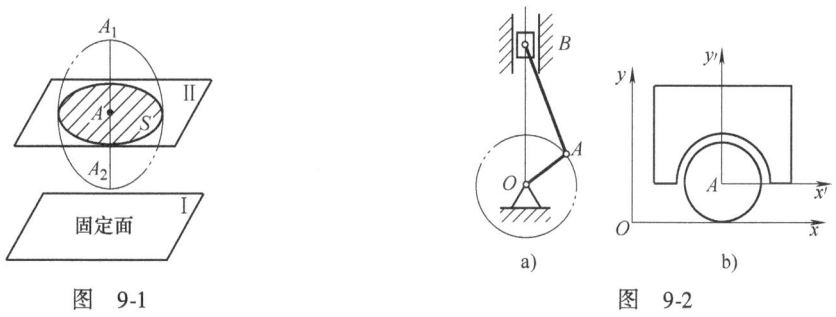

图 9-1　　　　　　图 9-2

二、刚体平面运动的简化

根据刚体平面运动的特点，可以将刚体平面运动进行简化。在图 9-3 中，刚体作平面运动，取刚体内的任一点 M，该点至某一固定平面 I 的距离始终保持不变。过点 M 作平面 II 与平面 I 平行，平面 II 与此刚体相交截出一个平面图形 S。过点 M 再作垂直于平面 II 的直线 A_1MA_2，那么，刚体运动时，平面图形 S 始终保持在平面 II 内运动，而直线 A_1MA_2 则作平行移动。根据刚体平动的特征，在同一瞬时，直线 A_1MA_2 上各点具有相同的速度和加速度。因此，可用平面图形上点 M 的运动来表示直线 A_1MA_2 上各点的运动。同理，可以用平面图形 S 上的其他点的运动来表示刚体内对应点的运动。于是，刚体的平面运动，可以简化为平面图形在其自身平面内的运动。因此，在研究平面运动刚体上各点的运动时，只需研究平面图形上各点的运动就可以了。

三、刚体的平面运动方程

当平面图形 S 运动时（图 9-4），任选其上一已知运动情况的点 A，称为**基点**（base point）。A 点的坐标 x_A、y_A 和角坐标 φ 都是时间 t 的单值连续函数，即

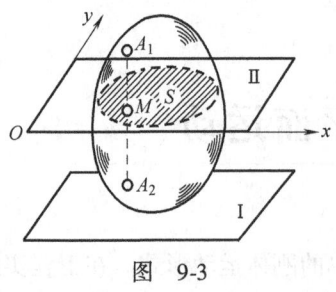

图 9-3

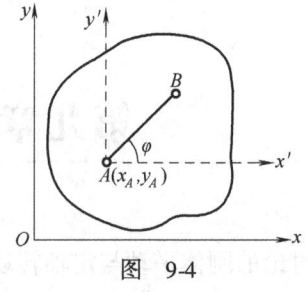

图 9-4

$$\left.\begin{array}{l}x_A = f_1(t)\\ y_A = f_2(t)\\ \varphi = f_3(t)\end{array}\right\} \qquad (9\text{-}1)$$

此即是平面图形 S 的运动方程，称为刚体的平面运动方程。它描述了平面运动刚体的运动。可以看出，如果平面图形 S 上 A 点固定不动，则刚体作定轴转动。如果平面图形的 φ 角保持不变，则刚体作平动。故刚体的平面运动可以看成是平动和转动的合成运动。在图 9-5 中，设瞬时 t 线段 AB 在位置 I，经过时间间隔 Δt 后的瞬时 $(t+\Delta t)$，线段 AB 从位置 I 到位置 II。整个运动过程，可按以下两种情况讨论：

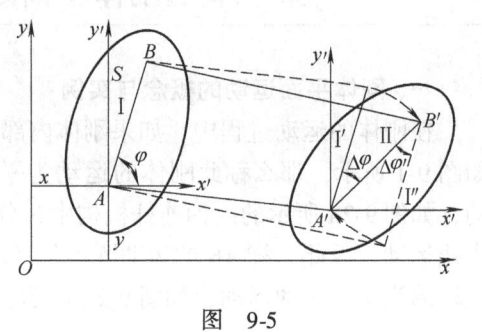

图 9-5

1）若以 A 为基点，线段 AB 先随固连于基点 A 的动系 $Ax'y'$ 平动至位置 I′，然后再绕 A' 点转过角度 $\Delta\varphi$ 而到达位置 II。

2）若以 B 为基点，线段 AB 先随固连于 B 点的动系 $Bx'y'$（图中未画出）平动至位置 I″，然后再绕 B' 点转过角度 $\Delta\varphi'$ 而到达最后位置 II。

四、刚体的平面运动

由上面的介绍可见，平面图形的运动（即刚体的平面运动）可以分解为随同基点图形的平动（牵连运动）和绕基点的转动（相对运动）。

这里应该特别指出，平面图形的基点选取是任意的。从图 9-5 中可知，选取不同的基点 A 和 B，平动的位移是不相同的，即 $AA' \neq BB'$，显然 $v_A \neq v_B$，同理，$a_A \neq a_B$。所以，平动的速度和加速度与基点位置的选取有关。

选取不同的基点 A 和 B，转动的角位移是相同的，即 $\Delta\varphi = \Delta\varphi'$，显然 $\omega = \omega'$，同理 $\varepsilon = \varepsilon'$。即在同一瞬时，图形绕其平面内任选的基点转动的角速度相同、角加速度相同。平面图形绕基点转动的角速度、角加速度分别称为**平面角速度**、**平面角加速度**。所以，平面图形的角速度、角加速度与基点的选取无关。

第二节　平面图形上点的速度分析

1. 基点法（速度合成）

从前节知道，刚体的平面运动可分解为随同基点的平动和绕基点的转动。随同基点的平动是牵连运动，绕基点的转动是相对运动。因而平面运动刚体上任一点的速度，可用速度合成定理来分析。

设一平面运动的图形如图 9-6a 所示，已知 A 点速度为 v_A，瞬时平面角速度为 ω，求图形上任一点 B 的速度。

图形上 A 点的速度已知，所以选 A 点为基点，则图形的牵连运动是随同基点的平动，B 点的牵连速度 v_e 就等于基点 A 的速度 v_A，即 $v_e = v_A$。（图 9-6b）。图形的相对运动是绕基点 A 的转动，B 点的相对速度 v_r，等于 B 点以 AB 为半径绕 A 点作圆周运动的速度 v_{BA}，即 $v_r = v_{BA}$，其大小 $v_{BA} = AB \cdot \omega$，方向与 AB 连线垂直，指向与角速度 ω 转向一致（图 9-6c）。

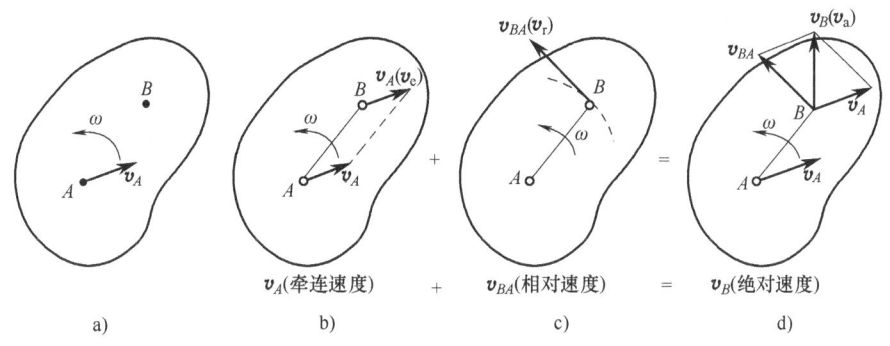

图 9-6

由速度合成定理，如图 9-6d 所示，得

$$v_B = v_A + v_{BA} \tag{9-2}$$

由此得出结论：在任一瞬时，平面图形上任一点的速度，等于基点的速度与该点相对于基点转动速度的矢量和。用速度合成定理求解平面图形上任一点速度的方法，称为<u>速度合成的基点法</u>（pole-based method for composition of velocities）。

【例 9-1】 在图 9-7 所示四杆机构中，已知曲柄 $AB = 20$ cm，转速 $n = 50$ r/min，连杆 $BC = 45.4$ cm，摇杆 $CD = 40$ cm。求图示位置连杆 BC 和摇杆 CD 的角速度。

【解】 在图示机构中，曲柄 AB 和摇杆 CD 作定轴转动，连杆 BC 作平面运动。取连杆 BC 为研究对象，B 点为基点，则 $v_C = v_B + v_{CB}$，其中，v_B 大小为 $AB \cdot \omega$，方向垂直于 AB。在 C 点作速度合成图，由图中几何关系知

$$v_C = v_{CB} = \frac{v_B}{2\cos 30°} = \frac{AB \cdot \omega}{2\cos 30°} = 60.4 \text{ cm/s}$$

连杆 BC 的角速度为

$$\omega_{BC} = \frac{v_{CB}}{BC} = \frac{60.4}{45.4} \text{ rad/s} = 1.33 \text{ rad/s}$$

根据 v_{CB} 的指向确定 ω_{BC} 为顺时针转向。摇杆 CD 角速度为

$$\omega_{CD} = v_C / CD = 60.4/40 \text{ rad/s} = 1.51 \text{ rad/s}$$

根据 v_C 的指向确定 ω_{CD} 为逆时针转向。

2. 速度投影法

如果把式（9-2）所表示的各个矢量投影到 AB 向上（图 9-8），由于 v_{BA} 垂直于 $\overrightarrow{AB}$，投影为零，因此得到

$$[v_B]_{AB} = [v_A]_{AB} \tag{9-3a}$$

或

$$v_A \cos\alpha = v_B \cos\beta \tag{9-3b}$$

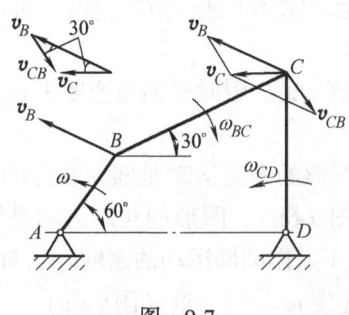
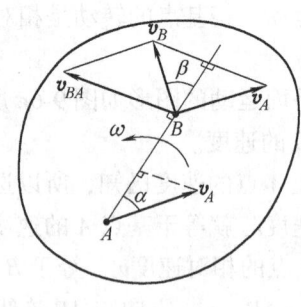

图 9-7　　　　　　　　　　　　　　图 9-8

式中，α、β 分别表示 v_A 和 v_B 与 AB 的夹角。上式表明，平面图形上任意两点的速度在这两点的连线上的投影相等，这就是速度投影定理。利用速度投影定理求平面图形上某点速度的方法称为**速度投影法**（Velocity projection method）。用速度投影定理求解点的速度极其简单。但是，仅用速度投影定理是不能求出平面图形转动角速度 ω 的。

【**例 9-2**】　在图 9-9 中的 AB 杆，A 端沿墙面下滑，B 端沿地面向右运动。在图示位置，杆与地面的夹角为 $30°$，这时 B 点的速度 $v_B = 10$ cm/s，试求该瞬时端点 A 的速度。

【**解**】　AB 杆在作平面运动。根据速度投影定理有

$$v_A \cos 60° = v_B \cos 30°$$

$$v_A = \frac{\cos 30°}{\cos 60°} v_B = \sqrt{3} \times 10 \text{ cm/s} = 17.3 \text{ cm/s}$$

3. 速度瞬心法

下面重点介绍求解平面图形上点的速度和转动角速度都很方便的"**速度瞬心法**"

在平面图形 S（图 9-10）上某瞬时若存在速度为零的点，并以此点为基点，则所研究点的速度就等于研究点相对于该基点转动的速度。

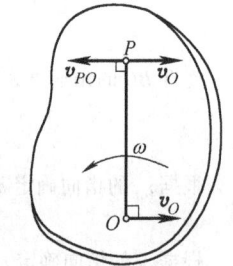

图 9-9

平面图形有没有速度为零的点存在？能不能很方便地找到这个点？我们从式（9-2）出发来找寻平面图形上速度为零的点。

下面证明一般情形下，刚体作平面运动时，速度为零的点是确实存在的。

如图 9-10 所示，设在某一瞬时，已知平面图形内 O 点的速度为 v_O，其平面角速度为 ω。过 O 点作速度 v_O 的垂线，则垂线上必有一点 P 的速度 v_P，按基点法可得 $v_P = v_O + v_{PO}$。其中 $v_{PO} = OP \cdot \omega$，方向与 OP 垂直。若 P 点的相对速度 v_{PO} 与 v_O 正好等值、共线、反向，亦即 $v_{PO} = -v_O$，则 P 点的绝对速度 v_P 为零，故 P 点即为平面运动在该瞬时的速度瞬心。显然，瞬心 P 可能在平面图形内，也可能在平面图形的延伸部分。

图 9-10

由此可见，一般情况下，在平面图形或其延拓部分中，每一瞬时都存在着速度等于零的点。我们称该点为平面图形在此瞬时的瞬时速度中心（instantaneous center of velocities），简称**速度瞬心**，通常用 P 或 C 表示。

根据以上证明可知，不但速度瞬心是存在的，而且平面图形在任一瞬时对应只存在一个位置不同的速度瞬心。刚体的平面运动可看成是其平面图形连续绕着不同的速度瞬心的转

动。若以速度瞬心 P 为基点，则平面图形上任一点 B 的速度就可表示为

$$v_B = PB \cdot \omega \tag{9-4}$$

上式表明，刚体作平面运动时，其平面图形内任一点的速度等于该点绕瞬心转动的速度。其速度的大小等于刚体的平面角速度与该点到瞬心距离的乘积，方向与转动半径垂直，并指向转动的一方。此即为刚体平面运动的<u>速度瞬心法</u>（Speed instantaneous center method）。

应用速度瞬心法的关键是如何快速确定速度瞬心的位置。按不同的已知运动条件确定速度瞬心位置的方法有以下几种：

（1）如图 9-11a 所示，已知 A、B 两点的速度方向，过两点分别作速度的垂线，此两垂线的交点就是速度瞬心。

（2）如图 9-11b、c 所示，若 A、B 两点速度相互平行，并且速度方向垂直于两点的连线 AB，则速度瞬心必在连线 AB 与速度矢量 v_A 和 v_B 端点连线的交点 P 上。

（3）如图 9-11d、e 所示，若任意两点 A、B 的速度 $v_A \parallel v_B$，且 $v_A = v_B$，则速度瞬心在无穷远处，此时平面图形作瞬时平动。该瞬时运动平面上各点的速度相同。

（4）如图 9-11f 所示，当刚体作无滑动的纯滚动时，刚体上只有接触点 P 的速度为零，故该点 P 为速度瞬心。

由于瞬心的位置是不固定的，它的位置随时间变化而不断改变，可见速度瞬心是有加速度的。否则，瞬心位置固定不变，那么纯滚动就与定轴转动毫无区别了。同样，刚体作瞬时平动时，虽然各点速度相同，但各点的加速度是不同的。否则，刚体就是作平动了。

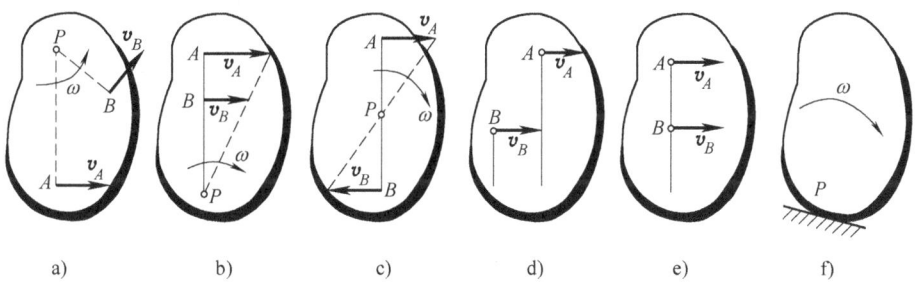

图 9-11

【例 9-3】 如图 9-12 所示，车轮沿直线纯滚动而无滑动，轮心某瞬时的速度为 v_C，水平向右，车轮的半径为 R。试求该瞬时轮缘上 A、B、D 各点的速度。

【解】 由于车轮作无滑动的纯滚动，轮缘与地面的瞬时接触点 O 是瞬心。由速度瞬心法知，轮心速度 $v_C = R\omega$，故车轮该瞬时的平面角速度

$$\omega = \frac{v_C}{R}$$

轮缘上 A、B、D 点的速度大小分别为

$$v_A = OA \cdot \omega = 2R \frac{v_C}{R} = 2v_C$$

$$v_B = OB \cdot \omega = \sqrt{2}R \frac{v_C}{R} = \sqrt{2}v_C$$

$$v_D = OD \cdot \omega = \sqrt{2}R \frac{v_C}{R} = \sqrt{2}v_C$$

各点速度的方向分别垂直于各点与瞬心 O 的连线，如图所示。

【例 9-4】 图 9-13 所示的四连杆机构中，$O_1A = r$，$AB = O_2B = 2r$，曲

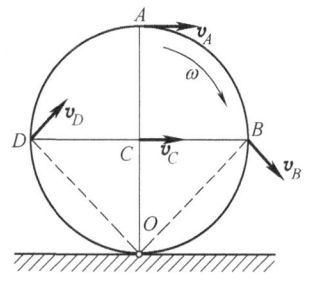

图 9-12

柄 O_1A 以角速度 ω_1 绕 O_1 轴转动，在图示位置时 $O_1A \perp AB$，$\angle ABO_2 = 60°$。试求该瞬时摇杆 O_2B 的角速度 ω_2。

【解】 (1) 运动分析　曲柄 O_1A 和摇杆 O_2B 作定轴转动，连杆 AB 作平面运动。因 A、B 两点速度的方向均已知，即 $\boldsymbol{v}_A \perp O_1A$，$\boldsymbol{v}_B \perp O_2B$。过 A、B 两点作 $\boldsymbol{v}_A$ 和 $\boldsymbol{v}_B$ 的垂线，二垂线相交点 C，即为杆 AB 的速度瞬心。

(2) 用平面运动的速度瞬心法求解。设连杆 AB 的平面角速度为 ω_{AB}，故 $v_A = AC \cdot \omega_{AB}$，由此得连杆 AB 的平面角速度为

$$\omega_{AB} = \frac{v_A}{AC} = \frac{r\omega_1}{AB\tan 60°} = \frac{r\omega_1}{2r \times \sqrt{3}} = \frac{\sqrt{3}}{6}\omega_1$$

于是，得

$$v_B = \omega_{AB} \cdot BC = \frac{\sqrt{3}}{6}\omega_1 \times 4r = \frac{2\sqrt{3}}{3}r\omega_1$$

由 O_2B 杆作定轴转动知 $v_B = O_2B \cdot \omega_2$，故

$$\omega_2 = \frac{v_B}{O_2B} = \frac{2\sqrt{3}}{3}r\omega_1 \times \frac{1}{2r} = \frac{\sqrt{3}}{3}\omega_1$$

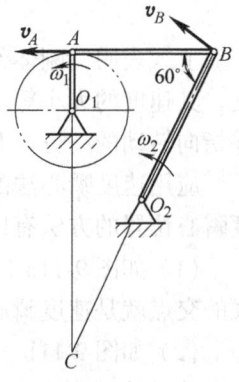

图　9-13

*第三节　用基点法求平面图形内各点的加速度

现在讨论平面图形内各点的加速度。

根据前述，如图 9-14 所示平面图形 S 的运动可分解为两部分：①随同基点 A 的平动（牵连运动）；②绕基点 A 的转动（相对运动）。于是，平面图形内任一点 B 的运动也由两个运动合成，它的加速度可以用加速度合成定理求出。

因为牵连运动为平动，点 B 的绝对加速度等于牵连加速度与相对加速度的矢量和。

由于牵连运动为平动，点 B 的牵连加速度等于基点 A 的加速度 $\boldsymbol{a}_A$；点 B 的相对加速度 $\boldsymbol{a}_{BA}$ 是该点随图形绕基点 A 转动的加速度，可分为切向加速度与法向加速度两部分。于是用基点法求该点的加速度合成公式为

$$\boldsymbol{a}_B = \boldsymbol{a}_A + \boldsymbol{a}_{BA}^t + \boldsymbol{a}_{BA}^n \tag{9-5}$$

即：平面图形内任一点的加速度等于基点的加速度与该点随图形绕基点转动的切向加速度和法向加速度的矢量和。

式 (9-5) 中，$\boldsymbol{a}_{BA}^t$ 为点 B 绕基点 A 转动的切向加速度，方向与 AB 垂直，大小为

$$a_{BA}^t = AB \cdot \varepsilon$$

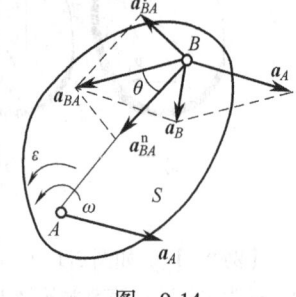

图　9-14

式中，ε 为平面图形的角加速度；$\boldsymbol{a}_{BA}^n$ 为点 B 绕基点 A 转动的法向加速度，指向基点 A，大小为

$$a_{BA}^n = AB \cdot \omega^2$$

其中，ω 为平面图形的角速度。

式 (9-5) 为平面内的矢量等式，通常可向两个正交的坐标轴投影，得到两个代数方程，用以求解两个未知量。

【例 9-5】 图 9-15a 所示半径为 R 的车轮沿直线轨道作纯滚动。已知轮心 O 的速度为 $\boldsymbol{v}_0$、加速度为 $\boldsymbol{a}_0$。求车轮与轨道接触点 P 的加速度。

【解】 纯滚动时，车轮与轨道接触点 P 为车轮的速度瞬心。车轮的角速度可按下式计算：

$$\omega = \frac{v_0}{R}$$

车轮的角加速度 ε 等于角速度对时间的一阶导数。上式对任何瞬时均成立，故得

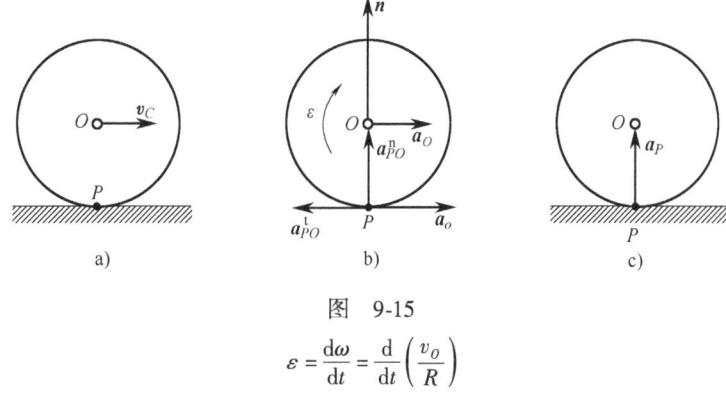

图 9-15

$$\varepsilon = \frac{d\omega}{dt} = \frac{d}{dt}\left(\frac{v_O}{R}\right)$$

因为 R 是常量，于是有

$$\varepsilon = \frac{1}{R}\frac{dv_O}{dt}$$

因为轮心 O 作直线运动，所以它的速度 v_O 对时间的一阶导数等于这一点的加速度 a_O。于是

$$\varepsilon = \frac{a_O}{R}$$

车轮作平面运动。取中心 O 为基点，按照式（9-5）求点 P 的加速度

$$\boldsymbol{a}_P = \boldsymbol{a}_O + \boldsymbol{a}_{PO}^t + \boldsymbol{a}_{PO}^n$$

其中

$$a_{PO}^t = \varepsilon R = a_O$$
$$a_{PO}^n = v_O^2/R$$

它们的方向如图 9-15b 所示。

由于 $\boldsymbol{a}_O$ 与 $\boldsymbol{a}_{PO}^t$ 的大小相等，方向相反，于是有

$$\boldsymbol{a}_P = \boldsymbol{a}_{PO}^n$$

由此可知，速度瞬心 P 的加速度不等于零。当车轮在地面上只滚不滑时，速度瞬心 P 的加速度指向轮心 O，如图 9-15c 所示。

思 考 题

1. 刚体的平面运动是怎样分解为平动与转动的？平动和转动与基点的选择是否有关？
2. 何谓平面图形的瞬时速度中心？为什么要强调"瞬时"二字？
3. "瞬心不在平面运动刚体上，则该刚体无瞬心"。这句话对吗？试作出正确的分析。
4. "瞬心 C 的速度等于零，则 C 点加速度也等于零"。这句话对吗？试作出正确的分析。
5. 平面运动图形上任意两点 A 和 B 的速度 v_A 与 v_B 之间有何关系？为什么 v_{BA} 一定与 AB 垂直？v_{BA} 与 v_{AB} 有何不同？
6. 作平面运动的刚体绕速度瞬心的转动与刚体绕定轴转动有何异同？
7. 在求平面图形上一点的加速度时，能否不进行速度分析，直接求加速度？为什么？

习 题

9-1 如题 9-1 图所示椭圆规尺由曲柄 OC 带动，曲柄以角速度 ω_0 绕 O 轴匀速转动。如 $OC = BC = AC = r$，若取 C 为基点，求椭圆规尺 AB 的平面运动方程。

9-2 如题 9-2 图所示若滑块在 C 点以 4 m/s 的速度沿着沟槽向下运动，求图示的瞬间连杆 BC 的角速度。

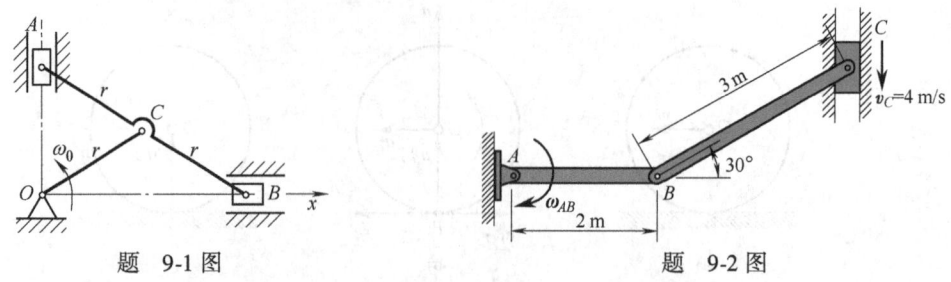

题 9-1 图　　　　　题 9-2 图

9-3　题9-3图曲柄连杆机构，曲柄 $OA=400$ mm，连杆 $AB=1$ m。曲柄 OA 绕轴 O 作匀速转动，其转速 $n=80$ r/min。求当曲柄与水平线成 $45°$ 角时，连杆的角速度和其中点 M 的速度。

9-4　题9-4图所示四连杆机构 $OABO_1$ 中 $OA=O_1B=AB/2$，曲柄 OA 以角速度 $\omega_0=3$ rad/s 转动。在图示位置 $\varphi=90°$，而 O_1B 正好与 OO_1 的延长线重合。求在此瞬时杆 AB 和杆 O_1B 的角速度。

9-5　题9-5图所示四连杆机构中，连杆 AB 上固连一块三角板 ABD，机构由曲柄 O_1A 带动。已知曲柄的角速度 $\omega_1=2$ rad/s，曲柄 $O_1A=10$ cm，水平距 $O_1O_2=5$ cm，$AD=5$ cm；当 O_1A 铅直时，AB 平行于 O_1O_2，且 AD 与 O_1A 在同一直线上；角 $\phi=30°$。求三角板 ABD 的角速度和 D 点的速度。

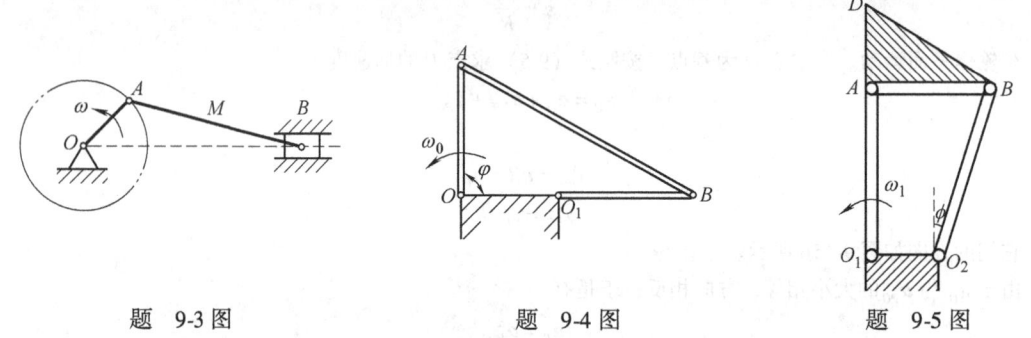

题 9-3 图　　　　题 9-4 图　　　　题 9-5 图

9-6　如题9-6图所示滚压机构的滚子沿水平面滚动而不滑动。已知曲柄 OA 长 $r=10$ cm，以匀转速 $n=30$ r/min 转动。连杆 AB 长 $l=17.3$ cm，滚子半径 $R=10$ cm，求在图示位置时滚子的角速度及角加速度。

9-7　平面四连杆机构 $ABCD$ 的尺寸和位置如题9-7图所示。如杆 AB 以等角速度 $\omega=1$ rad/s 绕 A 轴动，求杆 CD 的角速度。

9-8　在题9-8图所示位置的曲柄滑块机构中，曲柄 OA 以匀角速度 $\omega=1.5$ rad/s 绕 O 轴转动，如 $OA=0.4$ m，$AB=2$ m，$OC=0.2$ m，试分别求当曲柄在水平和铅直两位置时滑块 B 的速度。

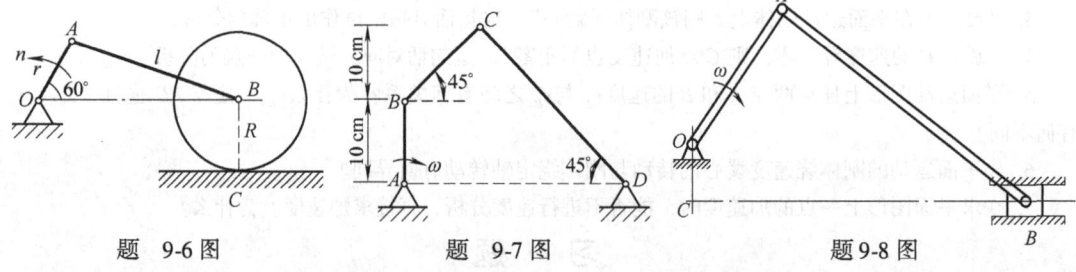

题 9-6 图　　　　题 9-7 图　　　　题 9-8 图

9-9　题9-9图所示杆 AB 长 l，其 A 端沿水平轨道运动，B 端沿铅直轨道运动。在图示瞬时，杆 AB 与铅直线成夹角 φ，A 端具有向右的速度 v_A 和加速度 a_A。(1) 试用基点法和速度瞬心法求此瞬时 B 端的速度以及杆 AB 的角速度；(2) 用基点法求 B 端的加速度；(3) 用基点法求杆 AB 的角加速度。

9-10　本题已知条件与题9-9相同。(1) 试用速度投影定理求此瞬时 B 端的速度和加速度；(2) 问能否用速度投影定理求杆 AB 的角速度和角加速度？

9-11 在题 9-11 图所示曲柄连杆机构中，$OA = 20$ cm，$\omega_0 = 10$ rad/s，$AB = 100$ cm。求在图示位置时，连杆 AB 的角速度、角加速度以及滑块 B 的加速度。

*9-12 如题 9-12 图所示四连杆机构中，曲柄 $OA = r$，以匀角速度 ω_0 转动，连杆 $AB = 4r$。求图示位置时摇杆 O_1B 的角速度与角加速度及连杆中点 M 的加速度。

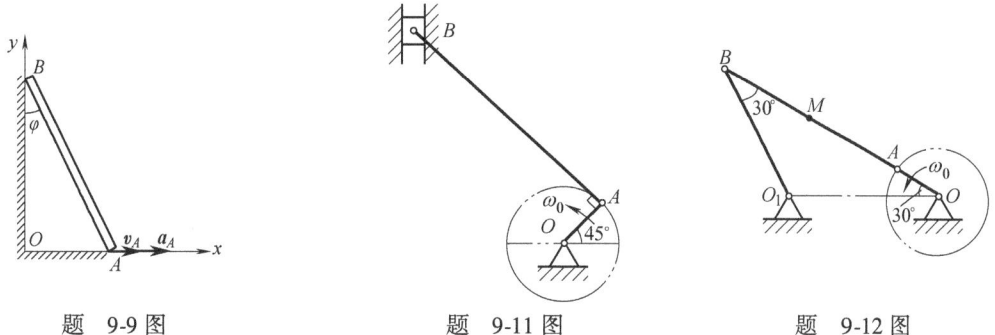

题 9-9 图　　　题 9-11 图　　　题 9-12 图

*9-13 如题 9-13 所示，A、B 两轮均在地面上作纯滚动。已知轮 A 中心的速度为 v_A，求当 $\beta = 0°$ 和 $\beta = 90°$ 时轮中心 B 的速度。

*9-14 题 9-14 图所示配汽机构中，$OA = 0.4$ m，$AC = BC = 0.2\sqrt{37}$ m。已知曲柄 OA 以匀角速度 $\omega = 20$ rad/s 作定轴转动，每转一圈曲柄 OA 有两次处于铅直线位置和两水平位置。分别求当曲柄 OA 在两铅直线位置和两水平位置配气机构中气阀推杆 DE 的速度。

*9-15 如题 9-15 图所示平面机构，曲柄 $OA = 25$ cm，以角速度 $\omega = 8$ rad/s 转动。已知 $DE = 100$ cm，$AC = BC$，求图示位置 $\angle CDE = 90°$、$\angle ACD = 45°$ 时，DE 杆的角速度。

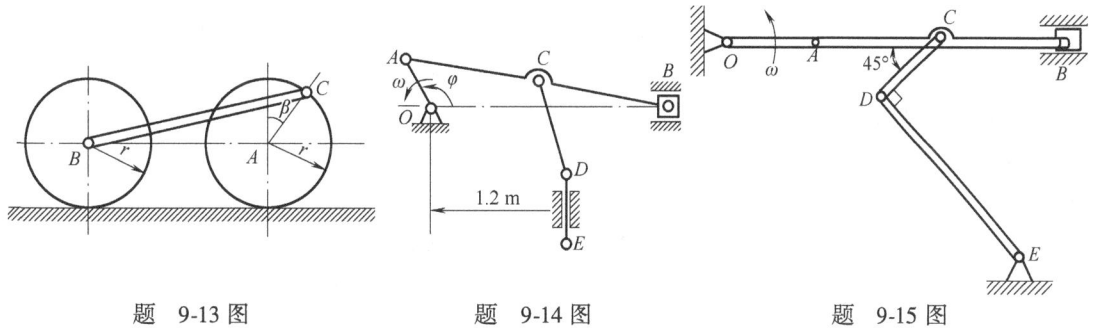

题 9-13 图　　　题 9-14 图　　　题 9-15 图

9-16 如题 9-16 图所示两四连杆机构，求该瞬时两机构中 AB 和 BC 的角速度。

9-17 如题 9-17 图所示，半径 $r = 80$ mm 的轮子在速度 $v_C = 2$ m/s 的水平传送带上反向滚动，站在地面上的人测得轮子中心 C 点的速度 $v_C = 6$ m/s，其方向向右。求 $\theta = 30°$ 时轮缘上一点 P 的绝对速度。

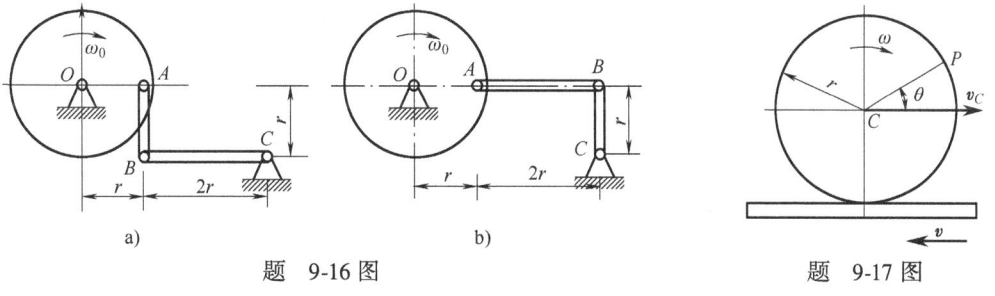

a)　　　b)

题 9-16 图　　　题 9-17 图

第三篇 动 力 学

引 言

在静力学里，曾经研究了作用在物体上力系的简化及平衡条件，而不涉及物体的运动；在运动学里，研究了刚体作机械运动的一些几何性质（如位移、速度、加速度等）而不涉及其上所作用的力。但是，从实践经验可知，物体的运动变化和作用在其上的力有着不可分割的联系。因此，不论是静力学还是运动学，都仅仅研究了物体机械运动过程中的一个方面。而动力学则对物体的机械运动进行全面的分析，研究作用于物体上的力与物体运动之间的关系，建立了物体机械运动的普遍规律。

动力学（dynamics）是研究物体机械运动与作用力（或力偶）之间的关系的学科。动力学知识在工程实践或科学研究中，都有极其广泛的用途。特别是在现代工业和科学技术迅速发展的今天，对动力学提出了更加复杂的课题，例如高速转动机械的动力计算、高层结构受风载及地震的影响、宇宙飞行及火箭推进技术，以及机器人的动态特性等，都需要应用动力学的理论。

在动力学中除了用到刚体这一力学模型外，还经常用到质点和质点系两种力学模型。所谓质点（particle），是指具有一定质量（mass）而几何形状和尺寸大小可以忽略不计的物体。但在运动学中，由于不涉及物体的质量，所以通常将质点称为"点"（或动点）。"质点"和"点"的区别仅在于是否虑其质量。所谓质点系（system of particles）是由几个或无限个相互有联系的质点所组成的系统。我们常见的固体、流体、由几个物体组成的机构，以及太阳系等都是质点系。刚体是质点系的一种特殊情形，其中任意两个质点间的距离保持不变，也称为不变质点系。

一个具体的物体究竟应该视为什么样的力学模型，应当依据所研究问题的性质而定。例如，人造卫星在空间运行时，运动范围远远大于自身的尺寸，因此在研究人造卫星的运行轨道时，可以将它简化为质点；在研究其运行的姿态时，就要将它简化为刚体了。

动力学的内容包括质点动力学和质点系动力学，而前者是后者的基础。我们在各章的研究中都从质点动力学入手，进而再研究质点系动力学。

在动力学中着重介绍质点及刚体的运动微分方程、动能定理、达朗伯原理和机械振动等部分内容，为专业基础课和专业课打好必要的理论基础，同时培养学生分析问题和解决实际问题的能力。

由上可见，动力学所要研究的内容是很广泛的，但就其解决的基本问题而言，可分为两类问题：

（1）已知物体的运动，求作用在物体上的力（或力偶）；
（2）已知作用在物体上的力（或力偶）和运动的初始条件，求物体的运动。

第十章　质点及刚体的运动微分方程

本章在介绍动力学基本定律的基础上，给出质点及刚体的运动微分方程，并应用它们求解质点和刚体动力学的两类基本问题。

第一节　动力学基本定律

动力学是以经典的牛顿运动定律为理论基础建立起来的，所以通常称为牛顿运动三定律。它们是研究作用于物体上的力与物体运动之间的关系的基础，已被公认为宏观自然规律，并成为质点动力学的基础，故牛顿运动定律被称为动力学基本定律(fundamental laws of dynamics)。

一、第一定律(惯性定律)

任何物体如不受外力作用，都将保持静止或匀速直线运动的状态。

应当说明，由于自然界根本不存在不受力的物体，所以此处所说的不受力的作用，是指物体受到平衡力系的作用。

物体力图保持其运动状态(即速度的大小和方向)不变的性质称为惯性(inertia)。物体的匀速直线运动又称为惯性运动(inertial motion)，所以这一定律又称为惯性定律(law of inertia)。

惯性是物体的重要力学性质，一切物体在任何情况下都有惯性。当物体不受外力作用时，惯性表现为保持其原有的运动状态；当物体受到外力作用时，惯性表现为物体对迫使它改变运动状态具有反抗作用。

虽然任何物体都有惯性，但不同的物体，其惯性大小不同。在相等的外力作用下，运动状态容易发生改变的物体惯性小，反之则惯性大。

这个定律还说明力是改变物体运动状态的原因，如果要使物体改变其原有的运动状态，就必须对其施加外力。所以，第一定律定性地说明了力和物体运动状态改变的关系。

二、第二定律(动力定律)

质点受力作用时所产生的加速度，其方向与力相同，其大小与力的大小成正比，而与质点的质量成反比。

如以 F、m、a 分别表示作用于质点上的力、质点的质量和质点的加速度，则第二定律可用矢量式表示为

$$ma = F$$

如质点同时受几个力作用，则上式中的 F 应为这几个力的矢量和，而上式可表示为

$$ma = \sum F \tag{10-1}$$

此即著名的牛顿第二定律。

式(10-1)表示的是力与加速度的瞬时关系，即只要某瞬时有力作用于质点，则在该瞬时质点必有确定的加速度。若在某瞬时没有力作用于质点，那么质点在该瞬时就没有加速度，

即力和加速度是同瞬时产生,同瞬时变化,同瞬时消失。

注意到如以相同的力作用于质量不同的两个质点上,则质量较大的质点其加速度较小,而质量较小的质点其加速度较大。也就是说质点的质量越大,其运动状态越不容易改变,即质点的惯性越大。可见,质量是质点惯性的量度。

在国际单位制(SI)中,以质量、长度和时间的单位作为基本单位,它们分别取为 kg(千克)、m(米)和 s(秒),而力的单位则是由式(10-1)得到的导出单位。规定能使质量为 1kg 的质点获得 $1m/s^2$ 加速度的力为力的一个国际单位,并称为牛(N),即

$$1N = 1kg \cdot 1m/s^2 = 1kg \cdot m/s^2$$

下面讨论物体的质量和重量的关系。

由自由落体的实验可知:地球表面的物体受到重力的作用时会自由下落。设该物体的质量为 m,所产生的向下的加速度为 g,则根据第二定律该物体所受到的重力 G 为

$$G = mg \tag{10-2}$$

上式中的重力 G,习惯上也称之为**重量**(weight),其国际单位为牛(N)。而由重力作用所产生的加速度 g,则通常称之为重力加速度,其国际单位为米/秒^2(m/s^2)。要注意的是,随着物体在地球表面所处位置不同,其重力加速度 g 是各不相同的。例如,在赤道平面处,$g = 9.78m/s^2$,在两极的海平面上 $g = 9.8311m/s^2$。在北京地区,$g = 9.80122m/s^2$,在南京地区,$g = 9.7944 m/s^2$。计算时,常取为 $g = 9.80m/s^2$。

由式(10-2)可知,物体的质量和重量意义是完全不同的。质量是物体惯性的度量,是个常量;而重量则是地球对物体的吸引力,它随着物体在地球上所处位置的不同而改变,并且只有在地面附近的空间内才有意义。

三、第三定律(作用与反作用定律)

两个物体间的作用力与反作用力总是大小相等、方向相反,沿着同一直线,且同时分别作用在这两个物体上。此即广泛存在于自然界中的<u>作用与反作用定律</u>。

这一定律不仅适用于平衡的物体,也适用于运动着的物体,对于互相接触或不直接接触的物体都同样适用。

第二节 质点运动微分方程及其应用

牛顿第二定律建立了质点的质量、力和加速度三者之间的关系,是解决动力学问题的基本依据,故称为动力学基本方程。但是,在应用该定律解决工程实际问题时,通常都需要根据已知条件建立质点运动微分方程。

一、质点运动微分方程的表达形式

如图 10-1 所示,质点 M 在合外力的作用下作平面曲线运动。设该质点质量为 m,合外力为 F,其加速度为 a,根据动力学基本方程,有

$$F = ma \tag{10-3}$$

在解题时,常把这个矢量等式投影到坐标轴上,这样应用起来就更加方便。根据所采用坐标的不同,一般有以下两种不同形式。

1. 质点运动微分方程的直角坐标形式

如图 10-1 所示,在质点的运动平面内建立一个直角坐标系 Oxy,并将式(10-3)中的合外

力 F 及加速度 a 分别投影到两坐标轴上，则有

$$\left.\begin{array}{l}F_x = ma_x \\ F_y = ma_y\end{array}\right\}$$

因

$$a_x = \frac{d^2 x}{dt^2}, \quad a_y = \frac{d^2 y}{dt^2}$$

故上式也可写成

$$\left.\begin{array}{l}F_x = m\dfrac{d^2 x}{dt^2} \\ F_y = m\dfrac{d^2 y}{dt^2}\end{array}\right\} \tag{10-4}$$

式(10-4)即为质点运动微分方程的直角坐标形式。其中 F_x、F_y 为合外力 F 在两坐标轴上的投影，而 x、y 则为质点在直角坐标系中的坐标。

图 10-1　　　　　　　　　　　图 10-2

2. 质点运动微分方程的自然坐标形式

在实际应用中，当质点的运动轨迹为已知时，取自然坐标系有时更方便。如图 10-2 所示，过 M 点作运动轨迹的切线和法线，轴 τ 和轴 n 组成自然坐标系。把动力学基本方程式 $F = ma$ 中的 F、a 都向轴 τ 和轴 n 分别进行投影，得

$$\left.\begin{array}{l}F_t = ma_t \\ F_n = ma_n\end{array}\right\}$$

因为

$$a_t = \frac{dv}{dt} = \frac{d^2 s}{dt^2}, \quad a_n = \frac{v^2}{\rho} = \frac{1}{\rho}\left(\frac{ds}{dt}\right)^2$$

故上式也可写成

$$\left.\begin{array}{l}F_t = m\dfrac{d^2 s}{dt^2} \\ F_n = \dfrac{m}{\rho}\left(\dfrac{ds}{dt}\right)^2\end{array}\right\} \tag{10-5}$$

式(10-5)即为质点运动微分方程的自然坐标形式。其中 F_t、F_n 为合外力 F 在切向和法向的投影，s 为质点的弧坐标，ρ 为质点运动轨迹在点 M 处的曲率半径。

二、质点运动微分方程的应用——质点动力学的两类问题

1. 质点动力学的两类基本问题

质点动力学问题可分为两类：一类是已知质点的运动，求作用于质点的力；另一类是已知作用于质点的力，求质点的运动。这两类问题构成了质点动力学的两类基本问题。求解质点动力学第一类基本问题比较简单，因为已知质点的运动方程，所以只需求两次导数得到质

点的加速度,代到质点运动微分方程中,得到一代数方程组,即可求解。求解质点动力学第二类基本问题相对比较复杂,因为求解质点的运动,一般包括质点的速度和质点的运动方程,在数学上归结为求解微分方程的定解问题。在用积分方法求解微分方程时应注意根据已知的初始条件确定积分常数。因此,求解第二类基本问题时,除了要知道作用于质点上的力,还应知道质点运动的初始条件。此外,有些质点动力学问题是第一类和第二类问题的综合。

2. 质点动力学的两类问题的一般解题步骤

(1) 根据题意选取某质点作为研究对象;
(2) 分析作用在质点上的主动力和约束力;
(3) 根据质点的运动特征,建立适当的坐标系,如果需要建立运动微分方程,应对质点的一般位置做出运动分析;
(4) 利用动力学关系进行求解。

【例 10-1】 图 10-3a 所示电梯携带重量为 G 的重物以匀加速度 a 上升,试求电梯地板受到的压力。

【解】 此为动力学第一类问题。取重物为研究对象,画受力图和运动状态图以及坐标轴 x,如图 10-3b 所示。由动力学基本方程得

$$F_N - G = \frac{G}{g}a$$

$$F_N = G + \frac{G}{g}a = G\left(1 + \frac{a}{g}\right)$$

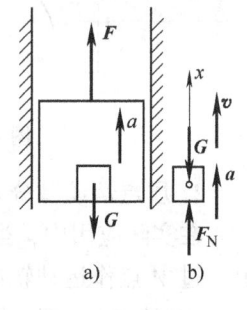

图 10-3

由计算结果知,重物对电梯地板的压力由两部分组成,一部分是重物的重量 G,它是电梯处于静止或匀速直线运动时的压力,一般称为静压力;另一部分是由于物体加速运动而附加产生的压力,称为附加动压力。全部压力 F_N 称作动压力。

若电梯加速上升时动压力大于静压力,这种现象称为超重。超重不仅使地板所受压力增大,而且也使物体内部压力增大。如人站在加速上升的电梯内,由于附加动压力使人体内部的压力增大,就会有沉重的感觉。飞机加速上升时,乘客因体内压力增大,就会感觉到头晕胸闷。

若电梯加速下降时,由于上述计算可知,动压力为 $F_N = G\left(1 - \frac{a}{g}\right)$,即动压力小于静压力。电梯加速下降,人体内部压力减小,会感觉轻飘飘的。

特别是当下降的加速度 $a = g$ 时,这相当于物体与电梯各自由下落,同时物体内部由于重力引起的压力也随之消失,这种现象称为失重。

超重与失重是一种普遍存在的物理现象。如宇航员必须经过专门训练,以适应航天飞行中的超重和失重状态。

【例 10-2】 曲柄连杆机构如图 10-4a 所示。已知 ω,$OA = r$,$AB = l$,当 $r/l = \lambda$ 较小时,滑块 B 的运动方程可近似表达为

$$x = l\left(1 - \frac{\lambda^2}{4}\right) + r\left[\cos\omega t + (\cos 2\omega t)\frac{\lambda}{4}\right]$$

滑块 B 的质量为 m,忽略摩擦及连杆 AB 的质量。试求当 $\varphi = \omega t = 0$ 和 $\pi/2$ 时,连杆 AB 所受的力。

【解】 此为动力学第一类问题。以滑块 B 为研究对象,当 $\varphi = \omega t$ 时,其受力图如图 10-4b 所示。则滑块的运动微分方程为

$$ma_x = -F\cos\beta$$

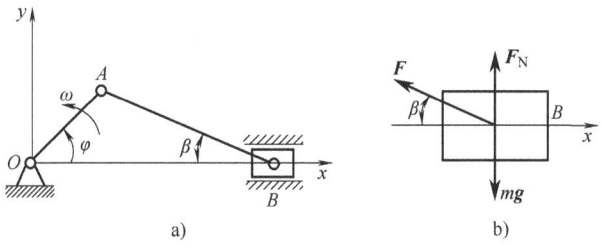

图 10-4

$$a_x = \frac{d^2 x}{dt^2} = -r\omega^2(\cos\omega t + \lambda\cos 2\omega t)$$

当 $\varphi = 0$ 时, $a_x = -r\omega^2(1+\lambda)$, 此时 $\beta = 0$, 得

$$F = mr\omega^2(1+\lambda) \quad (AB \text{杆受拉力})$$

当 $\varphi = \frac{\pi}{2}$ 时, $a_x = r\omega^2\lambda$, 此时 $\cos\beta = \frac{\sqrt{l^2-r^2}}{l}$, 得

$$mr\omega^2\lambda = -F\frac{\sqrt{l^2-r^2}}{l}$$

$$F = \frac{-mr^2\omega^2}{\sqrt{l^2-r^2}} \quad (AB \text{杆受压力})$$

【例 10-3】 图 10-5 所示为桥式起重机的平面力学简图, 小车连同重 G 的重物沿横梁以匀速 v_0 向右运动。当小车因故紧急制动时, 重物将向右摆动, 已知钢绳长为 l, 求紧急制动时, 钢绳的拉力 F。

【解】 此为动力学第一类问题。取重物为研究对象, 在制动后其向右摆动作圆周曲线运动, 故任意瞬时法向加速度 $a_n = v^2/l$。画出重物的受力图, 其中有重力 G 和钢绳拉力 F。选取自然坐标轴, 则运动微分方程的自然坐标式中的法向投影方程为

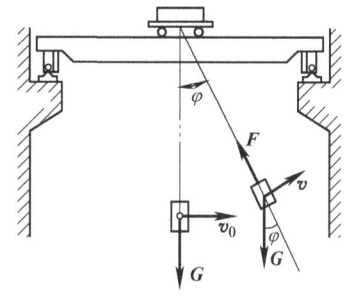

$$F - G\cos\varphi = \frac{G}{g}a_n$$

$$F = G\cos\varphi + \frac{G}{g}a_n = G\cos\varphi + \frac{G}{g}\frac{v^2}{l} = G\left(\cos\varphi + \frac{v^2}{gl}\right)$$

式中, v 及 φ 均为变量。由于制动后重物作减速运动, 摆角 φ 越大速度 v 越小。因此, 当 $\varphi = 0$ 时, 即制动的一瞬时, 钢绳中的拉力有最大值

图 10-5

$$F_{max} = G\left(1 + \frac{v_0^2}{gl}\right)$$

计算结果表明, 紧急制动时钢绳拉力 F_{max} 是物重 G 的 $(1 + v_0^2/gl)$ 倍。因此, 在实际操作中应尽量避免紧急制动, 同时小车的行走速度也不宜太快。一般在不影响吊装工作安全的条件下, 钢绳尽量放得长一些, 以减小钢绳的最大拉力。

【例 10-4】 图 10-6a 所示为球磨机, 工作原理是利用在旋转圆筒内的锰钢球对矿石或煤块的冲击, 同时也靠运动时的磨削作用来磨制矿石粉或煤粉。当圆筒匀速转动时, 利用圆筒内壁与钢球之间的摩擦力带动钢球一起运动, 待转至一定角度 θ 时, 钢球即离开圆筒内壁并沿抛物线轨迹打击矿石。已知 $\theta = 54°40'$ 时钢球脱离圆筒内壁, 此时可得到最大的打击力。设圆筒内径 $D = 3.2\text{m}$, 求圆筒应有的转速。

【解】 此为动力学第二类问题。视钢球为质点, 则钢球被旋转的圆筒带着沿圆筒向上运动, 当运动至某一高度时, 会脱离筒内壁沿抛物线轨迹下落。如图 10-6b 所示, 设一钢球随筒壁达到图示位置时, 钢球受到重力 $m\boldsymbol{g}$、筒内壁的法向反力 $\boldsymbol{F}_N$ 和切向摩擦力 $\boldsymbol{F}$ 的共同作用。其质点运动微分方程沿主法线方向的投影式可表示为

$$m\frac{2v^2}{D} = F_N + mg\cos\theta$$

钢球在未离开筒壁前的速度应等于筒壁的速度,即

$$v = \frac{\pi n}{30} \cdot \frac{D}{2}$$

代入上式解得

$$n = \frac{30}{\pi}\left[\frac{2}{mD}(F_N + mg\cos\theta)\right]^{\frac{1}{2}}$$

当 $\theta = 54°40'$ 时,钢球脱离筒壁,此时 $F_N = 0$,故

$$n = 9.549\sqrt{\frac{2g}{D}\cos 54°40'} = 18 \text{ r/min}$$

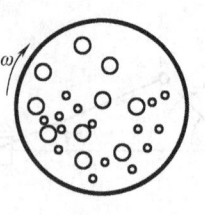
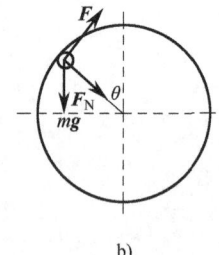

图 10-6

【例10-5】 如图10-7所示的圆锥摆,质量为 m 的小球系于长 l 的绳上,绳的另一端系在固定点 O。如小球在水平面内作匀速圆周运动,绳与铅垂线成 θ 角。求小球的速度 v 和绳的拉力 F 的大小。

分析 此题既需要求质点的运动规律,又需要求未知力,是质点动力学第一类基本问题与第二类基本问题结合在一起的动力学问题。

【解】 以小球为研究的质点,作用于质点上的有重力 mg 和绳的拉力 F。建立自然坐标,运动微分方程在自然轴上的投影式为

$$m\frac{v^2}{\rho} = \sum F_n = F\sin\theta, \quad 0 = \sum F_b = F\cos\theta - mg \quad (a)$$

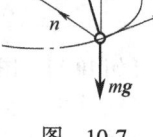

因 $\rho = l\sin\theta$,于是解得

$$v = \sin\theta\sqrt{\frac{lg}{\cos\theta}}, \quad F = \frac{mg}{\cos\theta} \quad (b)$$

图 10-7

【例10-6】 如图10-8a一人在河岸上用绳子拉动质量 $m = 40$ kg 的小船,设人所用的力沿水平方向,大小不变,$F = 150$ N。已知 $h = 2$ m,开始时小船位于点 B,$OB = b = 7$ m,初速度为零。求小船被拉到点 C 时的速度,$OC = c = 3$ m,不计水的阻力。

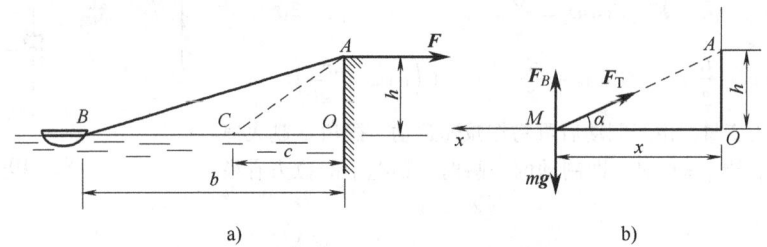

图 10-8

分析 此题为已知力求速度,属于质点动力学第二类问题。

作小船在任意位置 M 的受力图(图10-8b),F_B 为水的浮力,F_T 为绳的拉力,$F_T = F$。力在 x 方向的投影是位置坐标的函数,加速度可表示为 $a = (dv_x/dx) \cdot dx/dt$。

【解】

$$m\ddot{x} = \sum F_x, \quad m\ddot{x} = -F_T\cos\alpha$$

$$mv_x \cdot \frac{dv_x}{dx} = -F\frac{x}{\sqrt{x^2 + h^2}}$$

初始位置:$x = b$,$v = 0$;小船到达点 C 点:$x = c$,$v = v_C$。对上式积分

$$\int_0^{v_C} mv_x dv_x = \int_b^c -F\frac{x}{\sqrt{x^2+h^2}}dx$$

$$v_C = \sqrt{\frac{2F}{m}(\sqrt{b^2+h^2} - \sqrt{c^2+h^2})} = \sqrt{\frac{2F}{m}(AB - AC)} = 5.25 \text{ m/s}$$

【*例 10-7】 如图 10-9 所示为质量为 m 的飞船,求脱离地球引力场作宇宙飞行的飞船所需的初速度,已知地球半径 $R=6371\text{km}$,质量为 M。

【解】 取飞船为研究对象,并将它视为质点,飞船的火箭关机时速度为 v,与地心距离近似为地球半径,忽略空气阻力,作用于飞船上的力只有地球引力 F,其大小由万有引力定律确定。设飞船铅直上升,取地心为 x 坐标原点,则飞船所受力的大小为

$$F = f\frac{mM}{x^2} \tag{a}$$

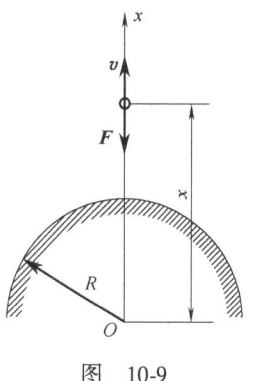

图 10-9

式中,f 为引力常数;x 是飞船到地心的距离。当飞船在地面附近($x \approx R = 6371\text{km}$)时受到的引力等于重力,由此得引力常数

$$f = R^2 g / M$$

代入式(a)中,则地球引力 F 的大小可写为

$$F = \frac{mR^2 g}{x^2}$$

飞船的运动微分方程为

$$m\frac{\mathrm{d}^2 x}{\mathrm{d}t^2} = -\frac{mR^2 g}{x^2}$$

或

$$\frac{\mathrm{d}v}{\mathrm{d}t} = -\frac{R^2 g}{x^2} \tag{b}$$

上式中包含 v、t、x 三个变量,必须化为两个变量才能积分,为此作如下变换:

$$\frac{\mathrm{d}v}{\mathrm{d}t} = \frac{\mathrm{d}v}{\mathrm{d}t} \cdot \frac{\mathrm{d}x}{\mathrm{d}x} = v \cdot \frac{\mathrm{d}v}{\mathrm{d}x}$$

代入式(b)并分离变量得

$$v\mathrm{d}v = -\frac{R^2 g}{x^2}\mathrm{d}x$$

从火箭关机开始计时,运动的初始条件是 $t=0$,$x(0)=R$,$v(0)=v_0$,设 t 时刻的速度为 v,则对上式进行定积分运算

$$\int_{v_0}^{v} v\mathrm{d}v = -\int_{R}^{x} \frac{R^2 g}{x^2}\mathrm{d}x$$

解得

$$v_0^2 = v^2 + 2gR^2\left(\frac{1}{R} - \frac{1}{x}\right)$$

要使飞船脱离地球引力作宇宙飞行的条件是:当 $x = \infty$,$v \geq 0$,取 $v = 0$,代入上式后解得 v_0 的最小值为

$$v_0 = \sqrt{2gR} = 11.2 \text{ km/s}$$

此速度称为<u>第二宇宙速度</u>(second cosmic velocity)。

第三节 刚体定轴转动的微分方程及转动惯量

由刚体运动学知,刚体有两种基本运动:平动和定轴转动。

刚体平动时,由于刚体上所有质点都作相同的运动,因而在分析刚体平动动力学问题时,可以把刚体视为一个质点,这样就可以应用质点的运动微分方程来求解。

工程实际中,有大量绕定轴转动的刚体,其转动状态的改变与作用于其上的外力偶矩有

着密切的联系。例如，机床主轴的转动，在电动机启动力矩作用下，将改变原有的静止状态，产生角加速度，越转越快；当关断电源后，主轴将在阻力矩作用下越转越慢，直至停止转动。

本节将主要讨论刚体绕定轴转动时的动力学问题。

一、刚体绕定轴转动的动力学基本方程

如图 10-10a 所示，一刚体绕 z 轴作定轴转动，转动的角速度为 ω，角加速度为 ε。将刚体视为由一群质量分别为 m_1，m_2，$\cdots$，m_i，$\cdots$，m_n 的质点组成，第 i 个质点受到的合外力为 $\boldsymbol{F}_i^{(e)}$，受到的合内力为 $\boldsymbol{F}_i^{(i)}$（图 10-10b），写出其动力学基本方程的自然坐标式

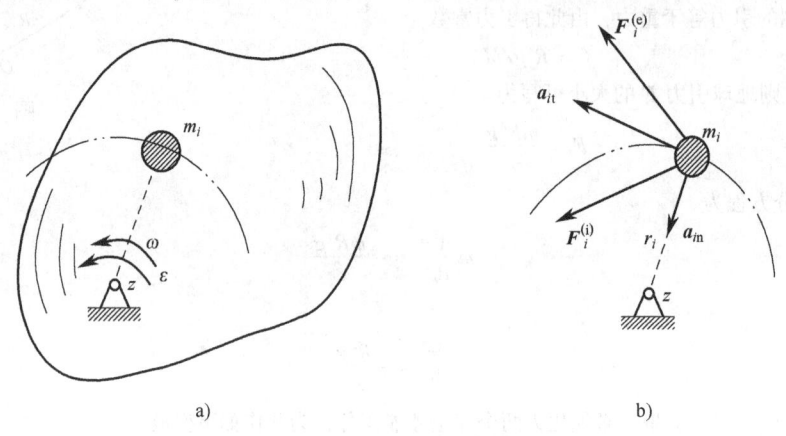

图 10-10

$$m_i a_{it} = F_{it}^{(e)} + F_{it}^{(i)}$$

即

$$m_i r_i \varepsilon = F_{it}^{(e)} + F_{it}^{(i)}$$

将此式两边同乘以 r_i 得

$$m_i r_i^2 \varepsilon = M_z(\boldsymbol{F}_{it}^{(e)}) + M_z(\boldsymbol{F}_{it}^{(i)}) = M_z(\boldsymbol{F}_i^{(e)}) + M_z(\boldsymbol{F}_i^{(i)})$$

式中，$M_z(\boldsymbol{F}_i^{(e)}) = M_z(\boldsymbol{F}_{it}^{(e)}) = F_{it}^{(e)} r_i$ 表示作用于第 i 个质点上的合外力对 z 轴的力矩；$M_z(\boldsymbol{F}_i^{(i)}) = M_z(\boldsymbol{F}_{it}^{(i)}) = F_{it}^{(i)} r_i$ 表示作用于第 i 个质点上的合内力对 z 轴的力矩。

对于刚体的 n 个质点，分别列出与上式相应的式子，然后求和可得

$$\sum m_i r_i^2 \varepsilon = \sum M_z(\boldsymbol{F}_i^{(e)}) + \sum M_z(\boldsymbol{F}_i^{(i)})$$

由于刚体的内力总是成对出现，所以所有各质点内力矩的代数和必为零，即 $\sum M_z(\boldsymbol{F}_i^{(i)}) = 0$；所有各质点上外力矩的代数和 $\sum M_z(\boldsymbol{F}_i^{(e)})$，记作 $M_z = \sum M_z(\boldsymbol{F}_i^{(e)})$。上式等号左边各项都含有 ε，可表示为 $\sum m_i r_i^2 \varepsilon = (\sum m_i r_i^2) \varepsilon$，并令 $\sum m_i r_i^2 = J_z$，称为刚体对 z 轴的**转动惯量**(moment of inertia)，表示刚体内每一质点的质量与该点到 z 轴距离平方乘积的总和。于是得

$$J_z \varepsilon = M_z \tag{10-6}$$

式(10-6)称为刚体绕定轴转动的动力学基本方程。该式表明，绕定轴转动刚体对转轴的转动惯量与角加速度的乘积等于作用于刚体上所有外力对转轴力矩的代数和。

定轴转动动力学基本方程的微分形式可表示为

$$J_z \frac{\mathrm{d}\omega}{\mathrm{d}t} = M_z \quad \text{或} \quad J_z \frac{\mathrm{d}^2\varphi}{\mathrm{d}t^2} = M_z \tag{10-7}$$

由于刚体定轴转动动力学基本方程与质点动力学基本方程在数学表达式上相类似，故将

其相应的力学参数列成表 10-1，以便于比较和理解其力学意义。

表 10-1　刚体定轴转动动力学基本方程与质点动力学基本方程比较

	质点的运动		构件绕定轴转动
基本方程	$ma = F$		$J_z \varepsilon = M_z$
运动状态的变化量度	加速度 $\left. \begin{array}{l} a_t = \dfrac{dv}{dt} = \dfrac{d^2 s}{dt^2} \\ a_n = \dfrac{v^2}{\rho} \end{array} \right\}$	$\left. \begin{array}{l} a_x = \dfrac{dv_x}{dt} = \dfrac{d^2 x}{dt^2} \\ a_y = \dfrac{dv_y}{dt} = \dfrac{d^2 y}{dt^2} \end{array} \right\}$	角加速度 $\varepsilon = \dfrac{d\omega}{dt} = \dfrac{d^2 \varphi}{dt^2}$
惯性的量度	质量 m		转动惯量 J_z
力的作用	合力 F		合外力矩 M

二、转动惯量

1. 转动惯量的概念

由上节所述可知，刚体对转轴的转动惯量为

$$J = \sum m_i r_i^2$$

式中，m_i 代表刚体内各质点的质量；r_i 为各质点到转动轴线的距离。可见，转动惯量的大小不仅与刚体质量的大小有关，而且与刚体质量的分布情况有关。刚体的质量愈大，或质量分布离转轴愈远，则转动惯量就愈大；反之，则愈小。机械中的飞轮常做成边缘厚中间薄（图 10-11），就是为了将飞轮大部分的质量分布在离转轴较远的地方，以增大转动惯量，当机器受到冲击时，角加速度减小，运转平稳。反之，对于仪表中的转动零件，要求它反应灵敏，这时就需要采用轻巧的结构和选用轻质材料，以减小它的转动惯量。可见，刚体的转动惯量是刚体绕某轴转动惯性大小的度量，它的大小表现了刚体转动状态改变的难易程度。转动惯量恒为正的标量，它的常用单位是 $kg \cdot m^2$。

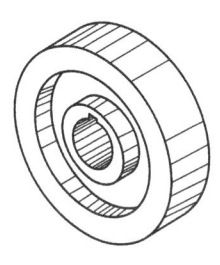

图　10-11

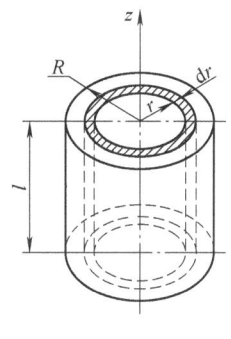

图　10-12

2. 简单形状刚体的转动惯量

计算刚体的转动惯量时，先将刚体分成无限多个微分块，其中任一微分块的质量为 dm，它离 z 轴的距离为 r，则刚体对 z 轴的转动惯量为

$$J_z = \int_m r^2 dm \tag{10-8}$$

现以均质等截面圆柱为例，说明转动惯量的求法。

设均质圆柱体的半径为 R，长为 l，质量为 m（图 10-12）。此圆柱体对中心轴 z 的转动惯量可按下列方法求出。

取一离 z 轴距离为 r，厚度为 $\mathrm{d}r$ 的微分圆筒，其质量为 $\mathrm{d}m = \dfrac{m}{\pi R^2} \cdot 2\pi r \mathrm{d}r$，则整个圆柱对中心轴 z 的转动惯量为

$$J_z = \int r^2 \mathrm{d}m = \int_0^R r^2 \cdot \frac{m}{\pi R^2} \cdot 2\pi r \mathrm{d}r = \frac{1}{2} m R^2 \tag{10-9}$$

此即为均质等截面圆柱对其形心轴的转动惯量。对于一些简单形体的转动惯量可查阅工程设计手册。几种常见均质形体的转动惯量见附录 B。

3. 回转半径

工程实际中，为了表达和运算方便，设想把刚体的质量集中在一点上，此点到转轴 z 的距离用 ρ 表示，ρ 称为刚体对 z 轴的<u>回转半径</u>（radius of gyration）。则刚体对 z 轴的转动惯量 J_z 就表示为刚体的质量 m 与回转半径 ρ 的平方的乘积，即

$$J_z = m\rho^2 \tag{10-10}$$

也可由转动惯量来求回转半径

$$\rho = \sqrt{\frac{J_z}{m}} \tag{10-11}$$

值得注意的是，回转半径只是一个抽象化的概念，并不是真实存在的一个半径。

4. 平行移轴定理

附录 B 仅给出了刚体对于质心轴的转动惯量，在工程中，有时需确定刚体对于与质心轴平行的另一轴的转动惯量。如图 10-13 所示，求均质等截面直杆对于与质心轴 z 平行的 z' 轴的转动惯量 $J_{z'}$，设两轴之间的距离为 a。

根据转动惯量的定义可得

$$\begin{aligned} J_{z'} &= \int_m x'^2 \mathrm{d}m \\ &= \int_m (x+a)^2 \mathrm{d}m \\ &= \int_m x^2 \mathrm{d}m + 2a\int_m x \mathrm{d}m + a^2 \int_m \mathrm{d}m \end{aligned}$$

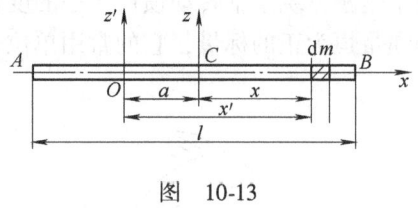

图 10-13

式中，$\int_m x^2 \mathrm{d}m = J_z$；$\int_m x \mathrm{d}m = x_C \cdot m = 0$。由此可知杆件对 z' 轴的转动惯量为

$$J_{z'} = J_z + ma^2 \tag{10-12}$$

上式即为转动惯量的平行移轴定理，表明刚体对任一轴 z' 的转动惯量，等于刚体对平行于 z' 轴的质心轴 z 的转动惯量，加上刚体质量与两轴间距离的平方的乘积。

【**例 10-8**】 摆锤由均质摆杆 OA 和均质圆盘 B 焊接而成，如图 10-14 所示。已知摆杆的质量 $m_1 = 1$ kg，长度 $l = 1$ m，圆盘的质量 $m_2 = 2$ kg，半径 $R = 0.5$ m，求摆锤对通过悬挂点 O 的水平轴的转动惯量。

【**解**】 由附录 B 可知，均质摆杆 OA 对水平轴 O 的转动惯量

$$J_O^{杆} = \frac{1}{3} m_1 l^2$$

根据转动惯量的平行移轴定理，圆盘对水平轴 O 的转动惯量

$$J_O^{盘} = J_A^{盘} + m_2 l^2 = \frac{1}{2} m_2 R^2 + m_2 l^2$$

整个摆锤对于水平轴 O 的转动惯量为

$$J_O = J_O^{杆} + J_O^{盘} = \frac{1}{3}m_1 l^2 + \frac{1}{2}m_2 R^2 + m_2 l^2$$
$$= \left(\frac{1}{3} \times 1 \times 1^2 + \frac{1}{2} \times 2 \times 0.5^2 + 2 \times 1^2\right) \text{kg} \cdot \text{m}^2$$
$$= 2.58 \text{ kg} \cdot \text{m}^2$$

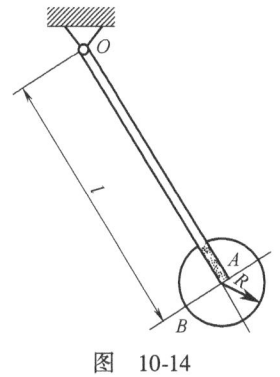

图 10-14

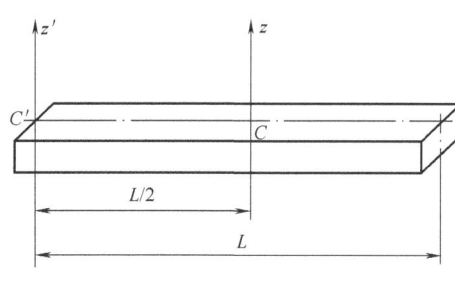

图 10-15

【例 10-9】 如图 10-15 所示一等截面均质杆，长为 L，质量为 m，求该杆对 z' 轴的转动惯量。

【解】 杆对质心轴 z 的转动惯量可由附录 B 查得

$$J_z = \frac{1}{12}mL^2$$

由图中可知，z' 轴与 z 轴之间的距离为

$$d = \frac{1}{2}L$$

应用转动惯量的平行移轴定理，可求得均质杆对 z' 轴的转动惯量为

$$J_{z'} = J_z + md^2 = \frac{1}{12}mL^2 + m\left(\frac{1}{2}L\right)^2 = \frac{1}{3}mL^2$$

三、刚体定轴转动的动力学基本方程的应用

刚体定轴转动的动力学基本方程，反映了绕定轴转动的刚体受到的外力矩与其转动状态改变之间的关系。与质点动力学基本方程一样，也可以解决定轴转动刚体动力学的两类问题：

（1）已知刚体的转动规律，求作用于刚体上的外力矩；

（2）已知作用于刚体的外力矩，求刚体的转动规律。

必须指出，刚体定轴转动的动力学基本方程只适应于选单个刚体为研究对象。对于具有多个固定转动轴的刚体系来说，需要将刚体系拆开，分别取各个刚体为研究对象，列出基本方程求解，求解时要根据运动学知识进行运动量的统一。

【例 10-10】 一个重 $Q = 1000$ N，半径为 $r = 0.4$ m 的匀质圆轮绕质心 O 点铰支座作定轴转动，圆轮对转轴 O 的转动惯量 $J_O = 8$ kg·m^2，轮上绕有绳索，下端挂有重 $G = 10$ kN 的物块 A，如图 10-16a 所示。试求圆轮的角加速度。

【解】 分别取圆轮和物块 A 为研究对象。

设滑块 A 有向下加速度 a，圆轮有角加速度 ε。由运动学知

$$a = r\varepsilon \quad 即 \quad a = 0.4\varepsilon \tag{a}$$

取物块 A 为研究对象，其上作用力有：重力 $\boldsymbol{G}$、绳向上的拉力 $\boldsymbol{F}_T$；物块以向下的加速度 $\boldsymbol{a}$ 作直线平移。画出受力图如图 10-16b 所示，列出动力学基本方程

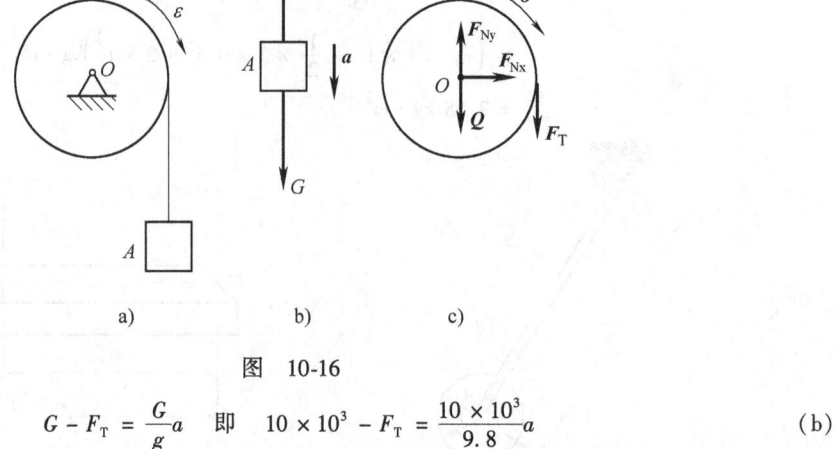

图 10-16

$$G - F_T = \frac{G}{g}a \quad 即 \quad 10 \times 10^3 - F_T = \frac{10 \times 10^3}{9.8}a \tag{b}$$

再取圆轮为研究对象，其上作用力有：绳的拉力 F_T，自重 Q 及支座约束力 F_{Nx} 和 F_{Ny}，如图 10-16c 所示。列出刚体绕定轴转动的动力学基本方程

$$F_T r = J_O \varepsilon \quad 即 \quad 0.4 F_T = 8\varepsilon \tag{c}$$

联立以上三式求解，可得圆轮的角加速度

$$\varepsilon = 23.4 \text{ rad/s}^2$$

通过以上例题分析，可见应用刚体定轴转动微分方程的基本解题步骤如下：

(1) 根据题意选取定轴转动刚体为研究对象；

(2) 分析刚体的运动及作用在其上的力；

(3) 建立刚体定轴转动微分方程并求解未知量。

思 考 题

1. 何谓质量？质量与重量有什么区别？
2. 作用于质点上的力的方向是否就是质点运动的方向？质点的加速度方向是否就是质点速度的方向？
3. 绳子一端系总重为 G 的重物，试问以下五种不同情况下绳子所受的拉力有何不同？
(1) 重物不动；(2) 重物匀速上升；(3) 重物匀速下降；(4) 重物加速上升；(5) 重物加速下降。
4. 刚体作定轴转动，当角速度很大时，是否外力矩也一定很大？当角速度为零时，是否外力矩也为零？外力矩的转向是否一定与角速度的转向一致？
5. 一圆环与一实心圆盘材料相同，质量相同，各自绕其质心作定轴转动，某一瞬时有相同的角加速度，问该瞬时作用于圆环和圆盘上的外力矩是否相同？

习 题

10-1 题 10-1 图所示一物体质量为 98 kg，以初速 $v_0 = 1$ m/s 在光滑的水平面上向右运动。今有 $F = 98$ N 的力向左作用于该物体上。求 5 s 后该物体的速度，并求该力在此时间内所做的功。

10-2 自行车以等速 $v = 8$ m/s 沿曲率半径 $\rho = 30$ m 的圆弧路拐弯。不计摩擦，求路面的侧向倾角 α。

10-3 如题 10-3 图所示桥式起重机，已知重物的质量 $m = 100$ kg。求下列两种情况下吊索的拉力：(1) 重物匀速上升时；(2) 重物在上升过程中以 $a = 2$ m/s² 的加速度突然刹车时。

*10-4 列车（不连机车）质量为 200 t，以等加速度沿水平轨道行驶，由静止开始经 60 s 后达到 54 km/h 的速度。设摩擦力等于车重的 0.005 倍。求机车与列车之间的拉力。

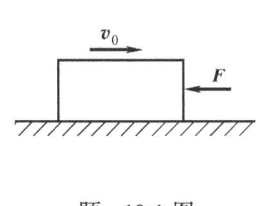
题 10-1 图

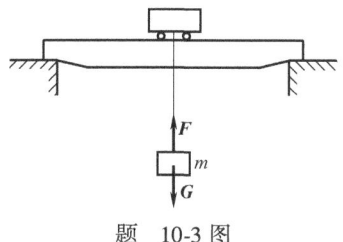
题 10-3 图

*10-5　如题 10-5 图所示，一重 400 N 的男孩悬挂在横杠上。如果横杠以：（1） 1 m/s 的速度向上运动；（2）速率 $v=1.2t^2$ （m/s）向上运动。分别求这两种情况下，当 $t=2$ s 时，每个手臂上的力各是多少？

10-6　如题 10-6 图所示载货的小车重 7 kN，以 $v=1.6$ m/s 的速度沿缆车轨道面下降。轨道的倾角 $\alpha=15°$，运动之总阻力系数 $f=0.015$。（1）求小车匀速下降时，吊小车之缆绳的张力；（2）又设小车制动的时间为 $t=4$ s，求此时缆绳的张力。设制动时小车作匀减速运动。

题 10-5 图

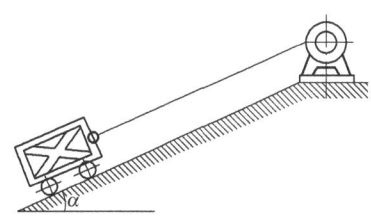
题 10-6 图

10-7　如题 10-7 图所示汽车以匀速 v 沿曲率半径为 ρ 的圆弧路面拐弯。欲使两轮之垂直压力相等，问路面的斜度 α 应等于多少？

10-8　如题 10-8 图所示，质量 $m=2000$ kg 的汽车，以速度 $v=6$ m/s 先后驶过曲率半径为 $\rho=120$ m 的桥顶（图 a）和凹坑（图 b）时，分别求出桥顶和凹坑底面对汽车的约束力。

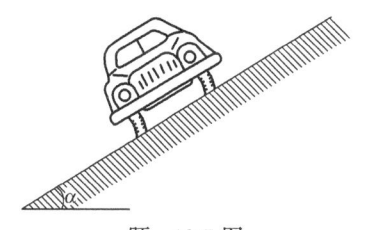
题 10-7 图

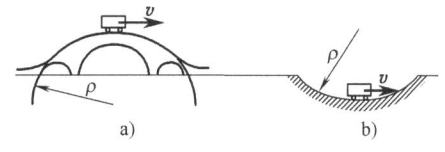
题 10-8 图

10-9　如题 10-9 图所示质量为 m 的球用两根各为 l 的杆支持。球和杆一起以匀角速度 ω 绕铅垂轴 AB 转动。若 $AB=2a$，杆的两端均铰接，杆重忽略不计，求各杆所受的力。

10-10　如题 10-10 图所示材料实验用的撞击试验机的摆锤由杆和圆盘组成，杆长 $l=1$ m，其质量 $m_1=4$ kg，圆盘的半径 $R=20$ cm，其质量 $m_2=6$ kg。如杆和圆盘视为均质的，求摆对于 O 轴的转动惯量。

10-11　如题 10-11 图所示半径 $R=1$ m，质量 $m=9.81$ kg 的飞轮，绕定轴以 $\omega=1200/\pi$ 作匀角速转动（ω 的单位为 r/min），今在轮缘上施一不变的摩擦力 F，经 60 s 后飞轮停止，试求此摩擦力。

10-12　为了求轴承中摩擦力矩，在轴上放质量为 500 kg，回转半径 $\rho=1.5$ m 的飞轮。今使飞轮以 $n=240$ r/min 的转速而任其自转，飞轮在 10 min 后停止。设摩擦力为常数，试求其力矩。

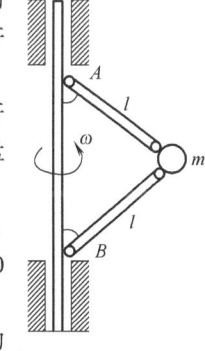
题 10-9 图

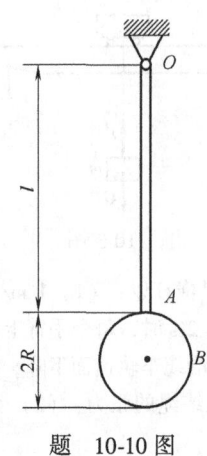

题 10-10 图

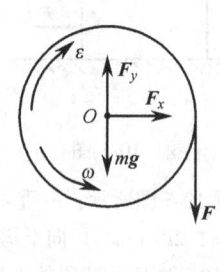

题 10-11 图

10-13 飞轮的转动惯量为 I_z，在开始制动时，飞轮的角速度为 ω_0，假定阻力矩与角速度平方成正比，即 $M_{阻}=K\omega^2$；求经过多少时间后角速度为原来的一半？又在这段时间内飞轮转了多少圈？

10-14 题 10-14 图所示为高炉上料卷扬系统。已知启动时料车加速度为 a，料车及矿石质量共为 m_1。斜桥倾角为 α，卷筒 O 质量为 m_2，可视为分布在半径为 R 的边缘上。忽略摩擦的影响，求启动时所需加在卷筒上的转矩 M。

10-15 题 10-15 图所示制动装置中，滑轮 B（包括鼓轮 C）质量为 150 kg，物体 A 质量为 75 kg，以初速 8 m/s 下降，在杆 DH 的 H 端加一与杆相垂直的力 F，使物体 A 在 4s 内停止（设为等减速运动）。设滑轮 B（包括鼓轮 C）的回转半径 $\rho=50$ cm，制动块厚度不计，它与滑轮间摩擦因数 $f=0.4$。求 F 力的大小。

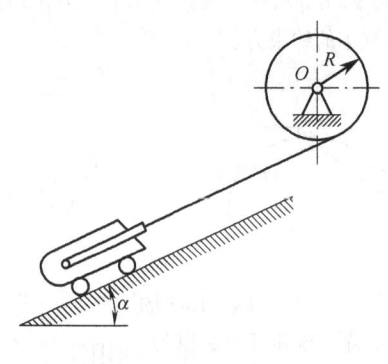

题 10-14 图

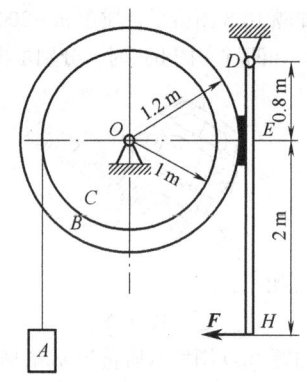

题 10-15 图

10-16 题 10-16 图所示电动绞车提升一质量为 m 的物体。在其主动轴上有一不变的力矩 M。已知主动轴与从动轴和连同安装在这两轴上的齿轮对转动轴的转动惯量分别为 J_1 和 J_2，传动比 $z_2/z_1=i$。吊索缠在半径为 R 的鼓轮上。设轴承摩擦以及吊索质量均略去不计，求重物的加速度。

10-17 卷扬机如题 10-17 图所示。轮 D、C 的半径分别为 R、r，对水平转动轴的转动惯量分别为 J_1、J_2；物体 A 重 G，设在轮 C 作用一常力矩 M。试求物体 A 上升加速度。

10-18 如题 10-18 图所示两带轮的半径分别为 R_1 和 R_2，其重量为 G_1 和 G_2，用带连接而绕各自的固定轴心转动。如在左边的主动轮上作用一力偶矩 M，右边的从动轮上则受到阻力矩 M' 作用，如题图所示。若两轮均可视为均质圆盘，带轮的质量忽略不计，且与轮缘间无相对滑动。试求从动轮的角加速度。

10-19 如题 10-19 图所示，质量为 100 kg，半径为 1 m 的均质制动轮以转速 $n=120$ r/min 绕 O 轴转动。设有一常力 F 作用于杆，使制动轮经 10 s 后停止转动。已知动摩擦因数 $f=0.1$，求 F 力的大小。

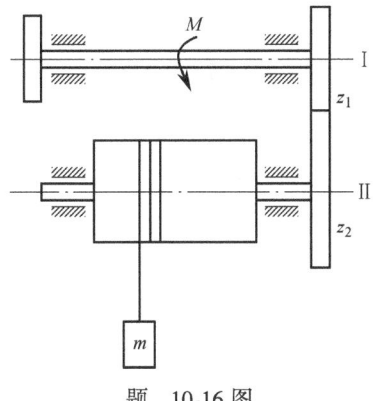

题 10-16 图

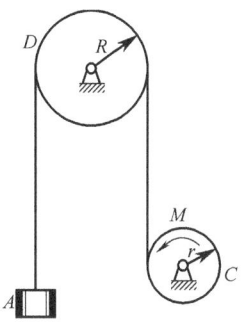

题 10-17 图

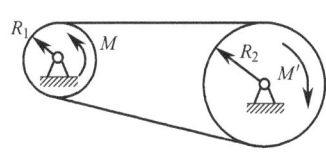

题 10-18 图

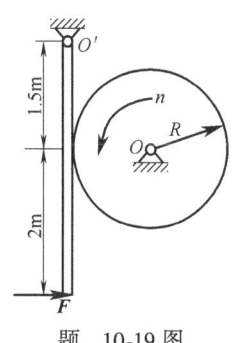

题 10-19 图

第十一章　达朗贝尔原理（动静法）

达朗贝尔原理（d'Alembert principle）是为解决机器动力学问题提出的，其实质就是在动力学方程中引入惯性力（inertial force），将动力学问题从形式上转化为静力学中力的平衡问题，从而可应用静力学的平衡理论求解，故这种方法又称为动静法（method of kianto-statics）。动静法在分析物体运动与力之间的关系和动荷应力等问题中得到广泛的应用。本章将介绍惯性力、质点和质点系的达朗贝尔原理、刚体惯性力系的简化，以及动约束力的计算等。

第一节　惯性力与质点的达朗贝尔原理

一、惯性力的概念

在水平的直线轨道上，人用水平推力 F 推动质量为 m 的小车，使小车获得加速度 a，（图 11-1a），由于小车具有保持其原有运动状态不变的惯性，因此给人一反作用力 F_g（图 11-1b），因为这个反作用力与小车的质量有关，所以记为 F_g，称为小车的惯性力。根据作用与反作用定律，有 $F_g = -F$，若不计直线轨道的摩擦，则由牛顿第二定律，得

$$F_g = -F = -ma \tag{11-1}$$

式中，负号表示惯性力 F_g 的方向与加速度 a 的方向相反。由此可见：当质点 m 受力改变其运动状态时，由于质点的惯性，质点必将给施力体一反作用力，这个反作用力称为质点的惯性力。质点的惯性力大小等于质点的质量与加速度的乘积，方向与质点加速度的方向相反，作用在使质点改变运动状态的施力物体上。如在上述实例中，小车的惯性力是作用在人手上的。又如图 11-2 所示系在绳端质量为 m 的一个球 M，在水平面内作匀速圆周运动，此小球在水平面内所受到的只有绳子对它的拉力 F，正是这个力迫使小球改变运动状态，产生了向心加速度 a_n，这个力 $F = ma_n$ 称为向心力。而小球对绳子的反作用力为 $F_g = -F = -ma_n$，它同样也是由于小球具有惯性，力图保持其原有的运动状态不变，对绳子进行反抗而产生的，故称为小球的惯性力。此力与 a_n 方向相反，背离圆心 O，因此，习惯上称为惯性离心力。

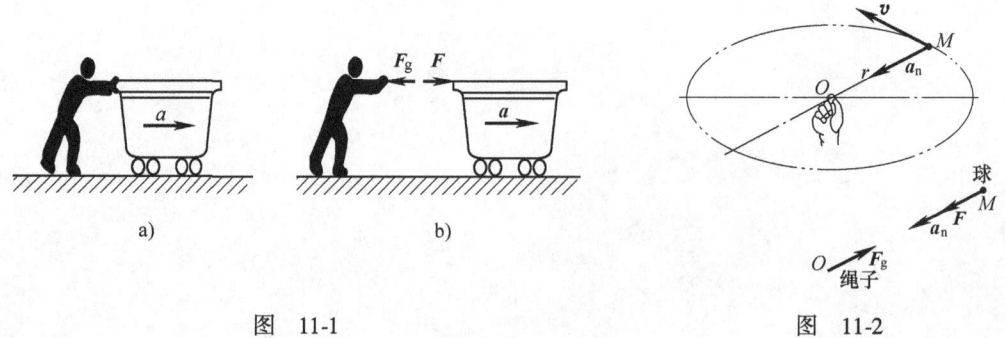

图 11-1　　　　　　图 11-2

由以上两例可见，若质点的运动状态不发生改变，即质点加速度为零，则不会有惯性力，只有当质点的运动状态发生改变时才会有惯性力。

二、质点的动静法

设一非自由质点 M 的质量为 m，受主动力 F、约束力 F_N 的作用，沿合力 F_R 方向作加速运动，设其加速度为 a，如图 11-3 所示。由质点动力学基本方程得

$$F + F_N = ma$$

将上式右边移到左边，并以惯性力 $F_g = -ma$ 代入，则可表示为

$$F + F_N + F_g = 0 \quad (11-2)$$

式（11-2）表明，如果在运动的质点上假想地加上惯性力，则作用于质点上的主动力、约束力及惯性力，在形式上构成一平衡力系，这就是<u>质点的达朗贝尔原理</u>。

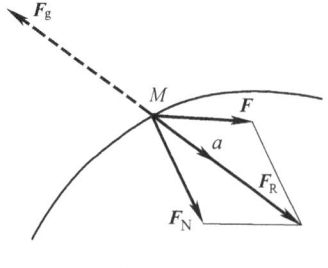

图 11-3

必须再次强调指出：惯性力实际并不作用于质点，而是作用于迫使质点改变运动状态的施力体上，在质点施加惯性力是假想的，其"平衡力系"是虚拟的。应用动静法时，并没有改变动力学问题的实质，但是力学问题的求解显得特别方便。

将式（11-2）分别投影于自然坐标轴和直角坐标轴，即得动静法的自然坐标式

$$\left. \begin{array}{l} F_t + F_{Nt} + F_{gt} = 0 \\ F_n + F_{Nn} + F_{gn} = 0 \end{array} \right\} \quad (11-3)$$

动静法的直角坐标式

$$\left. \begin{array}{l} F_x + F_{Nx} + F_{gx} = 0 \\ F_y + F_{Ny} + F_{gy} = 0 \end{array} \right\} \quad (11-4)$$

应用质点动静法解题时，首先对研究对象进行受力分析，除受有主动力和约束力外，再假想地加上惯性力，其中惯性力要根据质点运动条件及轨迹曲线确定。然后，用静力学中列平衡方程的方法求解。

【例 11-1】 如图 11-4 所示为测定列车加速度的单摆装置，这种装置就是在车厢顶上用绳悬挂一重球 M。当车厢向右作匀加速直线运动时，摆将向左偏斜与铅垂线成不变的角 θ。求车厢的加速度 a 与 θ 的关系。

【解】（1）选取研究对象，画受力图 以摆球 M 为研究对象，并视为质点。它受有重力 G 和绳的拉力 F_T 的作用。

(2) 分析运动，加惯性力 以地面为参考系，当车厢以匀加速度 a 向右运动时，偏角 θ 不变，摆球与车厢保持相对静止，摆球 M 与车厢具有相同的加速度。根据达朗贝尔原理，在摆球上假想地加上惯性力 F_g，其大小为 $F_g = ma$，方向与加速度 a 的方向相反，m 为摆球的质量。于是作用在摆球 M 上的主动力 G、约束力 F_T 和惯性力 F_g 在形式上组成一平衡力系。

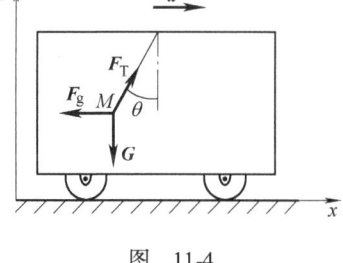

图 11-4

(3) 列平衡方程，求未知量 由汇交力系的平衡方程得

$$\sum F_x = 0, \quad F_T\sin\theta - ma = 0$$
$$\sum F_y = 0, \quad F_T\cos\theta - mg = 0$$

消去未知力 F_T 后，得

所以
$$\tan\theta = \frac{a}{g}$$
$$a = g\tan\theta$$

由上式根据摆球偏离铅垂线的角度 θ，就可以算出车厢的加速度。

【例 11-2】 图 11-5a 所示，球磨机滚筒内装有钢球和矿石，滚筒绕固定水平轴 O 以匀转速 n（r/min）作顺时针方向转动，带动钢球和矿石在滚筒中运动，转到一定角度 α 时钢球离开滚筒内壁沿抛物线轨迹落下，可以得到最大的打击力。设滚筒的半径为 r，求钢球离开滚筒时的角度 α 应为多少？

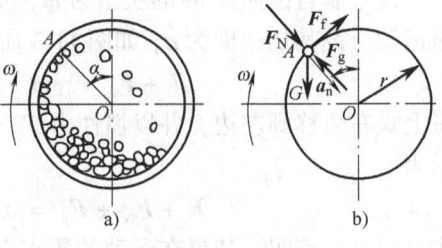

图 11-5

【解】 以最外层的一个钢球 A 为研究对象，不考虑钢球间的相互作用力，则钢球所受的力有重力 G、筒壁对钢球的摩擦力 F_f 和约束力 F_N，如图 11-5b 所示。钢球随滚筒作匀速圆周运动，只有法向加速度，因此，惯性力的大小

$$F_g = ma = (G/g)r\omega^2$$

其方向通过 A 点背向滚筒中心 O。

取自然坐标系，列平衡方程

$$\sum F_n = 0, \quad F_N + G\cos\alpha - F_g = 0$$

由此解得

$$F_N = G\left(\frac{r\omega^2}{g} - \cos\alpha\right)$$

钢球脱离筒壁的瞬间，筒壁对钢球的约束力 $F_N = 0$，代入上式后，可求得脱离角 α 为

$$\alpha = \arccos\left(\frac{r\omega^2}{g}\right) = \arccos\left(\frac{r\pi^2 n^2}{900g}\right)$$

讨论： 1) 脱离角 α 与滚筒的角速度和滚筒半径有关，而与钢球质量无关；

2) 由此结果可以看出，当 $r\omega^2/g = 1$ 时，$\alpha = 0$，这相当于钢球始终不脱离筒壁。此时转筒的转速 $n_L = \frac{30}{\pi}\sqrt{g/r}$，一般称为临界转速。对球磨机而言，应要求 n 小于 n_L，否则球磨机就不能工作。在设计计算中一般取 $n = (0.76 \sim 0.88)n_L$。若对离心浇铸机而言，为了使溶液在旋转着的铸型内能紧贴内壁成型，则要求 n 大于 n_L。

【*例 11-3】 如图 11-6 所示一圆锥摆，质量 $m = 0.1$ kg 的小球系于长 $l = 0.3$ m 的绳上，绳的另一端系在固定点 O，并与铅垂线成 $\alpha = 60°$ 角。如小球在水平面内作匀速圆周运动，求小球的速度与绳子的张力大小。

【解】 取小球作为研究对象（质点）。小球在水平面内作匀速圆周运动，只有法向加速度，作用在小球上的力有重力 mg、绳子的约束力 F 以及虚加的法向惯性力 F_g^n，且

$$F_g^n = ma_n = m\frac{v^2}{l\sin\alpha}$$

由达朗贝尔原理，以上三力形式上组成平衡力系，即

$$F + mg + F_g^n = 0$$

在自然坐标中的投影式为

$$\sum F_b = 0, \quad F\cos\alpha - mg = 0$$
$$\sum F_n = 0, \quad F\sin\alpha - F_g^n = 0$$

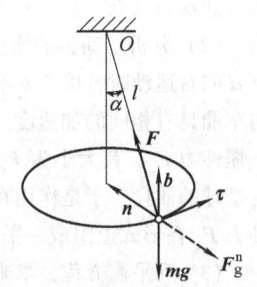

图 11-6

解得
$$F = \frac{mg}{\cos\alpha} = 1.96 \text{ N}, \quad v = \sqrt{\frac{Fl\sin^2\alpha}{m}} = 2.1 \text{ m/s}$$

绳子张力大小与 F 大小相等。

讨论：本题与例 10-5 相似，比较两种解题方法可见结果相同，但用达朗贝尔原理求解显得简捷、方便。

*第二节　刚体惯性力系的简化

应用达朗伯原理求解质点系动力学问题时，必须给各质点虚加上它们各自的惯性力。对于运动的刚体内各质点加上惯性力，这些惯性力组成一惯性力系。为了应用方便，按照静力学中力系的简化方法将刚体的惯性力系加以简化，这样在解题时就可以直接利用其简化结果。

本节讨论刚体平动、定轴转动和平面运动时惯性力系的简化结果。

在静力学（见第五章）中曾经讨论过物体的重心这个概念，并得到了确定重心坐标的公式。与此相仿，在动力学中对于质点系要引用"质心"的概念。在此作一简介。

质点系的质量中心简称为<u>质心</u>（center of mass），它是质点系的一个特殊点，是反映质点系内质量分布状况的一个物理概念。质心在质点系动力学（尤其是刚体动力学）中有着十分重要的地位。质心的位置确定方法与确定重心位置的方法相仿（见第十三章）。

一、刚体平动时惯性力系的简化

当刚体平动时，任一瞬时体内各点的加速度相同，若某瞬时刚体质心加速度记为 a_C，则该瞬时体内任一质量为 m_i 的质点的加速度 $a_i = a_C$，虚加在该点上的惯性力以 $F_{gi} = -m_i a_i = -m_i a_C$。刚体内每一点都加上相应的惯性力，且每一点惯性力方向相同，组成同方向的空间平行力系，该空间平行力系可简化为通过质心的合力（合惯性力）

$$F_{gR} = \sum F_{gi} = \sum (-m_i a_C) = -a_C \sum m_i = -m a_C \tag{11-5}$$

式中，m 为刚体的总质量。

结论　对平动的刚体，惯性力系可简化为通过质心的合力，其大小等于刚体的质量与质心加速度的乘积，合力的方向与质心加速度的方向相反。

二、刚体绕定轴转动时惯性力系的简化

此处只讨论刚体具有质量对称平面（如齿轮、圆盘、飞轮等），且转轴与质量对称面垂直的特殊情况。在这种情况下，刚体内惯性力的分布对于质量对称面是完全对称的，因此可以将惯性力系简化为质量对称面内的平面一般力系。

如图 11-7a 所示的定轴转动刚体的质量对称面为 S，与转轴的交点记为 O，某瞬时角速度和角加速度分别为 ω 和 ε，转向如图所示，质心为点 C。取 S 内任一质量为 m_i（即为刚体内过该点且垂直于 S 面的线段上所有点的质量）的点，该点加速度记为 a_i，则该点的惯性力为 $F_{gi} = -m_i a_i$，则

$$F_{gi} = F_{gi}^t + F_{gi}^n$$

其中 $F_{gi}^t = -m_i a_i^t$，　$F_{gi}^n = -m_i a_i^n$。

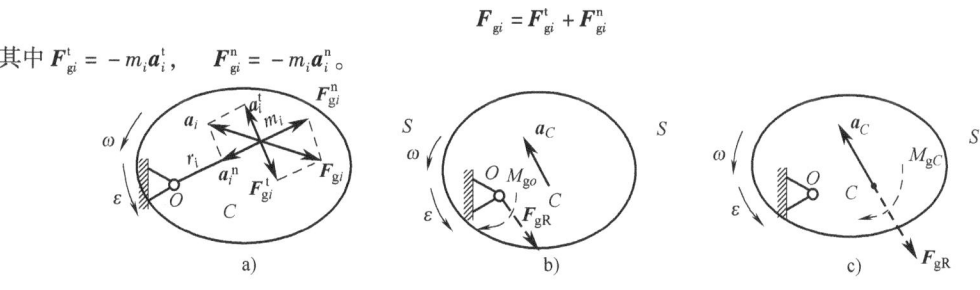

图　11-7

S 平面内所有点的惯性力构成平面一般力系，将此平面力系向点 O 进行简化，可得到一个力和一个力

偶，该力为惯性力系的主矢，即

$$F_{gR} = \sum F_{gi} = -\sum m_i a_i$$

刚体质量记为 m，由质心坐标计算公式 $mr_C = \sum m_i r_i$，对时间求二阶导数，有 $ma_C = \sum m_i a_i$，则

$$F_{gR} = -ma_C$$

该力偶的力偶矩为惯性力系对点 O 的主矩，即

$$M_{gO} = \sum M_O(F_{gi})$$

惯性力 F_{gi} 对点 O 的矩 $M_O(F_{gi})$ 的计算，由于法向惯性力 $F_{gi}^n = -m_i a_i^n$ 作用线过点 O，对点 O 的矩为零，而切向惯性力 F_{gi}^t 大小为 $m_i a_i^t = m_i r_i \varepsilon$，则 $M_O(F_{gi}) = M_O(F_{gi}^t) = -m_i r_i^2 \varepsilon$。对整个刚体 $M_{gO} = \sum M_O(F_{gi}) = -\sum m_i r_i^2 \varepsilon$。而 $\sum m_i r_i^2$ 为刚体对转轴 O 的转动惯量 J_O，则

$$M_{gO} = -J_O \varepsilon$$

结论 有质量对称平面的刚体绕垂直于该对称平面的轴作定轴转动时，惯性力系可以简化为对称面内的一个力和一个力偶，该力等于刚体的质量与质心加速度的乘积，方向与质心加速度方向相反，且力的作用线通过转轴；该力偶的力偶矩等于刚体对转轴的转动惯量与角加速度的乘积，其转向与角加速度转向相反。惯性力系向点 O 简化的结果如图 11-7b 所示。

如将惯性力系向 S 上的质心 C 简化，由于主矢与简化中心的位置无关，而主矩与简化中心的位置有关。其结果

$$F_{gR} = -ma_C \tag{11-6}$$

$$M_{gC} = -J_C \varepsilon \tag{11-7}$$

其中，F_{gR} 的大小和方向不变，只是其作用线通过质心 C；而主矩 M_{gC} 与简化中心位置有关，大小发生了变化，转向仍与角加速度转向相反；J_C 为刚体对通过质心且与转轴 O 平行的轴 C 的转动惯量。简化结果如图 11-7c 所示。

当转轴 O 通过质心 C 且 $\varepsilon \neq 0$ 时，由于 $a_C = a_O = 0$，故惯性力系的简化结果为一力偶，该力偶的力偶矩

$$M_{gC} = -J_C \varepsilon$$

当刚体匀速转动，转轴不通过质心 C 时，因角加速度 $\varepsilon = 0$，故惯性力系简化为过简化中心 O 的一个力，即

$$F_{gR} = -ma_C^n \tag{11-8}$$

其大小为 $mr_C \omega^2$，其中 r_C 为质心到简化中心 O 的距离，方向与质心 C 的法向加速度方向相反。

当刚体匀速转动，转轴通过质心 C 时，惯性力系向 S 内任一点简化的主矢和主矩都等于零，则惯性力系是一平衡力系。

三、刚体作平面运动时惯性力系的简化

此处只讨论具有质量对称平面的刚体，且刚体平行于此对称面运动的情况。该条件下，刚体的惯性力系仍可简化为对称面内的平面一般力系。

在质量对称平面 S 内刚体的平面运动图形如图 11-8 所示。由运动学知，平面图形的运动可分解为跟随基点的平动和绕基点的转动。取质心 C 作为基点，设某瞬时质心加速度为 a_C，平面图形的角加速度为 ε，转向如图 11-8 所示。将简化到对称面内的惯性力系向质心 C 简化，可得到：一是随质心平动而产生的惯性力系，可简化为过质心的一个力；二是绕质心转动而产生的惯性力系，可简化一个力偶。该力为惯性力系的主矢，该力偶的力偶矩为惯性力系对质心 C 的主矩。分别由下面两式确定，即

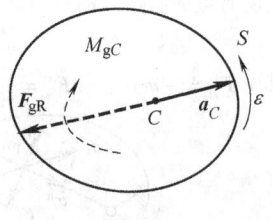

图 11-8

$$F_{gR} = -ma_C \tag{11-9}$$

$$M_{gC} = -J_C \varepsilon \tag{11-10}$$

其中 J_C 是刚体对过质心 C 且垂直于质量对称面的轴的转动惯量；负号表示主矩的转向与平面图形角加速度

ε 的转向相反。

结论 对有质量对称平面的刚体，且该刚体平行于质量对称面作平面运动时，其惯性力系可以简化为在质量对称面内的一个力和一个力偶。该力作用线通过质心，大小等于刚体的质量与质心加速度的乘积，方向与质心加速度的方向相反；该力偶的力偶矩等于刚体对通过质心且垂直于质量对称面的轴的转动惯量与刚体角加速度的乘积，转向与角加速度的转向相反。

由上分析可知，刚体的运动形式不同，惯性力系的简化结果也不相同。因此在利用达朗贝尔原理研究刚体动力学问题时，必须先分析刚体的运动形式，以求得惯性力系的简化结果，然后建立主动力系、约束力系和惯性力系的形式上的平衡方程。但应注意这种形式上的平衡方程实质上反映了系统的运动与力之间的关系。

第三节 用动静法解质点系统动力学问题的应用举例

用动静法求解质点系统的动力学问题的解题步骤为：①明确指出研究对象；②正确地进行受力分析，画出所有主动力和外约束力；③正确地画出惯性力系的等效力系；④根据平衡条件列出研究对象在此瞬时的平衡方程；⑤求解平衡方程。

【例 11-4】 如图 11-9a 所示，质量为 m 的汽车以加速度 a 作水平直线运动。试求汽车前后轮的正压力以及欲保证前后轮正压力相等时汽车的加速度。

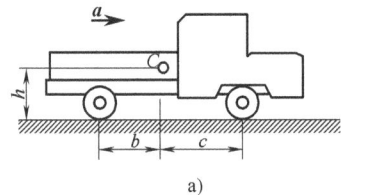
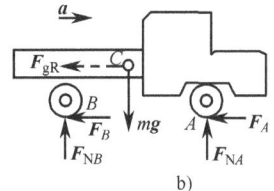

a) b)

图 11-9

【解】 取汽车为研究对象，其受力如图 11-9b 所示。

汽车作直线平移，在质心 C 处虚加惯性合力 $F_{gR} = -ma$，根据达朗贝尔原理，列平衡方程

$$\sum M_A(F) = 0, \quad F_{gR}h + mgc - (b+c)F_{NB} = 0$$
$$\sum M_B(F) = 0, \quad F_{gR}h - mgb + (b+c)F_{NA} = 0$$

联立求解，得汽车前、后轮的正压力分别为

$$F_{NA} = \frac{bg - ha}{b+c}m, \quad F_{NB} = \frac{cg + ha}{b+c}m$$

使汽车前、后轮的正压力相等，即令

$$F_{NA} = F_{NB}, \quad \frac{bg - ha}{b+c}m = \frac{cg + ha}{b+c}m$$

由此求得汽车的加速度为

$$a = \frac{g(b-c)}{2h}$$

【例 11-5】 图 11-10a 所示的滑动门的质量为 60 kg，质心为 C，相应的几何尺寸如图所示。门上的滑轮 A 和 B 可沿固定的水平梁滑动，若已知动滑动摩擦因数 $f_d = 0.25$，欲使门获得加速度 $a = 0.49 \text{ m/s}^2$，求作用在门上的水平力 F 的大小以及作用在滑轮 A 和 B 上的法向约束力。

【解】 取滑动门为研究对象，画受力分析图如图 11-10b 所示。滑动门受重力 $G = mg$、滑轮的法向约束力 F_{NA} 和 F_{NB}、动滑动摩擦力 $F_d = f_d(F_{NA} + F_{NB})$ 及惯性力 F_{gR} 的作用，因为滑动门作平动，所以惯性力的合力 F_{gR} 通过质心 C，其大小为 $F_{gR} = ma$，方向与 a 方向相反。

由动静法可知以上这些力在形式上组成平衡力系，列平衡方程

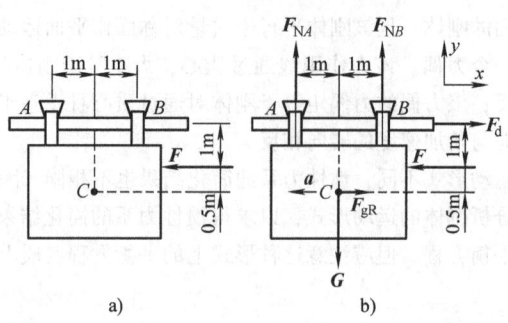

图 11-10

$$\sum F_x = 0, \quad F_{gR} + F_d - F = 0$$
$$\sum F_y = 0, \quad F_{NA} + F_{NB} - G = 0$$
$$\sum M_C(\boldsymbol{F}) = 0, \quad -F_{NA} \times 1 - F_d \times 1.5 + F_{NB} \times 1 + F \times 0.5 = 0$$

解得 $F = 176.4 \text{ N}, \quad F_{NA} = 227.85 \text{ N}, \quad F_{NB} = 360.15 \text{ N}$

【例 11-6】 图 11-11a 所示，匀质矩形板的质量为 m，边长 $AE = b$、$AB = 2b$，用两根等长细绳吊在水平天花板上。若在静止状态下突然剪断细绳 O_2B，试求剪断瞬时矩形板质心 C 的加速度与细绳 O_1A 的拉力。

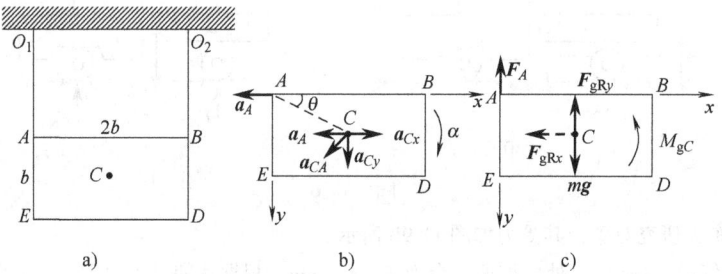

图 11-11

【解】 选取矩形板为研究对象。剪断细绳 O_2B 后，矩形板将作平面运动，以点 A 为基点，由基点法得质心 C 的加速度

$$\boldsymbol{a}_{Cx} + \boldsymbol{a}_{Cy} = \boldsymbol{a}_A + \boldsymbol{a}_{CA}^n + \boldsymbol{a}_{CA}^t \tag{a}$$

在剪断细绳 O_2B 的瞬时，矩形板的角速度以及其上任一点的速度均为零，故知 $\boldsymbol{a}_A$ 的方向垂直于 O_1A。$a_{CA}^n = 0$，$\boldsymbol{a}_{CA} = \boldsymbol{a}_{CA}^t$ 对应的加速度矢量图如图 11-11b 所示。

将式(a)的两边向 y 轴投影，得

$$a_{Cy} = a_{CA}^t \cos\theta = \left(\boldsymbol{\alpha} \times \frac{AD}{2}\right) \times \frac{2b}{AD} = b\alpha \tag{b}$$

作出矩形板的受力图，并虚加惯性力系的主矢和主矩(见图 11-11c)，其中

$$F_{gRx} = ma_{Cx}, \quad F_{gRy} = ma_{Cy} = mb\alpha \tag{c}$$

$$M_{gC} = J_C\alpha = \frac{1}{12}m[b^2 + (2b)^2]\alpha = \frac{5}{12}mb^2\alpha \tag{d}$$

根据达朗贝尔原理，列平衡方程 $\sum F_x = 0, \quad -F_{gRx} = 0 \tag{e}$

$$\sum F_y = 0, \quad -mg + F_A + F_{gRy} = 0 \tag{f}$$

$$\sum M_C(\boldsymbol{F}) = 0, \quad M_{gC} - F_A b = 0 \tag{g}$$

联立上述各式，即解得矩形板质心 C 的加速度 $a_{Cx} = 0, \quad a_{Cy} = \dfrac{12}{17}g$

第四节　定轴转动刚体轴承的附加动约束力

刚体在给定的主动力作用下绕定轴转动时，一般说来刚体的惯性力不能自成平衡力系，这主要是因为刚体的质量对于转轴的分布在实际中不可能很对称。工程机械中许多机件是作高速旋转运动，如电动机转子、汽轮机转子、纺纱机的锭子等，例如纺纱机的锭子转速可达 10000 r/min 以上，这样高的转速会产生很大的惯性力，对轴承产生很大的附加动压力，同时轴承给转轴以同样大小的附加动约束力，或称附加动反力。下面通过工程实例说明这一问题。

【例 11-7】 如图 11-12 所示，电机转子的质量为 10 kg，由于材质、制造或安装等原因，造成转子的质心偏离转轴，偏心距 $e = 0.1$ mm，转子安装于轴的中部，若转子以转速 $n = 3000$ r/min 绕轴作匀速转动，求当转子质心处于最低位置时轴承 A、B 的动约束力。

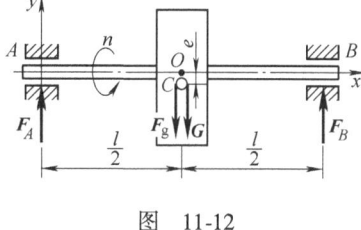

图 11-12

【解】 取整个转子为研究对象，转子受到重力 G、轴承约束力 F_A、F_B 作用。由于转子作匀速转动且转轴不通过质心，其惯性力系可简化为通过质心的一个合力，其大小为

$$F_g = ma_n = me(\pi n/30)^2$$

应用动静法列平衡方程

$$\sum M_A(\boldsymbol{F}) = 0, \quad F_B l - \frac{Gl}{2} - \frac{F_g l}{2} = 0$$

$$\sum F_y = 0, \quad F_A + F_B - G - F_g = 0$$

解得

$$F_A = F_B = \frac{F_g}{2} + \frac{G}{2} = \frac{1}{2}\left[10 \times 0.1 \times 10^{-3} \times \left(\frac{3000\pi}{30}\right)^2 + 10 \times 9.8\right]\text{N} = 98.3\text{N}$$

由此可见，轴承 A、B 的约束力由两部分组成。一部分是由重力 G 引起的约束力称为静约束力，简称为静反力，其大小为转子重量的 1/2，即 49 N；另一部分是由惯性力引起的约束力，称为附加动约束力，简称为动反力，其大小为 49.3 N。由于转子偏心引起的动约束力，会加速轴承的磨损，并引起机械的振动而产生噪声。

附加动约束力过大时还将导致机械故障或使机械损坏。例如上例中传动轮的质心与轴线的偏心矩 $e = 0.1$ mm，转速也不太高（$n = 3000$ r/min），但当传动轮的转速高达 15000 r/min 时，可以计算出轴承附加动约束力为 1232.45 N，相当于静约束力 49 N 的 25 倍。

静约束力在刚体静止或转动时都存在，而附加动约束力只有在刚体转动时才出现。上例说明，对于高速转子，即使偏心距很小，其附加动约束力都要比静约束力大很多，故要减小高速转动刚体的附加动约束力，应尽可能地消除转动零部件的偏心，使转动部件的质心落在转轴上。当刚体的转轴通过其质心时，若刚体只有重力而没有其他主动力作用，则它不论转到什么位置都能保持静止不动，这种现象称为静平衡。

当刚体转动时不出现附加动约束力的现象称为动平

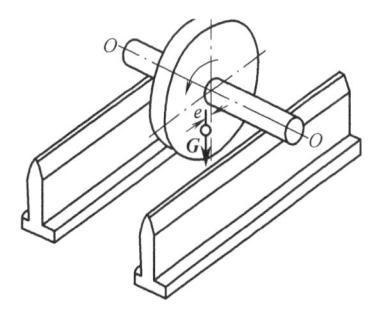

图 11-13

衡。能保持动平衡的刚体必然是静平衡的；但能满足静平衡的刚体不一定是动平衡的。因此在工程技术中，为了消除高速转动零部件的附加动约束力，首先要对其进行静平衡试验，以使质心落在转轴上，然后再对其进行动平衡试验以避免零部件转动时出现附加动约束力。

　　静平衡试验的方法很多，这里只介绍最简单的一种。如图 11-13 所示，将欲进行静平衡试验的转动部件架在两严格保持水平的钢制刀刃口上，如果部件质心与转动轴线 OO 不重合，其重力对轴线将产生力矩，故将发生滚动，滚动停止时，其质心必定位于最低位置，因此需在轴线的 OO 的正上方加平衡重量，然后再进行相同试验，反复多次直至零件在任何位置都能静止时为止，此时说明其质心与轴线已重合达到了平衡。所加的平衡重量的大小与位置随之确定。关于动平衡试验请读者查阅有关资料。

思 考 题

1. 什么是惯性力？怎样确定惯性力的大小和方向？作匀速直线运动的质点，其惯性力为何值？
2. 是否运动的物体都有惯性力？质点作匀速圆周运动时有无惯性力？
3. 什么是动静法？用动静法解题的方法是什么？
4. 转动件轴承所受的动约束力与哪些因素有关？在什么条件下轴承的动约束力等于零？

习 题

11-1 如题 11-1 图所示，当列车以匀加速度 a 沿直线轨道运动时，一端固定在车厢顶部的单摆将偏斜成与铅垂线成不变的角 θ，已知摆球的质量为 m，求列车的加速度及摆线的张力大小。

11-2 如题 11-2 图所示载货的小车，重 10 kN，以 $v = 2$ m/s 的速度沿缆车轨道而下降；轨道的倾角 $\alpha = 15°$，运动之总阻力系数 $\mu = 0.015$。求小车匀速下降时，牵引小车之缆绳的张力。又设小车制动时作匀减速运动，设小车制动时间为 $t = 4$s，求此时绳的张力。

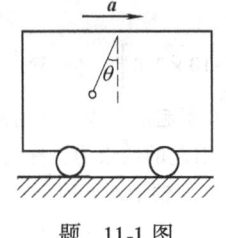

题 11-1 图

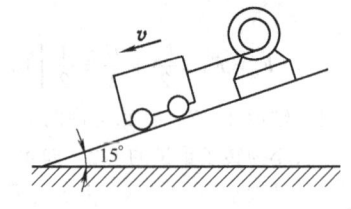

题 11-2 图

11-3 如题 11-3 图所示，质量 $m = 10$ kg 的物块 A 沿与铅垂面夹角 $\theta = 60°$ 的悬臂梁下滑。已知当物块下滑至距固定端 O 的距离 $l = 0.6$ m 时，其加速度 $a = 2$ m/s^2。忽略物块尺寸和梁的自重，试求该瞬时固定端 O 的约束力。

11-4 如题 11-4 图所示，质量为 m 的物块放在匀速转动的水平台上，物块与台面间的摩擦因数为 f，距

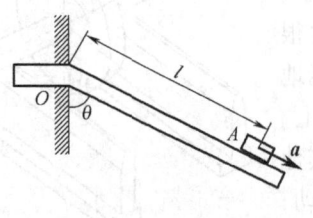

题 11-3 图

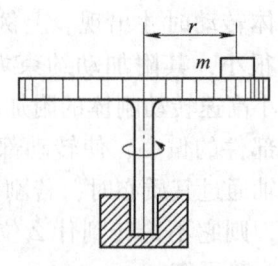

题 11-4 图

转轴的距离为 r，当水平台转动时，求物块不滑动的最大转速。

11-5 如题 11-5 图所示，质量为 m 的小车在水平拉力 F 作用下沿水平轨道运动，质心 C 到 F 作用线的距离为 e，到轨道平面的距离为 h，两轮与水平面接触点到重力作用线的距离分别为 a、b。设车轮与轨道间的总摩擦力为 $F_s = fmg$。求两轮受到的约束力及小车获得的加速度。

11-6 如题 11-6 图所示汽车质量 8000 kg，视为平移刚体，$h = 2$ m，$b = 1.5$ m，$c = 2.5$ m。(1) 汽车加速度 $a = 3$ m/s^2，求前后轮正压力；(2) 后轮驱动，发动机驱动力矩不受限制，轮与两种路面间摩擦因数分别为 (a) $f_1 = 0.9$；(b) $f_1 = 0.5$，分别求启动时的最大加速度。

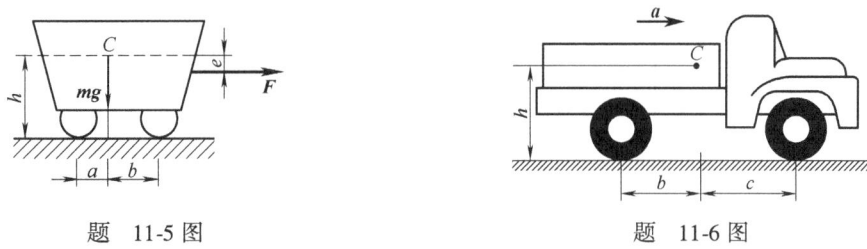

题 11-5 图　　　　　　　　题 11-6 图

11-7 如题 11-7 图所示木箱质量 $m_1 = 100$ kg，质心为 C，小车质量 $m_2 = 60$ kg，木箱与小车间摩擦因数 $f = 0.9$，小车与地面间无摩擦。求安全运输木箱的最大加速度和此时水平拉力 F。

11-8 如题 11-8 图所示，钢丝绳绕过半径为 $r = 10$ cm 的滑轮，钢丝绳两端分别悬挂物块 A 和 B。设物块 A 重 $G_1 = 4$ kN，物块 B 重 $G_2 = 1$ kN，滑轮上作用一力偶，其矩为 $M = 0.41$ kN·m，设绳不可伸长，并略去绳和滑轮的质量及轴承摩擦，求物块 A 的加速度和轴承 O 的约束力。

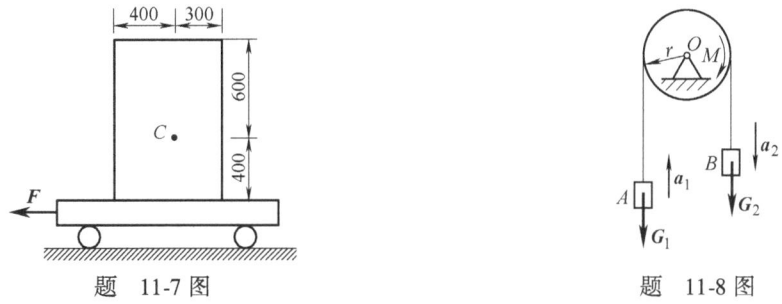

题 11-7 图　　　　　　　　题 11-8 图

11-9 匀质圆柱体的质量为 m，半径为 R，在外缘上绕有一细绳，绳的一端固定在天花板上，如题 11-9 图所示。圆柱体无初速地自由下降，若绳与圆柱体间无相对滑动，试求圆柱体质心 C 的加速度和绳的拉力。

11-10 游乐场的航空乘坐设备如题 11-10 图所示。伸臂长 $a = 5$ m，吊篮的质心到伸臂端点的距离 $l = 10$ m。不计伸臂和吊杆的重量，并将吊篮看做一质点。如果要使吊杆与铅直线间的夹角保持为 $\theta = 60°$，问伸臂绕铅直轴转动的角速度应多大？

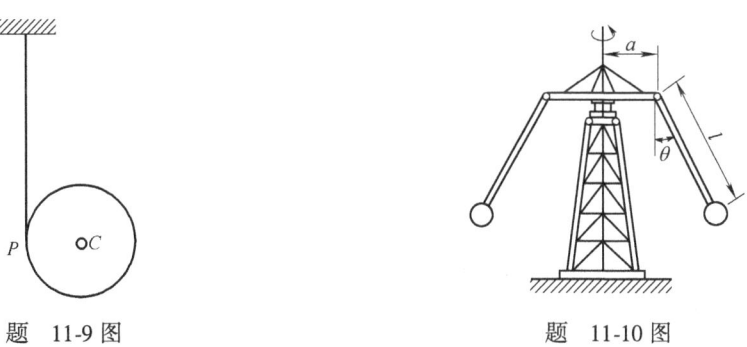

题 11-9 图　　　　　　　　题 11-10 图

11-11 如题 11-11 图所示匀质矩形块 $m_1 = 100$ kg，车 $m_2 = 50$ kg，块与车之间摩擦因数 (1) $f_1 = 0.1$；(2) $f_1 = 0.2$，地面光滑。车和矩形块在一起由物块 m_3 的重力牵引作加速运动。分别求在两种摩擦因数情况下安全运输矩形块的最大加速度及此时的 m_3。

11-12 如题 11-12 图卷扬机轮 D、C 的半径分别为 R、r，对水平转动轴的转动惯量分别为 J_1、J_2；物体 A 重 G，设在轮 C 作用一常力矩 M。试求物体 A 上升加速度。

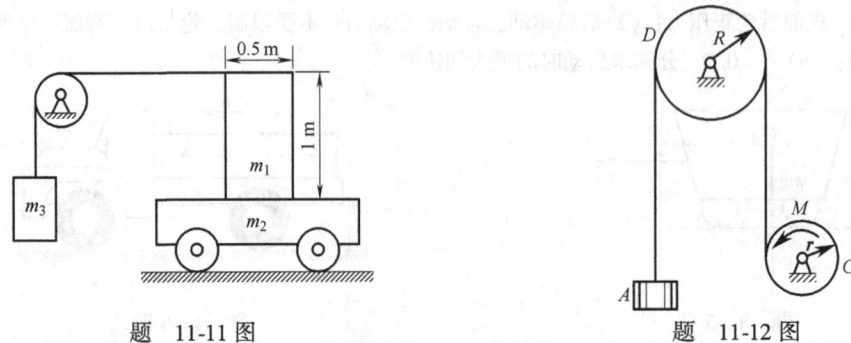

题 11-11 图   题 11-12 图

**11-13 如题 11-13 图所示直角形刚性杆 ABD 的质量为 $m = 6$ kg，质心在 C 点处，以绳 AF 和两等长且平行的杆 AE、BF 支持。求割断绳 AF 的瞬间两杆所受的力。杆的质量忽略不计。

*11-14 如题 11-14 图所示均质圆盘质量为 m_1，半径为 R；均质细长杆 AB 长 $l = 2R$，质量为 m_2，杆端 A 与轮心为光滑铰接。如在 A 处加一水平拉力 F_P，使轮沿水平面纯滚动。问：力 F_P 为多大方能使杆 B 端刚好离开地面？又为保证纯滚动，求轮与地面间的静滑动摩擦因数。

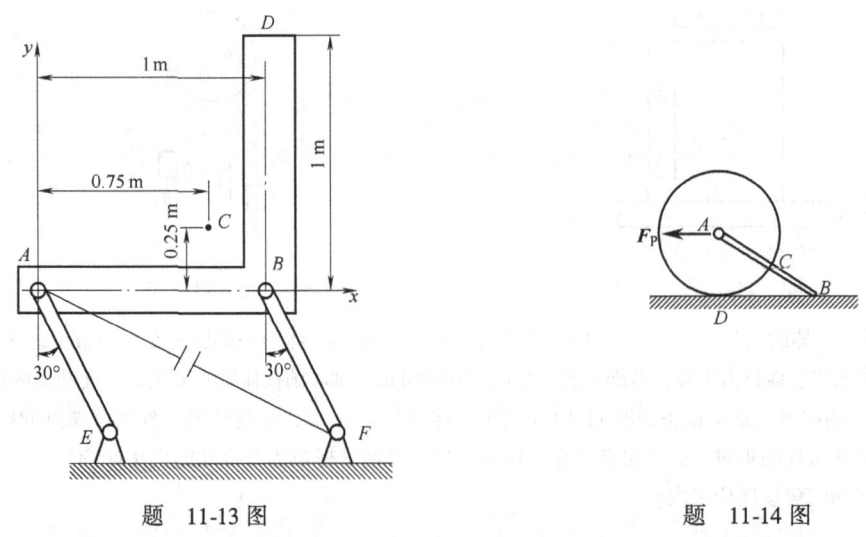

题 11-13 图   题 11-14 图

*11-15 如题 11-15 图所示均质圆柱体 A 和 B 的质量均为 m，半径均为 r，绳的一端缠在绕固定轴转动的圆柱体 A 上，另一端缠在圆柱体 B 上。若不计摩擦，试求圆柱体 B 下落时质心的加速度。

*11-16 如题 11-16 图所示均质实心圆柱体 A 和薄铁环 B 的质量均为 m，半径均为 r，两者用不计质量的杆 AB 铰接，无滑动地沿斜面滚下。已知斜面与水平面的夹角为 θ，试求杆 AB 的加速度和所受的力。

*11-17 如题 11-17 图所示质量为 20 kg 的砂轮，因安装不正，使重心偏离转轴 $e = 0.1$ mm。试求当转速 $n = 10000$ r/min 时，作用于轴承 OO 上的全约束力和附加动约束力。

11-18 如题 11-18 图所示砂轮 I 质量 1 kg，其偏心距 $e = 0.5$ mm，砂轮 II 质量 0.5 kg，偏心距 $e = 1$ mm。电动机转子 III 质量 8 kg，带动砂轮旋转，转速 $n = 300$ r/min。求转动时轴承 A、B 上的附加动约束力（图中单位为 mm）。

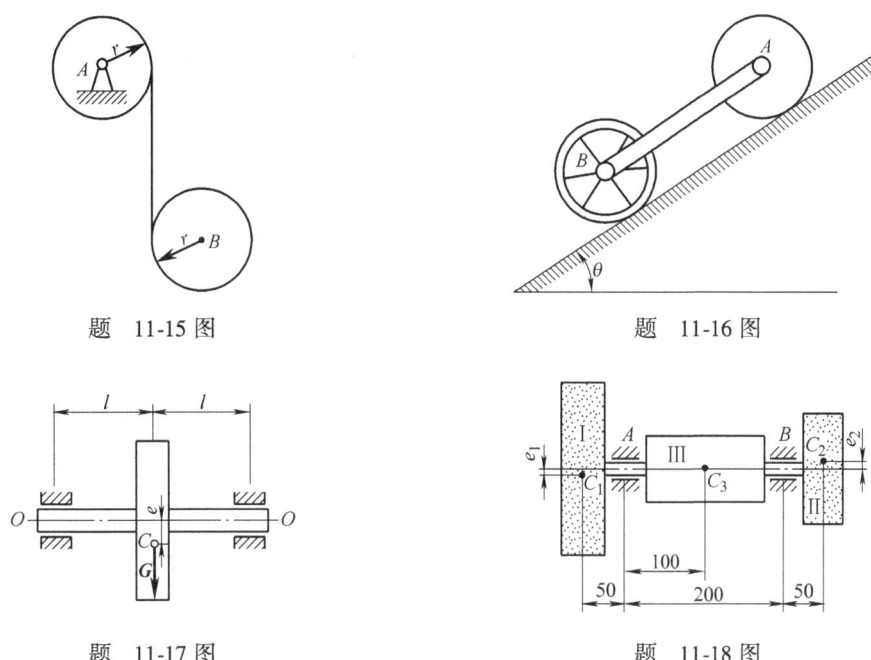

题 11-15 图　　　　题 11-16 图

题 11-17 图　　　　题 11-18 图

11-19　试对第十章中的习题 10-1、10-3、10-6、10-9、10-10、10-15 用动静法求解。

11-20　如题 11-20 图所示球磨机滚筒内装有钢球和矿石，滚筒绕固定水平轴以匀转速 n 作顺时针方向转动，带动钢球和矿石在滚筒中运动，设转到一定角度 α 时钢球离开滚筒内壁沿抛物线轨迹落下可以得到最大的打击力打击矿石。设滚筒的半径为 r，求钢球离开滚筒时的角度 α 应为多少。

11-21　如题 11-21 图所示的匀质薄壁圆环的质量为 m，半径为 R，在水平平面内以等角速度 ω 绕环心 O 转动。试求圆环横截面上的张力。

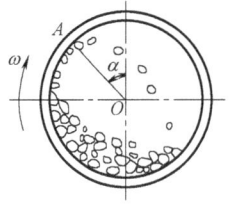

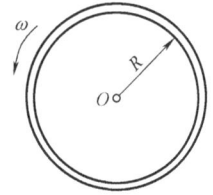

题 11-20 图　　　　题 11-21 图

第十二章 动能定理

能量转换与功之间的关系是自然界中各种形式运动的普遍规律,是从能量的角度来分析质点和质点系的动力学问题。在一定的条件下,应用动能定理来解决工程实际问题,不仅计算简便,而且物理概念明确,便于深入了解机械运动的性质。

本章将介绍功、质点和刚体的动能,以及通过能量转换解决动力学问题的动能定理。

第一节 力 的 功

一、力的功

功(work)是度量力的作用的一个物理量,它反映的是力在一段路程上对物体作用的累积效果,其结果是引起物体能量的改变和转化。例如,从高处落下的重物速度越来越大,就是重力对物体在下落的高度中作用的累积效果。可见力的功包含力和路程两个因素。由于在工程实际中遇到的力有常力、变力或力偶,而力的作用点的运动轨迹有直线,也有曲线,因此,下面将分别说明在各种情况下力所做功的计算方法。

1. 常力的功

如图 12-1 所示,设有大小和方向都不变的力 F 作用在物体上,力的作用点向右作直线运动。则此常力 F 在位移方向的投影 $F\cos\alpha$ 与位移的大小 s 的乘积称为力 F 在位移 s 上所做的功,用 W 表示,即

$$W = s \cdot F\cos\alpha \tag{12-1}$$

由上式可知:当 $\alpha < 90°$ 时,功 W 为正值,即力 F 做正功;当 $\alpha > 90°$ 时,功 W 为负值,即力 F 做负功;当 $\alpha = 90°$ 时,功为零,即力与物体的运动方向垂直,力不做功。

由于功只有正负值,不具有方向意义,所以功是代数量。

在国际单位制中,功的单位是牛·米(N·m),称为焦(J),即 1J = 1N·m。

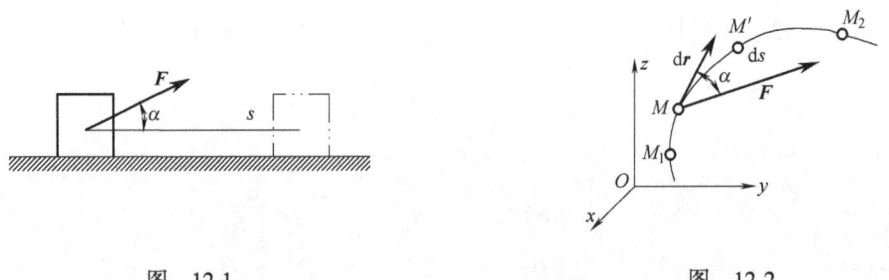

图 12-1　　　　　　　　　图 12-2

2. 变力的功

设质点 M 在变力 F 作用下作曲线运动,如图 12-2 所示。当质点从 M_1 沿曲线运动到 M_2 时,力 F 所做的功的计算可处理为:①整个路程细分为无数个微段 ds;②在微小路程上,力 F 的大小和方向可视为不变;③dr 表示相应于 ds 的微小位移,当 ds 足够小时,$|dr|$ =

ds。

根据功的定义,力 F 在微小位移 dr 上所做的功(即元功)为

$$\delta W = F\cos\alpha \cdot ds$$

式中,α 表示力 F 与曲线上 M 点处的切线的夹角。将 F 和微小位移 dr 投影到直角坐标轴上,则上式的直角坐标表达式为

$$\delta W = F_x dx + F_y dy + F_z dz$$

力 F 在曲线路程 $\overset{\frown}{M_1 M_2}$ 上所做的功等于该力在各微段的元功之和,即

$$W = \int_{M_1}^{M_2} F \cdot dr = \int_{M_1}^{M_2} F\cos\alpha \cdot ds \quad (12\text{-}2a)$$

或

$$W = \int_{M_1}^{M_2} (F_x \cdot dx + F_y \cdot dy + F_z \cdot dz) \quad (12\text{-}2b)$$

3. 合力的功

合力在任一路程上所做的功等于各分力在同一路程上所做功的代数和,即

$$W = W_1 + W_2 + \cdots + W_n = \sum W_i \quad (12\text{-}3)$$

二、常见力的功

1. 重力的功

设有一重力为 G 的质点,自位置 M_1 沿某曲线运动至 M_2,如图 12-3 所示,由式(12-2)有

$$W = \int_{M_1}^{M_2} (F_x \cdot dx + F_y \cdot dy + F_z \cdot dz)$$
$$= -\int_{z_1}^{z_2} G dz = -G(z_2 - z_1)$$

或 $\qquad W = G(z_1 - z_2) = \pm Gh \quad (12\text{-}4)$

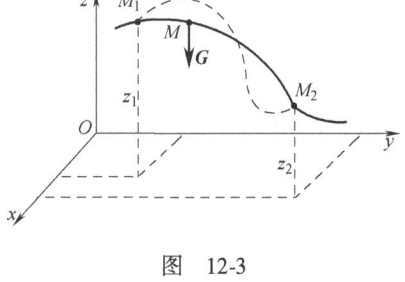

图 12-3

式中,$h = |z_1 - z_2|$ 为质点在运动过程中重心位置的高度差。此式表明:重力的功等于质点的重量与其起始位置与终了位置的高度差的乘积,且与质点运动的轨迹形状无关。质点在运动过程中,当其重心位置降低时,重力做正功;当其重心位置升高时,重力做负功。

2. 弹性力的功

一端固定的弹簧与一质点 M 相连接,弹簧的原始长度为 l_0(图 12-4),在弹性变形范围内,弹簧弹性力 F 的大小与其变形量 δ 成正比,即

$$F = k\delta$$

式中,k 为弹簧的刚度系数(单位是 N/m 或 N/mm),弹性力 F 的方向总指向弹簧的自然位置,亦即弹簧未变形时端点 O 的位置。当质点 M 由 M_1 点运动到 M_2 点时,弹性力做功由式(12-2b),得

$$W = \int_{M_1}^{M_2} F dx = \int_{x_1}^{x_2} -kx dx = \frac{k}{2}(\delta_1^2 - \delta_2^2) \quad (12\text{-}5)$$

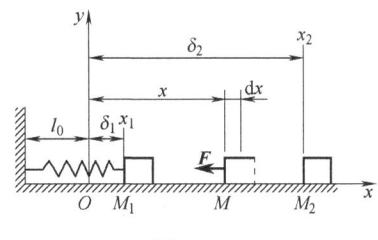

图 12-4

式中,δ_1、δ_2 分别为弹簧在初始位置 M_1 与终了位置 M_2

的变形量。可以证明，当质点 M 作曲线运动时，弹性力的功仍按式(12-5)计算，即弹性力的功也只决定于弹簧初始位置与终了位置的变形量，而与质点的运动轨迹无关。

由以上讨论可知，弹性力的功等于弹簧初变形 δ_1 和末变形 δ_2 的平方差与弹簧刚度系数乘积的一半，与质点运动的轨迹无关。若弹簧变形减小(即 $\delta_1 > \delta_2$)，弹性力做正功；若变形增加(即 $\delta_1 < \delta_2$)，弹性力的功为负，与弹簧实际受拉伸或压缩无关。

3. 定轴转动刚体上作用力的功

设一力 F 作用在绕固定轴 z 转动的刚体上的 M 点(图 12-5)，将力 F 分解为三个正交的分力：F_t、F_n、F_z，可以看出，当刚体转过一微小转角 $d\varphi$ 时，轴向分力 F_z 和径向分力 F_n 都不做功，只有切向分力 F_t 做功。设力 F 作用点到转轴的距离为 r，则力 F 在微小路程 $rd\varphi$ 中的元功为

$$\delta W = F_t r d\varphi$$

刚体绕 z 轴自位置 M_1(对应的位置角为 φ_1)转到位置 M_2(对应的位置角为 φ_2)的过程中，力 F 所做的功应为

$$W = \int_{M_1}^{M_2} F_t r d\varphi = \int_{\varphi_1}^{\varphi_2} M_z d\varphi = \pm M_z \varphi \tag{12-6}$$

式中，$\varphi = \varphi_2 - \varphi_1$；$M_z$ 为力 F 对转轴 z 的力矩，且 M_z 为常量。此式表明，刚体绕定轴转动时，若作用在刚体上的力对转轴的矩为常量，则其功等于该力对转轴的力矩乘以刚体所转过的角度。当力矩与转角的转向一致时，其功为正，反之为负。若刚体上作用的是力偶，其力偶矩 M 为常量，且力偶作用面垂直于转轴，则力偶使刚体转过转角 φ 时所做的功仍可用上式计算，即

$$W = \pm M\varphi \tag{12-7}$$

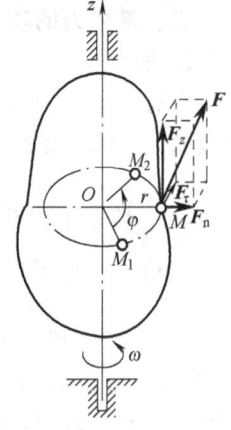

图 12-5

显然，当力偶与转角的转向一致时，其功为正，反之为负。

【例 12-1】 如图 12-6 所示一货箱质量 $m = 300$ kg，现用一力 F_T 将它沿斜板向上拉到汽车车厢上，已知货箱与斜板的摩擦因数 $f = 0.5$，斜板的倾角 $\alpha = 20°$，汽车车厢高 $h = 1.5$ m。问将货箱拉上车厢时，所消耗的功应为多少？

【解】 取货箱为研究对象，它受有重力 mg、斜板法向约束力 F_N、摩擦力 F_f 及绳索的拉力 F_T。货箱沿斜板拉上车厢时，拉力 F_T 做正功，摩擦力 F_f 与重力 mg 做负功，法向约束力 F_N 与位移方向垂直不做功。当货箱升高 1.5 m 时，重力 mg 做的功为

$$W_1 = -mgh = (-300 \times 9.8 \times 1.5) \text{ J} = -4410 \text{ J}$$

摩擦力 F_f 做的功为

$$W_2 = -F_f s = -fF_N \frac{h}{\sin\alpha} = -fmg\cos\alpha \frac{h}{\sin\alpha}$$

$$= \frac{-0.5 \times 300 \times 9.8\cos 20° \times 1.5}{\sin 20°} \text{ J} = -6058 \text{ J}$$

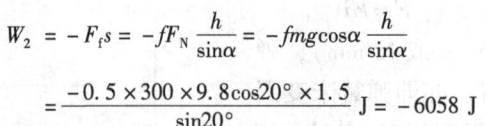

图 12-6

将货箱拉上车厢所消耗的功即为

$$W = W_1 + W_2 = (-4410 - 6058) \text{ J} = -10468 \text{ J}$$

【例 12-2】 如图 12-7 所示，带轮两侧的拉力分别为 $F_{T1} = 1.6$ kN 和 $F_{T2} = 0.8$ kN。已知带轮的直径 $D = 0.5$ m，试求带轮两侧的拉力在轮子转过两圈时所做的功。

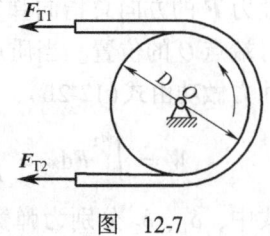

图 12-7

【解】 作用于带轮上的转矩为

$$M_O = F_{T1}\frac{D}{2} - F_{T2}\frac{D}{2} = \left[(1.6 - 0.8) \times 10^3 \times \frac{0.5}{2}\right] \text{N} \cdot \text{m} = 200 \text{ N} \cdot \text{m}$$

当轮子转过两圈时，其转角

$$\varphi = 2 \times 2\pi \text{ rad} = 12.56 \text{ rad}$$

因此，带轮两侧的拉力在轮子转过两圈时所做的功为

$$W = M_O\varphi = (200 \times 12.56)\text{J} = 2.512 \times 10^3 \text{ J}$$

第二节　功率与机械效率

一、功率

在工程实际中，我们不仅要计算力做功的大小，而且还要知道力做功的快慢。力做功的快慢通常用功率表示。所谓功率(power)，就是在单位时间内力所做的功，它是衡量机器工作能力的一个重要指标，功率越大，说明在给定的时间内能做的功就越多。

设作用于质点上的力 F 在时间间隔 Δt 内所做的元功为 δW，该力在这段时间内的平均功率 P^* 可写成

$$P^* = \frac{\delta W}{\Delta t}$$

当时间间隔 Δt 趋于零时，即得瞬时功率为

$$P = \lim_{\Delta t \to 0}\frac{\delta W}{\Delta t} = \frac{\text{d}W}{\text{d}t}$$

对于作用于质点上力的功率，可表示为

$$P = \frac{\delta W}{\text{d}t} = \frac{F\cos\alpha \cdot \text{d}s}{\text{d}t} = F_t v \qquad (12\text{-}8)$$

式中，α 表示力 F 与其作用点位移速度 v 之间的夹角。可见，作用于质点上力的功率等于力在速度方向上的投影与速度的乘积。

对于作用于定轴转动刚体上力的功率，可表示为

$$P = \frac{\delta W}{\text{d}t} = \frac{F_t r\text{d}\varphi}{\text{d}t} = \frac{M_z\text{d}\varphi}{\text{d}t} = M_z\omega \qquad (12\text{-}9\text{a})$$

上式表明，作用于定轴转动刚体上力的功率等于该力对转轴的矩与角速度的乘积。若刚体上作用的是力偶，其力偶矩为 M，则力偶的功率为

$$P = M\omega \qquad (12\text{-}9\text{b})$$

在国际单位制中，当每秒钟力所做的功为1J时，其功率定为1J/s(焦/秒)或1W(瓦)，1000W = 1kW。若以转速 $n(\text{r/min})$ 代替角速度 ω，力对转轴的矩用 M 表示，则式(12-9b)可写成

$$P = \frac{M\omega}{1000} = \frac{M}{1000} \times \frac{n\pi}{30} = \frac{Mn}{9549}(\text{kW}) \qquad (12\text{-}10)$$

式(12-10)表示了功率、转速和转矩三者之间的数量关系，这一关系在工程实际中经常用到。由此式也可以看出，在功率不变的情况下，转速低则转矩大，而转速高则转矩小。例如，在机械加工中用机床切削工件时，常把电动机的高转速通过减速器转换成主轴的低转速

来加大切削力。

二、机械效率

任何一部机器工作时，都需要从外界输入一定的功率，称为<u>输入功率</u>（input power），用 $P_{输入}$ 表示；机器在工作中用于能量转化而消耗的一部分功率，称为<u>有用功率</u>（available power），用 $P_{有用}$ 表示；用于克服摩擦等有害阻力而消耗一部分功率，称为无用功率，用 $P_{无用}$ 表示。在机器稳定运转时有

$$P_{输入} = P_{有用} + P_{无用}$$

即机器的输入功率和输出功率是平衡的。此时，机器输出的有用功率与输入功率之比称为<u>机械效率</u>（mechanical efficiency），用 η 表示，即

$$\eta = P_{有用}/P_{输入} \tag{12-11}$$

由于摩擦是不可避免的，故机械效率 η 总是小于 1。机械效率越接近于 1，有用功率就越接近于输入功率，消耗的无用功率也就越小，说明机器对输入功率的有效利用程度越高，机器的性能越好。因此，机械效率的大小是评价机器质量优劣的重要标志之一。机械效率与机器的传动方式、制造精度和工作条件等因素有关。各种常用机械的机械效率一般可在机械设计手册或有关说明书中查得。

【例 12-3】 一起重机，其悬挂部分重 $Q = 5$ kN，所用电动机的功率 $P_e = 36.5$ kW，起重机齿轮的传动效率 $\eta = 0.92$，当提升速度 $v = 0.2$ m/s 时，求最大起重量 G。

【解】 电动机的功率 P_e 就是起重机的输入功率 $P_{输入}$，由式（12-11）可求得起重机输出的有用功率

$$P_{有用} = P_{输入} \cdot \eta = P_e \cdot \eta = (36.5 \times 0.92) \text{kW} = 33.58 \text{ kW}$$

又有 $P_{有用} = (Q + G) \cdot v$，由此求得

$$G = P_{有用}/v - Q = \left(\frac{33.58 \times 10^3}{0.2} - 5 \times 10^3\right) \text{N} = 162900 \text{ N} = 162.9 \text{ kN}$$

【例 12-4】 用车刀切削一直径 $d = 0.2$ m 的零件外圆，如图 12-8 所示。已知切削力 $F = 2.5$ kN，切削时车床主轴转速 $n = 180$ r/min，车床齿轮传动的机械效率 $\eta = 0.8$。试求切削所消耗的功率及电动机的输出功率。

【解】 切削力对主轴的转矩为

$$M = F \cdot d/2 = (2.5 \times 10^3 \times 0.2/2) \text{N} \cdot \text{m} = 250 \text{ N} \cdot \text{m}$$

切削所消耗的功率即车床的有用功率，由式（12-10）得

$$P_{有用} = Mn/9549 = (250 \times 180/9549) \text{kW} = 4.71 \text{ kW}$$

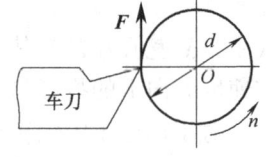

图 12-8

电动机的输出功率就是车床的输入功率，由式（12-10）得

$$P_电 = P_{输入} = P_{有用}/\eta = (4.71/0.8) \text{kW} = 5.89 \text{ kW}$$

第三节 动　能

一、动能

一切运动的物体都具有一定的能量，如飞行的子弹能穿透钢板，运动的锻锤可以改变锻件的形状。物体由于机械运动所具有的能量称为<u>动能</u>（kinetic energy）。

1. 质点的动能

质点的动能是度量质点机械运动强弱的物理量。

若质点的质量为 m，某瞬时的速度为 v，则质点的动能定义为

$$T = \frac{1}{2}mv^2 \qquad (12\text{-}12)$$

上式表明，质点在某瞬时的动能等于质点质量与其速度平方乘积的一半。动能是一个标量，恒为正值，单位与功的单位相同。

2. 质点系的动能

设质点系中任一质点的质量为 m_i，在某瞬时的速度值为 v_i，则在该瞬时质点系内各质点动能的总和称为质点系的动能，即

$$T = \sum \frac{1}{2}m_i v_i^2 \qquad (12\text{-}13)$$

如图 12-9 所示的质点系有 3 个质点，它们的质量分别为 $m_1 = 2m_2 = 4m_3$，忽略绳子的质量，并假设绳不可伸长，则 3 个质点的速度大小都等于 v，则质点系的动能为

$$T = \frac{1}{2}m_1 v_1^2 + \frac{1}{2}m_2 v_2^2 + \frac{1}{2}m_3 v_3^2 = \frac{7}{2}m_3 v^2$$

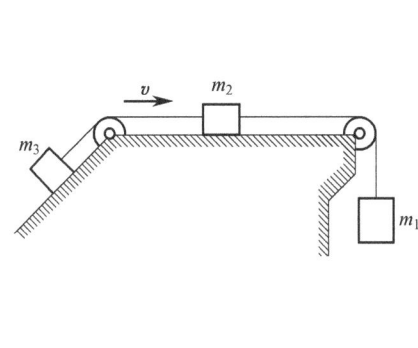

图 12-9

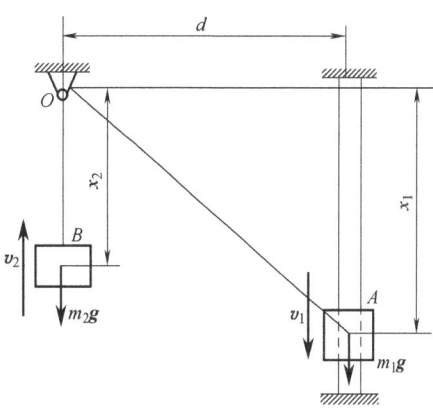

图 12-10

【**例 12-5**】 图 12-10 所示不可伸长的绳索绕过小滑轮 O，并在其两端分别系着质量为 m_1 和 m_2 的物块 A、B，物块 A 沿铅垂导杆滑动，铅垂导杆与滑轮 O 之间的距离为 d，绳索总长为 l。不计绳索和滑轮的质量，试用物块 A 下降到某一高度时所具有的速度 v_1 表示质点系的动能。

【**解**】 这是由两个质点组成的质点系。两个质点的位置坐标 x_1 与 x_2 之间的关系为

$$x_2 + \sqrt{d^2 + x_1^2} = l$$

将上式两边对时间 t 求导，并考虑到 $\dfrac{\mathrm{d}x_1}{\mathrm{d}t} = v_1$，$\dfrac{\mathrm{d}x_2}{\mathrm{d}t} = v_2$，得

$$v_2 = -\frac{x_1}{\sqrt{d^2 + x_1^2}} v_1$$

质点系的动能为

$$T = \sum \frac{1}{2}m_i v_i^2 = \frac{1}{2}m_1 v_1^2 + \frac{1}{2}m_2 v_2^2$$
$$= \frac{1}{2}m_1 v_1^2 + \frac{1}{2}m_2 \frac{x_1^2}{d^2 + x_1^2} v_1^2 = \frac{1}{2}\left(m_1 + \frac{m_2 x_1^2}{d^2 + x_1^2}\right) v_1^2$$

3. 刚体的动能

对于刚体而言，由于各质点间的相对距离保持不变，故当它运动时，各处质点的速度之间必定存在着一定的联系，因而可以推导出刚体作各种运动时的动能计算公式。

（1）平动刚体的动能 刚体平动时，在同一瞬时，刚体内各质点的速度都相同，如用刚体质心 C 的速度 $\boldsymbol{v}_C$ 代表各质点的速度，于是刚体平动时的动能为

$$T = \sum \frac{1}{2} m_i v_i^2 = \sum \frac{1}{2} m_i v_C^2 = \frac{1}{2}\left(\sum m_i\right) v_C^2 = \frac{1}{2} m v_C^2 \tag{12-14}$$

式中，$m = \sum m_i$ 为刚体的质量。上式表明，刚体平动时的动能等于刚体的质量与其质心速度平方乘积的一半。

（2）刚体作定轴转动的动能 设刚体在某瞬时绕固定轴 z 转动的角速度为 ω，刚体内任一质点的质量为 m_i，它与转动轴 z 的距离为 r_i，则该质点的速度为 $v_i = r_i \omega$，于是，作定轴转动刚体的动能为

$$T = \sum \frac{1}{2} m_i v_i^2 = \sum \frac{1}{2} m_i r_i^2 \omega^2 = \frac{1}{2}\left(\sum m_i r_i^2\right) \omega^2$$

因 $\sum m_i r_i^2 = J_z$，故有

$$T = \frac{1}{2} J_z \omega^2 \tag{12-15}$$

因此，定轴转动刚体的动能，等于刚体对转动轴的转动惯量与角速度平方乘积的一半。

4. 刚体作平面运动的动能

已知平面运动刚体某瞬时的角速度为 ω，速度瞬心在 C' 点，刚体该瞬时对通过瞬心且垂直于运动平面的轴的转动惯量为 $J_{C'}$，由于刚体的平面运动可看成绕速度瞬心作瞬时转动（图 12-11），由式 (12-15) 可得此时刚体的动能为

$$T = \frac{1}{2} J_{C'} \omega^2 \tag{a}$$

设刚体质心 C 到瞬心 C' 的距离为 r_C，刚体的质量为 m，由转动惯量的平行移轴定理可得

$$J_{C'} = J_C + m r_C^2 \tag{b}$$

式中，J_C 是刚体对通过质心 C 且垂直于运动平面的轴的转动惯量。

把式 (b) 代入式 (a)，可得到

$$T = \frac{1}{2} m v_C^2 + \frac{1}{2} J_C \omega^2 \tag{12-16}$$

式中，$v_C = r_C \omega$ 为刚体质心 C 的速度。式 (12-16) 表明，刚体作平面运动时的动能等于刚体随质心平移的动能与绕质心转动的动能之和。

例如，一车轮在地面上滚动而不滑动，如图 12-12 所示。若轮心作直线运动，速度为 $\boldsymbol{v}_C$，车轮质量为 m，质量分布在轮缘，轮辐的质量不计，则车轮的动能为

$$T = \frac{1}{2} m v_C^2 + \frac{1}{2} m R^2 \left(\frac{v_C}{R}\right)^2 = m v_C^2$$

其他运动形式的刚体，应按其速度分布计算该刚体的动能。

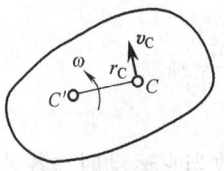

图 12-11

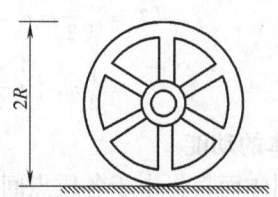

图 12-12

第四节 动能定理

动能定理(theorem of kinetic energy)建立了物体上作用力的功与其动能之间的关系。

一、质点的动能定理

设质量为 m 的质点在力 $\boldsymbol{F}$(指合力)作用下沿曲线运动(图 12-2)。将动力学基本方程

$$m\frac{d\boldsymbol{v}}{dt} = \boldsymbol{F}$$

两边分别点乘 $d\boldsymbol{r}$，得

$$m\frac{d\boldsymbol{v}}{dt} \cdot d\boldsymbol{r} = \boldsymbol{F} \cdot d\boldsymbol{r}$$

因 $d\boldsymbol{r} = \boldsymbol{v}dt$，$\boldsymbol{F} \cdot d\boldsymbol{r} = \delta W$，于是有

$$m\boldsymbol{v} \cdot d\boldsymbol{v} = \delta W$$

或

$$d\left(\frac{1}{2}mv^2\right) = \delta W \tag{12-17}$$

上式表明，质点动能的微分等于作用于质点上的力的元功。这就是<u>质点动能定理的微分形式</u>。

当质点由位置 M_1 运动到位置 M_2 时，它的速度由 $\boldsymbol{v}_1$ 变为 $\boldsymbol{v}_2$。将式(12-17)两边积分，得

$$\int_{v_1}^{v_2} d\left(\frac{1}{2}mv^2\right) = \int_{M_1}^{M_2} \delta W$$

即

$$\frac{1}{2}mv_2^2 - \frac{1}{2}mv_1^2 = W$$

或

$$T_2 - T_1 = W \tag{12-18}$$

式中，T_1、T_2 分别表示质点位于 M_1 和 M_2 处的动能。上式表明，在某一段路程上质点动能的改变，等于作用于质点上的力在同一段路程上所做的功。这就是<u>质点动能定理的积分形式</u>。

由上述公式可见，当力做正功时，质点的动能增加；当力做负功时，质点的动能减少。

二、质点系的动能定理

设质点系由 n 个质点组成，其中任一质点的质量为 m_i，某瞬时速度为 $\boldsymbol{v}_i$，作用于该质点上的力为 $\boldsymbol{F}_i$，力的元功为 δW_i。由质点动能定理的微分形式，得

$$d\left(\frac{1}{2}m_i v_i^2\right) = \delta W_i$$

对整个质点系有

$$\sum d\left(\frac{1}{2}m_i v_i^2\right) = \sum \delta W_i$$

或写成

$$d\left[\sum\left(\frac{1}{2}m_i v_i^2\right)\right] = \sum \delta W_i$$

注意到质点系动能的定义 $T = \sum \left(\dfrac{1}{2}m_i v_i^2\right)$，则上式可表示为

$$\mathrm{d}T = \sum \delta W_i \tag{12-19}$$

式(12-19)为<u>质点系动能定理的微分形式</u>，即质点系动能的增量等于作用于质点系上所有力的元功之和。

对式(12-19)积分，记 T_1 和 T_2 分别表示质点系在某一运动过程的起点和终点的动能，有

$$T_2 - T_1 = \sum W_i \tag{12-20}$$

式(12-20)为<u>质点系动能定理的积分形式</u>，即质点系在某一运动过程中其动能的改变量，等于作用于质点系上所有力在此过程中所做的功之和。

若将作用在质点系上的力分为主动力和约束力。对于光滑接触面、一端固定的绳索等约束，其约束力都垂直于力作用点的位移，做功为零。将约束力做功为零的约束称之为理想约束。光滑铰接、刚性二力杆件以及不可伸长的细绳等作为质点系内部的约束时，由于约束的相互性，成对出现的约束力所做的功之和为零，也是理想约束。在理想约束的条件下，质点系动能的变化只与主动力所做的功有关，应用动能定理时只需计算主动力所做的功。

一般情况下，内力虽然等值反向，但所做的功的和不一定等于零。但若质点系为刚体时，由于刚体内部任意两质点之间的距离始终保持不变，则任意两质点沿它们连线方向的位移必相等，故等值反向的内力所做的功之和等于零。因此对于刚体而言，所有内力所做的功之和等于零。

理解动能定理时注意以下两点：

（1）研究对象若是质点系，应分析内力是否做功。对刚体来说，只需考虑外力的功；

（2）在计算外力功时，应清楚主动力的功和约束力的功；主动力的功前面已学过，而约束属于理想约束(如光滑接触面、光滑铰链、不可伸长的柔索等)时，它们的约束力或者不做功，或者做功之和为零，则方程中只包括主动力所做的功。如遇摩擦力做功，可将摩擦力当做特殊的主动力看待。

应用动能定理求解动力学问题的方法步骤如下：

（1）选取研究对象（质点或质点系）；

（2）确定力学过程（从某一位置运动到另一位置）；

（3）计算系统动能（分析质点或质点系运动，计算在确定的力学过程中起始和终了位置的动能）；

（4）计算所有力所做的功（主动力、摩擦力等的功，分析内力、约束力是否做功）；

（5）应用动能定理建立方程，求解欲求的未知量。

【例12-6】 如图12-13所示鼓轮向下运送重 $G_1 = 400$ N 的重物，重物下降的初速度 $v_0 = 0.8$ m/s，为了使重物停止，用摩擦制动，设加在鼓轮上的正压力 $F_N = 2000$ N，制动块与鼓轮间摩擦因数 $f = 0.4$，已知鼓轮重 $G_2 = 600$ N，其半径 $R = 0.15$ m，可视为均质圆柱体，求制动过程中重物下降的距离 s。

【解】 取重物及鼓轮组成的系统为研究对象。设重物下降距离 s 时，鼓轮所转过的角度为 φ。系统受 F_N、F、G_1、G_2 及 F_{0x}、F_{0y} 力作用，如图12-13所示。仅重力 G_1 和摩擦力 F 做功，所以其功

$$\sum W_{12} = G_1 s - FR\varphi = (G_1 - F_N f)s$$

系统在制动开始位置时，重物的速度为 v_0，鼓轮的角速度 $\omega_0 = v_0/R$，故系统动能

$$T_1 = \frac{1}{2}\frac{G_1}{g}v_0^2 + \frac{1}{2}J_O\omega_0^2$$

式中,J_O 为鼓轮对中心轴 O 的转动惯量,即

$$J_O = \frac{1}{2}\frac{G_2}{g}R^2$$

所以

$$T_1 = \frac{1}{2}\frac{G_1}{g}v_0^2 + \frac{1}{4}\frac{G_2}{g}R^2\omega_0^2 = \frac{2G_1 + G_2}{4g}v_0^2$$

重物下降 s 时,系统静止,故系统动能 $T_2 = 0$。

根据动能定理积分形式,得

$$0 - \frac{2G_1 + G_2}{4g}v_0^2 = (G_1 - F_N f)s$$

解之得

$$s = \frac{v_0^2(2G_1 + G_2)}{4g(F_N f - G_1)} = 0.057 \text{ m}$$

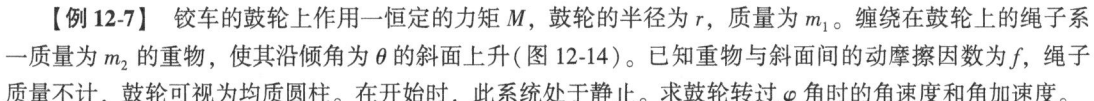

图 12-13

【**例 12-7**】 铰车的鼓轮上作用一恒定的力矩 M,鼓轮的半径为 r,质量为 m_1。缠绕在鼓轮上的绳子系一质量为 m_2 的重物,使其沿倾角为 θ 的斜面上升(图 12-14)。已知重物与斜面间的动摩擦因数为 f,绳子质量不计,鼓轮可视为均质圆柱。在开始时,此系统处于静止。求鼓轮转过 φ 角时的角速度和角加速度。

【**解**】 取鼓轮和重物组成的质点系为研究对象,其上作用的外力有:重物的重力 $m_2\boldsymbol{g}$,斜面的法向约束力 $\boldsymbol{F}_N$,摩擦力 $\boldsymbol{F}_f$,鼓轮上的力矩 M,以及鼓轮的重力和轴承处的约束力(图中未画出)。

开始时,系统处于静止,其动能为

$$T_1 = 0$$

设当鼓轮转过 φ 角时的角速度为 ω,则重物的速度为

$$v = r\omega$$

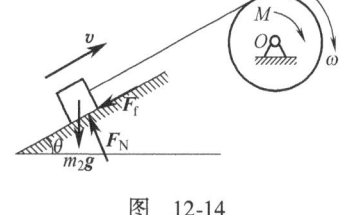

图 12-14

系统的动能为

$$T_2 = \frac{1}{2}m_2 v^2 + \frac{1}{2}J_O\omega^2 = \frac{1}{2}m_2(r\omega)^2 + \frac{1}{2}\left(\frac{1}{2}m_1 r^2\right)\omega^2 = \frac{1}{4}(m_1 + 2m_2)r^2\omega^2$$

在提升重物的过程中,作用于质点系上能做功的力是鼓轮上的力矩 M、重物的重力 $m_2\boldsymbol{g}$ 和摩擦力 $\boldsymbol{F}_f$。当鼓轮转过 φ 角时,它们所做的总功为

$$W = M\varphi - m_2 g\sin\theta \cdot \varphi r - m_2 g\cos\theta \cdot f \cdot \varphi r$$

由动能定理,有

$$M\varphi - m_2 g\cos\theta \cdot \varphi r - m_2 g\cos\theta \cdot f \cdot \varphi r = \frac{1}{4}(m_1 + 2m_2)r^2\omega^2$$

得

$$\omega = \frac{2}{r}\sqrt{\frac{M - m_2 gr(\sin\theta + f\cos\theta)}{m_1 + 2m_2}\varphi}$$

将上式两边对时间 t 求导,并注意 $\omega = \mathrm{d}\varphi/\mathrm{d}t$,得鼓轮的角加速度为

$$\varepsilon = \frac{2[M - m_2 gr(\sin\theta + f\cos\theta)]}{r^2(m_1 + 2m_2)}$$

【**例 12-8**】 物块 A 质量为 m_1,挂在不可伸长的绳索上,绳索跨过定滑轮 B,另一端系在滚子 C 的轴

上，滚子 C 沿固定水平面滚动而不滑动（图 12-15）。已知滑轮 B 和滚子 C 是相同的均质圆盘，半径都为 r，质量都为 m_2。假设系统从静止开始运动，求物块 A 在下降高度 h 时的速度和加速度。绳索的质量以及滚动摩擦阻力和轴承摩擦都忽略不计。

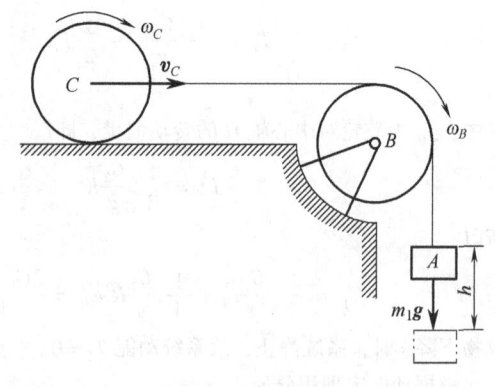

图 12-15

【解】 取物块 A、滑轮 B、滚子 C 组成的质点系为研究对象，其上作用的外力有：物块 A 的重力 $m_1 g$，以及滑轮 B 的重力、轴承 B 处的约束力、滚子 C 的重力及其水平面的法向约束力。

开始时系统处于静止，其动能为

$$T_1 = 0$$

当物块 A 下降高度 h 时，系统的动能为

$$T_2 = T_A + T_B + T_C = \frac{1}{2}m_1 v^2 + \frac{1}{2}J_B \omega_B^2 + \frac{1}{2}m_2 v_C^2 + \frac{1}{2}J_C \omega_C^2$$

因

$$J_B = J_C = \frac{1}{2}m_2 r^2, \quad v_C = v, \quad \omega_B = \omega_C = \frac{v}{r}$$

故

$$T_2 = \frac{1}{2}m_1 v^2 + \frac{1}{2} \times \frac{1}{2}m_2 v^2 + \frac{1}{2}m_2 v^2 + \frac{1}{2} \times \frac{1}{2}m_2 v^2 = \frac{1}{2}m_1 v^2 + m_2 v^2$$

系统中做功的力为物块 A 的重力，它的功为

$$W = m_1 g h$$

由动能定理，有

$$\frac{1}{2}m_1 v^2 + m_2 v^2 = m_1 g h$$

得

$$v = \sqrt{\frac{2 m_1 g h}{m_1 + 2 m_2}}$$

将上式两边对时间 t 求导，注意到 $\dfrac{\mathrm{d}v}{\mathrm{d}t} = a$，$\dfrac{\mathrm{d}h}{\mathrm{d}t} = v$，得物块 A 的加速度为

$$a = \frac{m_1}{m_1 + 2 m_2} g$$

通过以上例题，可将应用动能定理解题的步骤总结如下：

（1）恰当选取研究对象，对质点系，一般可取整个系统为研究对象；

（2）根据题意确定质点系（刚体）运动的始末位置，并根据刚体的运动情况（如平动、定轴转动、平面运动）分别计算在该位置时的动能。计算动能必须用绝对速度、绝对角速度。

（3）分析质点系的受力情况，画出受力图，并计算在运动的始末过程中作用于质点系的全部力所做的功（可以按主动力和约束力对力进行分类，也可以按内力和外力对力进行分类），并求它们的代数和。

（4）应用质点系动能定理求未知量。若求速度，可直接用动能定理的积分形式，若求加速度，必须写出一般位置的动能及功的表达式，对时间 t 求一次导数后可求出加速度。还可用动能定理的微分形式直接求出加速度。

思 考 题

1. 在弹性范围内，把弹簧的伸长量加倍，拉力所做的功也增加相同的倍数吗？
2. 比较质点的动能与刚体绕定轴转动的动能的计算式，指出它们相似的地方。

3. 汽车的速度由 0 增至 4 m/s，再由 4 m/s 增至 8 m/s，这两种情况下汽车发动机所做的功是否相等？

4. 在运动学中讲过，刚体作平面运动时，可任选一个基点 A，平面运动可以看成是随点 A 的平动和绕点 A 的转动。但平面运动刚体的动能是否为 $T = \dfrac{1}{2}mv_A^2 + \dfrac{1}{2}J_A\omega^2$？

5. "质量大的物体一定比质量小的物体动能大"；"速度大的物体一定比速度小的物体动能大"，这两种说法对吗？

6. 功和功率有什么区别？为什么人在快速提升物体时感觉较累？

习 题

12-1 重量为 G 的火车，具有最大功率 P_0 驱动机车驰行。在启动阶段机车从静止出发，机车的功率逐步增加使机车以匀加速 a_0 运行，设滑动摩擦因数为 f_d，阻力为 f_p，求机车自静止启动至最大速度的时间 t_0 及最大速度值。

12-2 题 12-2 图所示原长为 $l = 100$ mm 的弹簧，固定在直径 $OA = 200$ mm 的点 O 处，其刚度系数 $k = 5$ N/mm，若已知 BC 垂直于 OA，点 C 为圆心。当弹簧的另一端由图示的点 B 拉到任一点时，试求弹性力在此过程中所做的功。

12-3 题 12-3 图所示重 2 kN 的刚体，受已知力 $F_Q = 0.5$ kN 的作用而沿水平面滑动。如接触面间的动摩擦因数 $f' = 0.2$。求刚体向右滑动距离 $s = 50$ m 时，作用于刚体的各力所做的功及合力所做的功。

12-4 题 12-4 图带轮的半径为 500 mm，带拉力分别为 $F_{T1} = 1800$ N 和 $F_{T2} = 600$ N，若带轮转速为 120 r/min，试求 1 min 内带拉力所做的总功。

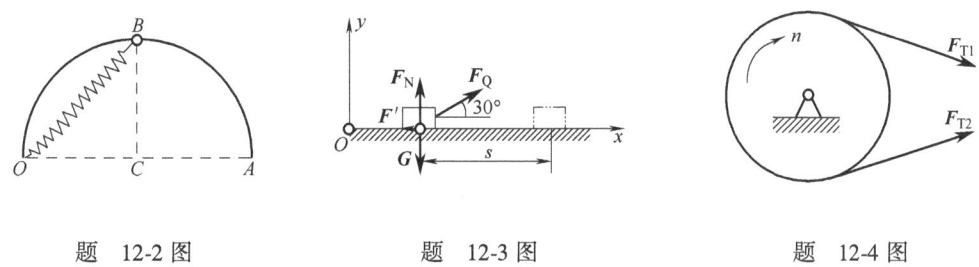

题 12-2 图　　　　题 12-3 图　　　　题 12-4 图

12-5 题 12-5 图所示半径为 $2r$ 的圆轮在水平面上作纯滚动，轮轴上绕有软绳，轮轴半径为 r，绳上作用常值水平拉力 F，求轮心 C 运动 s 时，力 F 所做的功。

12-6 题 12-6 图所示汽车的质量为 1.5×10^3 kg，通过由 A 至 B 共 900 m 的路程，运行阻力为 280 N，其方向与速度方向相反。点 B 比点 A 高 20 m。求汽车克服重力和阻力所做的功是多少？

12-7 如题 12-7 图所示，在半径为 R 的卷筒上，作用一力偶矩 $M = a\varphi + b^2$，其中 φ 为转角，a 和 b 为常数。卷筒上的绳索拉动水平面上的重物 B。设重物 B 的质量为 m，它与水平面之间的动摩擦因数为 f。不计绳索质量。当卷筒转过两圈时，试求作用于系统上所有力的功的总和。

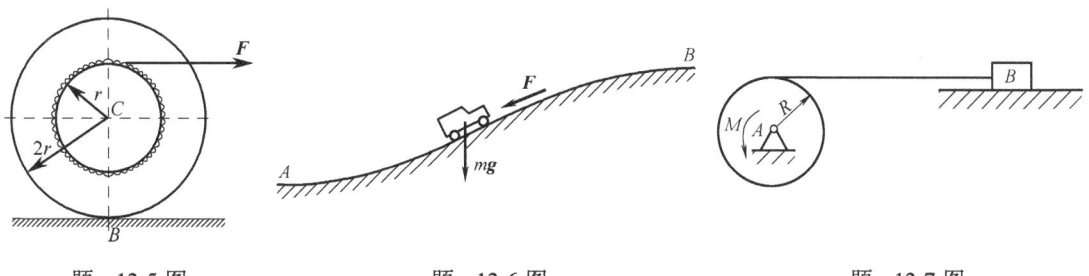

题 12-5 图　　　　题 12-6 图　　　　题 12-7 图

12-8 题 12-8 图 a 所示质量为 m_1 的滑块 B 沿水平面以速度 v 移动，质量为 m_2 的物块 A 沿滑块 B 以相对速度 u 滑下。试求系统的动能。

12-9 如题 12-9 图所示铅垂平面内机构，均质杆 OA 长 l，质量为 m_1，受常力偶 M 作用而绕点 O 转动，并以质量不计的滑块 A 带动质量为 m_2 的框架沿水平方向运动，初始时机构静止，且 $\varphi = \varphi_0$。试求曲柄转过一整转时的角速度。设框架与滑道的摩擦力 F 为常值，其他摩擦不计。

12-10 如题 12-10 图所示均质棒 AB 重 $G=4$ N，其两端悬挂在两条平行绳上，棒处在水平位置。设其中一绳剪断，求此瞬时另一绳的张力 F。

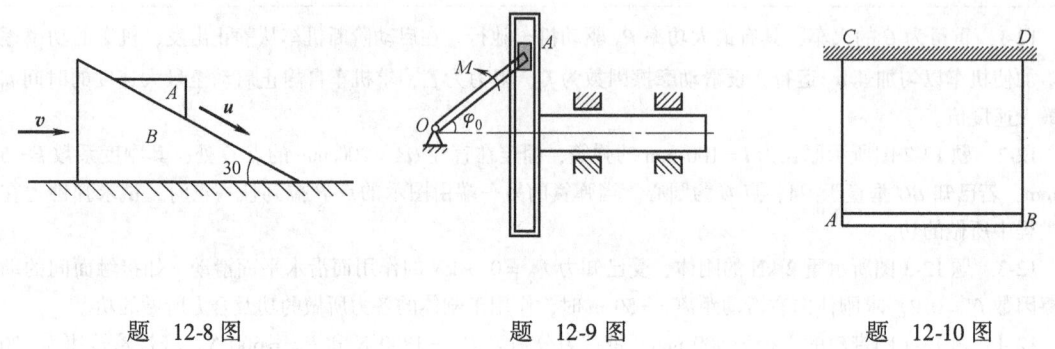

题 12-8 图　　　　　题 12-9 图　　　　　题 12-10 图

*12-11 如题 12-11 图所示，长为 l 的均质杆 AB 的 A 端用绳悬挂，B 端搁在光滑水平面上，且 $\varphi = 60°$。设绳突然断掉，试求杆 AB 在重力作用下运动到 $\varphi = 30°$ 时，其质心 C 的加速度。

12-12 题 12-12 图所示半径为 r，质量为 m 的均质圆柱体沿水平作纯滚动。绳索一端绕在圆柱体上，另一端水平跨过定滑轮并悬挂质量为 m_1 的重物 A。不考虑定滑轮质量及摩擦，系统从静止开始运动。求重物 A 下降 s 后，圆柱质心 C 的速度和加速度。

*12-13 如题 12-13 图所示平面机构由两匀质杆 AB、BO 组成，两杆的质量均为 m，长度均为 l，在铅垂平面内运动。在杆 AB 上作用一不变的力偶矩 M，从图示位置由静止开始运动。不计摩擦，求当点 A 即将碰到铰支座 O 时 A 端的速度。

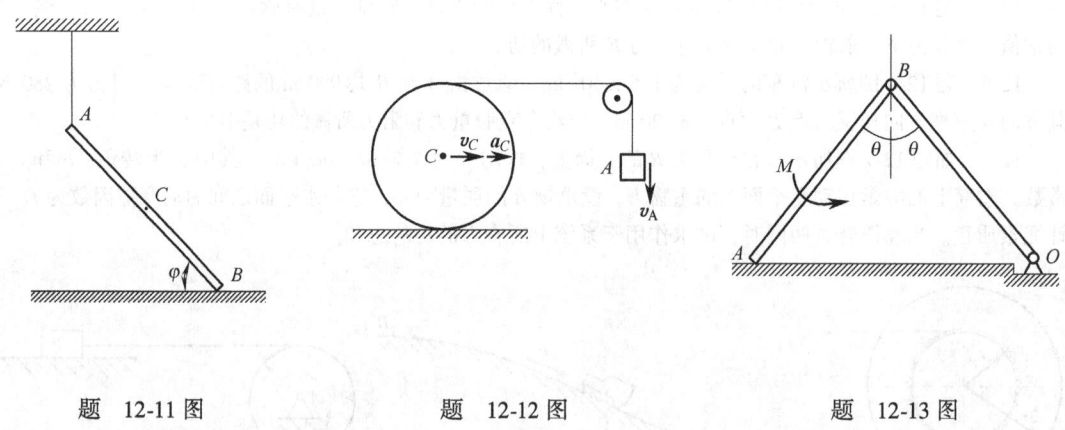

题 12-11 图　　　　　题 12-12 图　　　　　题 12-13 图

*12-14 如题 12-14 图所示为材料冲击试验机。试验机摆锤质量为 18 kg，重心到转动轴的距离 $l = 840$ mm，杆重不计。试验开始时，将摆锤升高到摆角 $\alpha_1 = 70°$ 的地方释放，冲断试件后，摆锤上升的摆角 $\alpha_2 = 29°$。求冲断试件需用的能量。

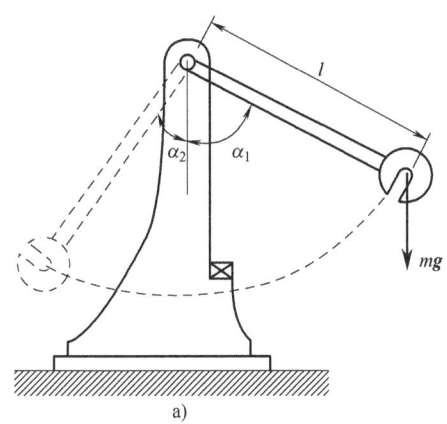
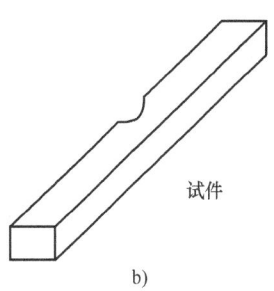

题 12-14 图

*第十三章　动量定理和动量矩定理

前面介绍的动能定理，是从能量的角度分析质点系的动力学问题，建立了系统动能的变化与作用于系统上力的功之间的关系。本章介绍动量定理和动量矩定理，与动能定理不同，它们是从动量的观点出发分别建立质点或质点系的动量、动量矩与力的作用量——冲量和力矩的关系。

第一节　动 量 定 理

质点(particle)动力学问题可以对每个质点列三个运动微分方程和表达相互联系形式的约束方程，再根据运动初始条件进行联立求解。但在工程实际中，在许多情况下运动的物体并不能简化为一个质点，而必须看成是由有限或无限多个质点组成的质点系(system of particles)。对于许多质点系动力学问题，往往不必求解每一个质点的运动情况，而只需知道质点系整体的运动特征就够了。

动量定理(theorem of momentum)阐述、揭示了质点系的整体运动特征与力对系统的作用效果之间的关系。

一、动量和冲量

1. 动量(momentum)

(1) 质点的动量　质点的质量与某瞬时质点速度的乘积称为质点在该瞬时的动量，用 $\boldsymbol{p}$ 表示质点的动量，则

$$\boldsymbol{p} = m\boldsymbol{v} \tag{13-1}$$

质点的动量是矢量，其方向与该瞬时质点速度方向一致。动量的单位，在国际单位制中为 kg·m/s。

(2) 质点系的动量　质点系内部各质点在某瞬时动量的矢量和称为质点系在该瞬时的动量，记为

$$\boldsymbol{p} = \sum_{i=1}^{n} m_i \boldsymbol{v}_i \tag{13-2}$$

式中，n 为质点系内的质点数；m_i 为第 i 个质点的质量；$\boldsymbol{v}_i$ 为该质点的速度。

2. 冲量(impulse)

物体在力作用下产生的运动变化，不仅与力的大小和方向有关，还与力作用时间的长短有关。为此，引入力的冲量的概念，以表征力在一段时间内对物体的累积效应。

若常力 $\boldsymbol{F}$ 作用的时间为 t，则该常力的冲量为

$$\boldsymbol{I} = \boldsymbol{F}t \tag{13-3}$$

冲量是矢量，它与力 $\boldsymbol{F}$ 的方向一致。

若力 $\boldsymbol{F}$ 是变化的，应将力的作用时间分成无数微小时间间隔，在每一微小时间间隔内将力可视为常力，这样便得到力 $\boldsymbol{F}$ 在时间 $\mathrm{d}t$ 内的冲量，称为元冲量，即

$$\mathrm{d}\boldsymbol{I} = \boldsymbol{F}\mathrm{d}t \tag{13-4}$$

在 t_1 到 t_2 时间间隔内，变力 $\boldsymbol{F}$ 的冲量则为

$$\boldsymbol{I} = \int_{t_1}^{t_2} \boldsymbol{F}\mathrm{d}t \tag{13-5}$$

在国际单位制中，冲量的单位是 N·s，它与动量的单位相同。

二、动量定理

1. 质点的动量定理

设质点的质量为 m，速度为 $\boldsymbol{v}$，所受作用力的合力为 $\boldsymbol{F}$，如图 13-1 所示。由质点运动微分方程

$$m\frac{\mathrm{d}\boldsymbol{v}}{\mathrm{d}t} = \sum \boldsymbol{F}_i = \boldsymbol{F}$$

可得

$$\mathrm{d}(m\boldsymbol{v}) = \sum \boldsymbol{F}_i \mathrm{d}t = \boldsymbol{F}\mathrm{d}t \tag{13-6}$$

这就是<u>质点动量定理</u>(theorem of momentum)的微分形式。它表明，质点动量的微分等于作用于该质点上的各力元冲量的矢量和。

设从瞬时 t_1 到 t_2，质点对应的速度由 $\boldsymbol{v}_1$ 变到 $\boldsymbol{v}_2$。对式(13-6)积分，得

$$m\boldsymbol{v}_2 - m\boldsymbol{v}_1 = \sum \int_{t_1}^{t_2} \boldsymbol{F}_i \mathrm{d}t = \sum \boldsymbol{I}_i = \boldsymbol{I} \quad (13\text{-}7)$$

这就是<u>质点动量定理</u>的积分形式，又称<u>质点的冲量定理</u>。它表明，质点动量在任一时间间隔内的变化，等于作用于该质点上各力在同一时间间隔内的冲量的矢量和。

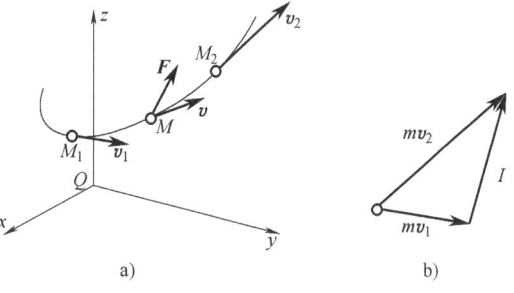

图 13-1

2. 质点系的动量定理

设质点系由 n 个质点组成，其中第 i 个质量为 m_i 速度为 $\boldsymbol{v}_i$，其所受的外力之和为 $\boldsymbol{F}_i^{(e)}$，所受的内力之和为 $\boldsymbol{F}_i^{(i)}$，根据质点动量定理，得

$$\mathrm{d}(m_i \boldsymbol{v}_i) = \boldsymbol{F}_i^{(e)} \mathrm{d}t + \boldsymbol{F}_i^{(i)} \mathrm{d}t$$

对于质点系内每个质点都可以写出这样一个方程，将这样的 n 个方程相加，得

$$\sum \mathrm{d}(m_i \boldsymbol{v}_i) = \sum \boldsymbol{F}_i^{(e)} \mathrm{d}t + \sum \boldsymbol{F}_i^{(i)} \mathrm{d}t$$

由于质点系的内力是成对出现的，所以质点系内力的矢量和等于零，即 $\sum \boldsymbol{F}_i^{(i)} \mathrm{d}t = 0$，又因为 $\sum \mathrm{d}(m_i \boldsymbol{v}_i) = \mathrm{d}(\sum m_i \boldsymbol{v}_i) = \mathrm{d}\boldsymbol{p}$，于是得

$$\mathrm{d}\boldsymbol{p} = \sum \boldsymbol{F}_i^{(e)} \mathrm{d}t \tag{13-8a}$$

这就是<u>质点系动量定理</u>的微分形式。它表明，质点系动量的微分等于作用于质点系的所有外力的元冲量的矢量和。

式(13-8a)还可以写成

$$\frac{\mathrm{d}\boldsymbol{p}}{\mathrm{d}t} = \sum \boldsymbol{F}_i^{(e)} \tag{13-8b}$$

这就是质点系动量定理的另一种微分形式。它表明，质点系的动量对时间的导数等于作用于质点系上的所有外力的矢量和。

对式(13-8a)进行积分，从瞬时 t_1 到瞬时 t_2，质点系相应的动量由 $\boldsymbol{p}_1$ 变到 $\boldsymbol{p}_2$，故得

$$\boldsymbol{p}_2 - \boldsymbol{p}_1 = \sum \int_{t_1}^{t_2} \boldsymbol{F}_i^{(e)} \mathrm{d}t = \sum \boldsymbol{I}^{(e)} \tag{13-9}$$

这就是<u>质点系动量定理</u>的积分形式，也称<u>质点系的冲量定理</u>。它表明，质点系的动量在任一时间间隔内的变化，等于在同一时间内作用于该质点系所有外力冲量的矢量和。

由质点系的动量定理可知，内力不能改变质点系的动量，只有外力才能改变质点系的动量，所以，应用质点系的动量定理求解动力学问题时，不需要分析内力。

以上所述的动量定理都为矢量方程，具体应用时常用投影式，将其在直角坐标轴上投影，其投影式，得

$$\left. \begin{array}{l} \dfrac{\mathrm{d}p_x}{\mathrm{d}t} = \sum F_x^{(e)} \\[4pt] \dfrac{\mathrm{d}p_y}{\mathrm{d}t} = \sum F_y^{(e)} \\[4pt] \dfrac{\mathrm{d}p_z}{\mathrm{d}t} = \sum F_z^{(e)} \end{array} \right\} \tag{13-10a}$$

与

$$\left.\begin{aligned} p_{2x} - p_{1x} &= \sum I_{ix}^{(e)} \\ p_{2y} - p_{1y} &= \sum I_{iy}^{(e)} \\ p_{2z} - p_{1z} &= \sum I_{iz}^{(e)} \end{aligned}\right\} \qquad (13\text{-}10\text{b})$$

3. 动量守恒定律

若作用于质点系的外力的矢量和恒等于零，即 $\sum \boldsymbol{F}_i^{(e)} = 0$，由式(13-8b)或式(13-9)可得

$$\boldsymbol{p}_2 = \boldsymbol{p}_1 = 常矢量 \qquad (13\text{-}11)$$

这就是质点系的<u>动量守恒定律</u>(law of conservation of momentum)。它表明，若作用于质点系的外力的矢量和恒等于零，则该质点系的动量保持不变。

若作用于质点系的外力在轴 x 上投影的代数和等于零，即 $\sum F_x^{(e)} = 0$，由式(13-10a)或式(13-10b)可得

$$p_{2x} = p_{1x} = 常量 \qquad (13\text{-}12)$$

这是质点系的动量在该轴上投影守恒的情形。它表明，若作用于质点系的外力在某轴上的投影代数和恒等于零，则该质点系的动量在该轴上的投影保持不变。

【例13-1】 图 13-2 所示质量为 75 kg 的跳伞运动员，从飞机中跳出后铅垂下降，待降落 100 m 时将伞张开，从这时起经过时间 $t = 3$ s 后降落速度变为 5 m/s。求降落伞绳子拉力的合力(平均值)。

【解】 以人为研究对象，视为质点，其运动包含两个不同的阶段。

第一阶段为人从飞机上跳下至伞张开。在这个阶段中，可以不计空气阻力，认为人系自由降落。因而下降 100 m 时的速度由运动学知

$$v_1 = \sqrt{2gh} = \sqrt{2 \times 9.81 \times 100} \text{ m/s} = 44.3 \text{ m/s}$$

第二阶段为从伞张开至降落速度达到 $v = 5$ m/s。在这个阶段中人当然不再自由降落，他除了受重力 $\boldsymbol{G} = m\boldsymbol{g}$ 作用外，还受降落伞绳子拉力 $\boldsymbol{F}_T$ 的作用(图 13-2)。设在 3 s 内绳子拉力的合力之平均值为 $\boldsymbol{F}_T^*$，取 x 轴向下，由式(13-7)有

$$mv_2 - mv_1 = (mg - F_T^*)t$$

即

$$(75 \times 5 - 75 \times 44.3)\text{N} \cdot \text{s} = (75 \times 9.81 - F_T^*)\text{N} \times 3\text{s}$$

得

$$F_T^* = 1718\text{N}$$

事实上，降落伞绳子拉力的合力 $\boldsymbol{F}_T$ 就是空气对降落伞的阻力(设伞重不计)，而其大小随降落速度而变，伞刚张开时，速度大，阻力也大。这个平均阻力 $\boldsymbol{F}_T$ 的值大于重力 $G = (75 \times 9.81)\text{N} = 736$ N。

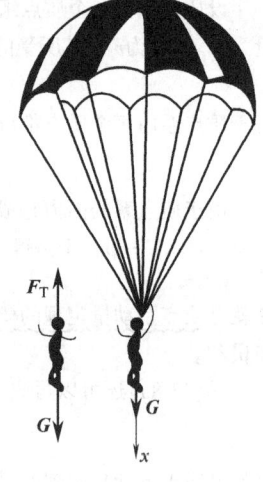

图 13-2

应该指出，在降落伞张开后随着降落速度的降低，阻力减小，而当阻力减少到等于人的重力时，显然降落的速度就不会再减小，这个速度便称为极限速度。

【例13-2】 在水平面上有物块 A 与 B，$m_A = 2$ kg，$m_B = 1$ kg。物块 A 以某一速度运动而撞击原来静止的物块 B，如图 13-3a 所示。撞击后，物块 A 与 B 一起向前运动，历时 2 s 而停止。设物块 A、B 与水平面的摩擦因数为 $f = 0.25$，求撞击前物块 A 的速度以及撞击时物块 A 与 B 相互作用的冲量。

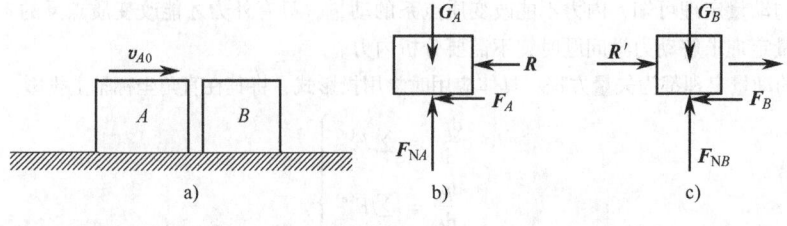

图 13-3

【解】 先取物块 A 为研究对象(图 13-3b)。在物块 A 和 B 撞击运动过程中，作用于物块 A 的力有：物块 A 的重力 $\boldsymbol{G}_A$、水平面的法向约束力 $\boldsymbol{F}_{NA}$、摩擦力 $\boldsymbol{F}_A$ 及物块 B 的作用力 $\boldsymbol{R}$。设撞击前物块 A 的速度为 $\boldsymbol{v}_{A0}$，

从撞击开始到停止运动的 2 s 内，物块 A 的速度由 v_{A0} 变化到零。此段时间内，在水平方向，物块 A 上有两个冲量作用：一个是物块 B 对它作用力 R 的冲量，设其大小为 I；另一个是水平面对它作用的摩擦力 F_A 的冲量 $F_A t$，沿 x 轴水平向左，由动量定理投影式，得

$$0 - m_A v_{A0} = -I - F_A t \tag{1}$$

再取物块 B 为研究对象（图 13-3c）。在撞击运动过程中，作用于物块 B 的力有：物块的重力 G_B、水平面的法向约束力 F_{NB}、摩擦力 F_B 及块 A 的作用力 R'。物块 B，在撞击开始时的速度为零，最后仍为零，所以它的动量变化为零。此时间间隔内，作用于物块 B 的水平方向冲量有两个：一个是物块 A 对它撞击时作用力 R' 的冲量，其与作用在物块 A 上的撞击冲量互为作用与反作用；另一个是摩擦力 F_B 的冲量 $F_B t$，而 $F_B = F_N f = m_B g f$。由动量定理投影式得

$$0 - 0 = I' - F_B t \tag{2}$$

由式（1）、式（2）可得
$$-m_A v_{A0} = -(F_A + F_B) t$$

故
$$v_{A0} = \frac{(F_A + F_B) t}{m_A} = \frac{(m_A g f + m_B g f) t}{m_A} = \frac{m_A + m_B}{m_A} g f t = \left(\frac{2+1}{2} \times 9.8 \times 0.25 \times 2 \right) \text{m/s} = 7.35 \text{ m/s}$$

由式（2）得物块 A 和 B 相互作用的冲量

$$I = I' = F_B t = m_B g f t = (1 \times 9.8 \times 0.25 \times 2) \text{N} \cdot \text{s} = 4.9 \text{ N} \cdot \text{s}$$

第二节 质心运动定理和质心运动守恒定律

一、质心运动定理

1. 质心的确定

设有由 n 个质点 M_1，M_2，$\cdots$，M_i 组成的质点系，它们的质量分别为 m_1，m_2，$\cdots$，m_i，而系统的质量为 $m = \sum m_i$。在固定坐标 $Oxyz$ 中，任一质点 M_i 的位置如果用由起点在坐标原点 O 的矢径 r_i 表示，则确定质心 C 位置的矢径 r_C 由下式决定：

$$r_C = \frac{\sum m_i r_i}{\sum m_i} = \frac{\sum m_i r_i}{m} \tag{13-13}$$

上式的直角坐标形式为

$$x_C = \frac{\sum m_i x_i}{m}, \quad y_C = \frac{\sum m_i y_i}{m}, \quad z_C = \frac{\sum m_i z_i}{m} \tag{13-14}$$

式中，$m = \sum m_i$ 为质点系的总质量。

对于在地面附近的质点系，即在重力加速度为 g 的均匀重力场中的质点系，有

$$m_i = \frac{W_i}{g}, \quad m = \frac{W}{g} = \frac{\sum W_i}{g}$$

那么质心直角坐标形式（13-14）成为

$$x_C = \frac{\sum W_i x_i}{W}, \quad y_C = \frac{\sum W_i y_i}{W}, \quad z_C = \frac{\sum W_i z_i}{W}$$

式中，W_i 为质点 M_i 的重量；W 为质点系的重量。

2. 质心运动定理

将式（13-13）的等号两边乘以 m 后对时间 t 求导，并考虑到 $dr_C/dt = v_C$ 是质点系质心的速度，$\frac{dr_i}{dt} = v_i$ 是质点 M_i 的速度，则有

$$m v_C = \sum m_i v_i = p \tag{13-15}$$

可见，质点系的动量就等于质点系的质量与质心速度的乘积。

将式（13-15）代入质点系动量定理的表达式（13-9），得

$$\frac{d(m\boldsymbol{v}_C)}{dt} = \sum \boldsymbol{F}_i$$

因 $\dfrac{d\boldsymbol{v}_C}{dt} = \boldsymbol{a}_C$ 为质心的加速度，故上式成为

$$m\boldsymbol{a}_C = \sum \boldsymbol{F}_i \tag{13-16}$$

此式表明，质点系的质量与其质心加速度的乘积等于作用于质点系的外力的矢量和。这就是<u>质心运动定理</u>(theorem of motion of centre of mass)。

式(13-16)与质点动力学基本方程 $m\boldsymbol{a} = \boldsymbol{F}$ 在形式上完全相同。因此，可以把质点系中质心的运动看成为一个质点的运动，设想把质点系的全部质量和所有外力集中在这个质点上。对于平面问题，将式(13-16)的两边在固定坐标轴上投影得

$$m\frac{d^2 x_C}{dt^2} = \sum F_{ix}, \quad m\frac{d^2 y_C}{dt^2} = \sum F_{iy} \tag{13-17}$$

质心运动定理指出，质心的运动完全决定于质点系的外力，而与质点系的内力无关。例如，汽车、火车之所以能行进，是因为依靠主动轮与地面或铁轨接触点间的向前摩擦力。否则，车轮只能在原地空转。再如冰冻路面光滑，所以常在汽车轮子上绕防滑链，或在火车的铁轨上喷砂粒，这都是为了增大主动轮与地面或铁轨间的摩擦力。刹车时，制动闸与轮子间的摩擦力是内力，它并不直接改变质心的运动状态，但能阻止车轮相对于车身的转动，如果没有车轮与地面或铁轨接触点间的向后摩擦力，即使闸块使轮子停止转动，车辆仍要向前滑行，不能减速。再例如人在跳远时，当起跳后其质心在重力作用下沿抛物线运动，这时，人体的任何动作都已不可能改变其质心的运动，因为在这过程中外力（重力）并未改变。当然，尽管质心的运动这时已无可改变，但运动员还可以将两臂向后甩，以使两腿前伸，从而取得较好的成绩。

质心运动定理是质点系动量定理的另一种形式，建立了质点系质心的运动与外力之间的关系。如果质点系仅作移动，那么应用质心运动定理求出质点系质心的运动后，就完全确定了整个质点系的运动。若质点系作任意运动，则总可将它分解为随质心的移动和绕质心的转动。前者应用质心运动定理即可确定，后者则将在下一节中来研究。

【**例 13-3**】 曲柄 AB 长 r，重 W_1，受力偶作用以不变的角速度 ω 转动，并带动滑槽连杆以及与它固连的活塞 D，如图 13-4 所示。滑槽、连杆、活塞共重 W、重心在点 C。活塞上作用一恒力 Q，如导板的摩擦略去不计。求作用在曲柄轴 A 上的最大水平分力 $\boldsymbol{F}_{Ax}$。

【**解**】 选取整个机构为研究的质点系。作用在水平方向的外力有 Q 和 $\boldsymbol{F}_{Ax}$。

列出质心运动定理在 x 轴上的投影式

$$ma_{Cx} = F_{Ax} - Q$$

为了求质心的加速度在 x 轴上的投影，先计算质心的坐标，然后把它对时间取二阶导数，即

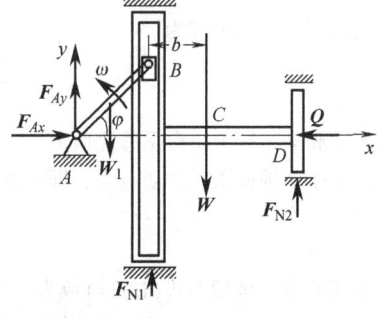

图 13-4

$$x_C = \left[W_1 \cdot \frac{r}{2}\cos\varphi + W(r\cos\varphi + b) \right] \frac{1}{W + W_1}$$

$$a_{Cx} = \frac{d^2 x_C}{dt^2} = \frac{-r\omega^2}{W + W_1}\left(\frac{W_1}{2} + W\right)\cos\omega t$$

应用质心运动定理，解得

$$F_{Ax} = Q - \frac{r\omega^2}{g}\left(\frac{W_1}{2} + W\right)\cos\omega t$$

显然，最大压力为

$$F_{Ax,\max} = Q + \frac{r\omega^2}{g}\left(\frac{W_1}{2} + W\right)$$

请读者分析，取整个机构为研究对象，应用质心运动定理能否求解铅直支力 F_{Ay}。

【例 13-4】 机车的质量为 m_1，车辆的质量为 m_2，它们是通过相互撞击而挂钩。若挂钩前，机车的速度为 v_1，车辆处于静止，$v_2=0$，如图 13-5a 所示。求：挂钩后的共同速度 u 以及在挂钩过程中相互作用的冲量和平均撞击力。设挂钩时间为 t，轨道是光滑和水平的。

【解】（1）以机车和车辆为研究对象。它们在撞击时的相互作用力是内力，作用在系统上的外力除了铅垂方向的重力和轨道给车轮的法向约束力外，无其他外力，故在挂钩过程中水平方向没有外力冲量，即系统的动量在水平轴 x 方向是守恒的。有

$$(m_1+m_2)u = m_1 v_1$$

式中，u 为挂钩后机车和车辆的共同速度。由此求得

$$u = \frac{m_1}{m_1+m_2} v_1$$

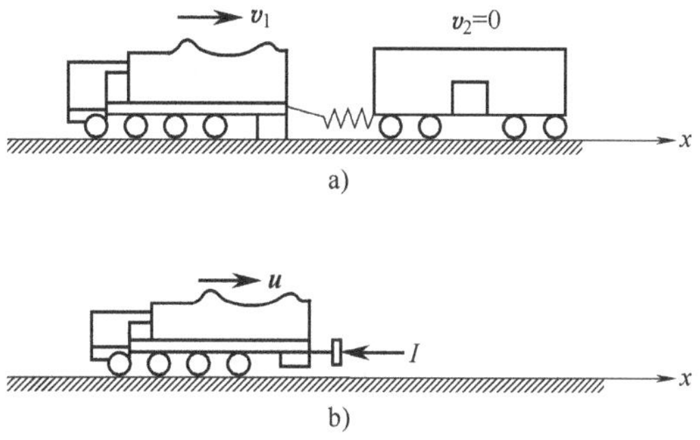

（2）以机车为研究对象，如图 13-5b 所示。根据式(13-10)的第一式有

$$m_1 u - m_1 v_1 = -I$$

由此求得冲量 I 的大小为

$$I = m_1(v_1 - u) = \frac{m_1 m_2}{m_1+m_2} v_1$$

从而求得平均撞击力为

$$F^* = \frac{I}{t} = \frac{m_1 m_2}{m_1+m_2} \frac{v_1}{t}$$

图 13-5

【例 13-5】 大炮的炮身重 $W_1 = 8$ kN，炮弹重 $W_2 = 40$ N，炮筒的倾角为 30°，炮弹从击发至离开炮筒所需时间 $t = 0.05$ s，炮弹出口速度 $v = 500$ m/s。不计摩擦。求炮身的后坐速度及地面对炮身的平均法向约束力（图 13-6）。

【解】 以炮身和炮弹为一系统。作用于此质点系上的外力有重力 W_1、W_2 和地面的法向约束力 F_R；在水平方向无外力作用。由此可知，在发射炮弹的过程中，系统的动量在水平方向保持不变。发射前，系统系静止，其动量为零，因此，发射后系统的动量在水平方向上仍应为零。现以 u 表示发射炮弹后炮身在水平方向的后坐速度（先假设沿 x 轴正向），则有

$$\frac{W_1}{g} u + \frac{W_2}{g} v\cos 30° = 0$$

由此可求得

$$u = -\frac{W_2}{W_1} v\cos 30° = \left(-\frac{0.04}{8} \times 500 \times \frac{\sqrt{3}}{2}\right) \text{m/s} = -2.17 \text{ m/s}$$

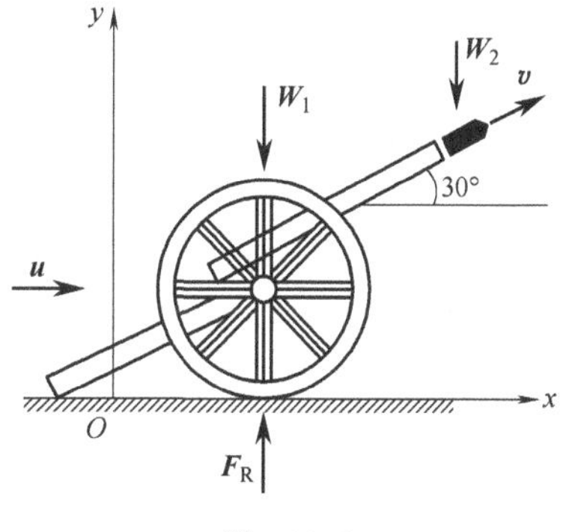

此处的负号表示炮身的后坐速度与所设方向相反，即发射炮弹时炮身向后退。

根据式(13-10)的第二式有

$$\frac{W_2}{g} v\sin 30° - 0 = (F_R - W_1 - W_2) t$$

求得

$$F_R = W_1 + W_2 + \frac{W_2}{g} \frac{v\sin 30°}{t} = \left(8 + 0.04 + \frac{0.04}{9.81} \times \frac{500 \times 0.5}{0.05}\right) \text{kN} = 28.4 \text{ kN}$$

图 13-6

显然，这里求得的 F_R 是射击过程中地面对炮身的"平均"法向力，因为在计算中是把 F_R 作为常力对待的，而实际上这个力在射击过程中其大小是变化的。

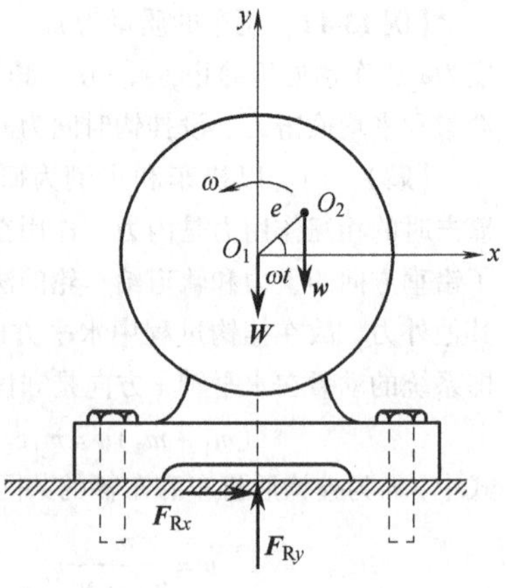

【例 13-6】 电动机的外壳固定在水平基础上，定子（包括外壳）重为 W、转子重为 w，如图 13-7 所示。由于制造误差，转子的质心 O_2 没有与定子的质心 O_1 重合，偏心距 $O_1O_2 = e$。已知转子以匀角速度转动，求电动机支座处所受到的水平约束力 F_{Rx} 和铅垂约束力 F_{Ry}，并求出它们的最大值及最小值。

【解】 取整个系统为研究对象，取坐标系如图。系统所受的外力有：定子的重力 W、转子的重力 w、水平约束力 F_{Rx} 和铅垂约束力 F_{Ry}。

系统质心的坐标为

$$x_C = \frac{Wx_1 + wx_2}{W + w} = \frac{0 + we\cos\omega t}{W + w}, \quad y_C = \frac{Wy_1 + wy_2}{W + w} = \frac{0 + we\sin\omega t}{W + w}$$

将以上两式分别对时间 t 求导两次，得质心加速度的两个分量

$$a_{C_x} = \frac{d^2 x_C}{dt^2} = -\frac{we\omega^2}{W + w}\cos\omega t, \quad a_{C_y} = \frac{d^2 y_C}{dt^2} = -\frac{we\omega^2}{W + w}\sin\omega t$$

据公式(13-17)有

$$\frac{W + w}{g}a_{C_x} = F_{Rx}, \quad \frac{W + w}{g}a_{C_y} = F_{Ry} - W - w$$

由此求得

$$F_{Rx} = -\frac{w}{g}e\omega^2\cos\omega t, \quad F_{Ry} = W + w - \frac{w}{g}e\omega^2\sin\omega t$$

图 13-7

上述结果表明，电动机的支座约束力随时间而变化，这是由于转子的偏心使电动机左右、上下发生振动所致。铅垂约束力中的 $(W/g)e\omega^2\sin\omega t$ 那部分以及整个水平约束力就是这种效应引起的所谓附加动约束力。显然，即使转子的偏心距 e 不大，但在转速 ω 较大的情况下，附加动约束力会比铅垂静约束力 $W + w$ 大得多，在生产和组装电动机时必须注意到这一影响。

由上式不难求得支座约束力的最大值和最小值(按绝对值)

$$F_{Rx,\max} = \frac{w}{g}e\omega^2, \quad F_{Rx,\min} = 0$$

$$F_{Ry,\max} = W + w\left(1 + \frac{e\omega^2}{g}\right), \quad F_{Ry,\min} = W + w\left(1 - \frac{e\omega^2}{g}\right)$$

二、质心运动守恒定律

1) 当 $\sum F^{(e)} = 0$ 时，由式(13-16)得 $\quad a_C = 0$

于是有 $\quad v_C = $ 常矢量

即作用于质点系的外力主矢恒为零，则质心作惯性运动。如果在运动开始时质心是静止的，即 $v_{C0} = 0$，则 $v_C = 0$，因此，$r_C = $ 常矢量；那么质心位置始终保持不动。

2) 当 $\sum F_x^{(e)} = 0$ 时，由式(13-17)中的第一式得

$$a_{Cx} = 0$$

于是有 $\quad v_{Cx} = $ 常量

这表明，若作用于质点系的所有外力在某轴上投影的代数和恒等于零，则质心的速度在该轴上的投影保持不变；如果开始时质心的速度在该轴上的投影等于零，则质心沿该轴的坐标保持不变。

上述结论，称为**质心运动守恒定律**(law of conservation of motion of centre of mass)。

利用动量定理和质心运动定理(质心运动守恒定律)解题的步骤和要点：

1) 判定给定问题是否可用动量定理或质心运动定理求解。求约束力、速度和加速度时可用动量定理或质心运动定理；求质心速度、质心位置或质点系内部质点速度的改变时多用动量守恒定律或质心运动守恒定律。

2) 根据题意选择研究对象。研究对象可以是单个质点、质点系内部部分质点或整个质点系。

3) 受力分析。受力图中只画外力，不画内力。分析作用在研究对象上的外力主矢或外力在某轴上投影的代数和是否为零，若为零可选动量守恒或质心运动守恒定律求解。

4) 运动分析。用运动学方法分析质点或质点系质心的运动。计算动量时注意动量是矢量,且速度必须是绝对速度。

5) 应用动量定理或质心运动定理建立运动特征量与外力之间的关系。若应用守恒定律则需建立质点系内各部分之间相应运动学量之间的关系。

6) 求解方程,解出未知量。

【例 13-7】 如图 13-8 所示,在静止的小船上站立一人,设人重 P、船重 Q,船长 l,不计水的阻力。求当人从船头走到船尾时,船的位移。

【解】 取人与船组成的系统为研究对象。作用在系统上的外力有重力 P 和 Q 及浮力 F,取图示的坐标轴,则有 $\sum F_x^{(e)} = 0$,因为船开始静止。故质心在水平 x 轴上的坐标为常数。

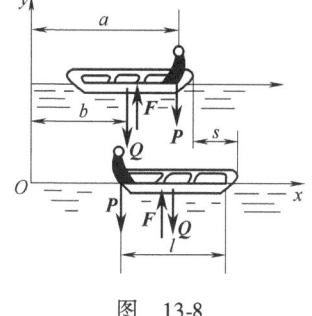

图 13-8

在人走动前,质心的坐标为

$$x_{C0} = \frac{Pa + Qb}{P + Q}$$

人走到船尾时,设船的位移为 s,则质心的坐标为

$$x_C = \frac{P(a - l + s) + Q(b + s)}{P + Q}$$

由于质心在 x 轴上的坐标不变式(13-14),即 $x_{C0} = x_C$,解得

$$s = \frac{Pl}{P + Q}$$

注意式中未知的位移 Δx_i 都设成沿 x 的正向。如以 Δx_1 表示船的位移,仍取图示的坐标轴。则有

$$\frac{Q}{g}\Delta x_1 + \frac{P}{g}(\Delta x_1 - l) = 0$$

于是解得

$$\Delta x_1 = \frac{Pl}{Q + P}$$

两种解法的结果是相同的。

第三节 动量矩定理

动量矩定理建立了质点系对某点的动量矩与作用于其上的外力系对同一点主矩之间的关系。并应用动量矩定理建立刚体绕定轴转动微分方程;以及结合质心运动定理和本节导出的相对质心的动量矩定理建立平面运动微分方程。

一、动量矩

动量矩(moment of momentum)是度量质点或质点系对某点或某轴运动强度的一个物理量。其定义和计算与力矩定义和计算完全一致。只要在原来力矩的定义及有关力矩的各种计算公式中,将力 F 换成的量 mv,适用于动量矩的计算。如质点的质量为 m、速度为 v,则其对点 O 的动量矩为

$$\boldsymbol{M}_O(m\boldsymbol{v}) = \boldsymbol{r} \times m\boldsymbol{v} \tag{13-18}$$

式中,r 是质点到点 O 的矢径,如图 13-9 所示。此表达式与静力学中力 F 对点 O 的矩 $\boldsymbol{M}_O(\boldsymbol{F}) = \boldsymbol{r} \times \boldsymbol{F}$ 完全相似。

质点对于点 O 的动量矩是矢量,画在矩心上,它垂直于矢径,与 mv 所组成的平面,矢量的指向按照右手法则确定。

质点系对某点 O 的动量矩等于各质点对同一点 O 的动量矩的矢量和,即

$$\boldsymbol{L}_O = \sum \boldsymbol{M}_O(m_i \boldsymbol{v}_i) \tag{13-19}$$

和力对点的矩与对经过该点的任一轴的矩之间的关系相似，动量对于一点的矩在经过该点的任一轴上的投影就等于动量对于该轴的矩。

动量矩单位在国际单位制中用 $kg \cdot m^2/s$ 或 $N \cdot m \cdot s$ 等表示。

刚体绕定轴转动是工程实践中最常见的一种运动形式(图10-8)，它对转轴的动量矩为

$$L_z = \sum M_z(m_i \boldsymbol{v}_i) = \sum m_i \omega r_i \cdot r_i = \omega \sum m_i r_i^2$$

而 $\sum m_i r_i^2$ 就是式(10-8)定义的转动惯量。故转动刚体对转轴 z 的动量矩为

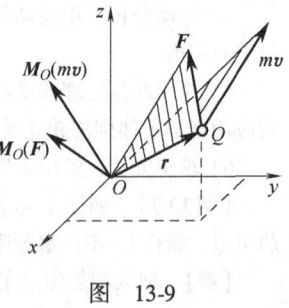

图 13-9

$$L_z = J_z \omega \tag{13-20}$$

这就是刚体绕定轴转动时动量矩的计算公式。它表明，绕定轴转动刚体对其转轴的动量矩等于刚体对转轴的转动惯量与转动角速度的乘积。

二、动量矩定理

式(13-18)对时间 t 求导，得

$$\frac{d}{dt}\boldsymbol{M}_O(m\boldsymbol{v}) = \frac{d}{dt}(\boldsymbol{r} \times m\boldsymbol{v}) = \frac{d\boldsymbol{r}}{dt} \times m\boldsymbol{v} + \boldsymbol{r} \times \frac{d}{dt}(m\boldsymbol{v})$$

由于

$$\frac{d\boldsymbol{r}}{dt} = \boldsymbol{v}, \quad \frac{d}{dt}(m\boldsymbol{v}) = \boldsymbol{F}$$

故

$$\frac{d}{dt}\boldsymbol{M}_O(m\boldsymbol{v}) = \boldsymbol{v} \times m\boldsymbol{v} + \boldsymbol{r} \times \boldsymbol{F}$$

又因为 $\boldsymbol{v}$ 与 $m\boldsymbol{v}$ 同方向，所以 $\boldsymbol{v} \times m\boldsymbol{v} = 0$，因而上式成为

$$\frac{d}{dt}\boldsymbol{M}_O(m\boldsymbol{v}) = \boldsymbol{M}_O(\boldsymbol{F}) \tag{13-21}$$

这就是质点的动量矩定理(theorem of moment of momentum)。它表明，质点对任一固定点的动量矩对时间的一阶导数等于作用于质点上的力对同一点的矩。

对于质点系，其中任一质点的质量为 m_i，速度为 $\boldsymbol{v}_i$，其上作用力分为内力 $\boldsymbol{F}_i^{(i)}$ 和外力 $\boldsymbol{F}_i^{(e)}$，则对该质点应用质点动量矩定理，得

$$\frac{d}{dt}\boldsymbol{M}_O(m_i \boldsymbol{v}_i) = \boldsymbol{M}_O(\boldsymbol{F}_i^{(i)}) + \boldsymbol{M}_O(\boldsymbol{F}_i^{(e)})$$

针对质点系内每个质点都可以写出上述形式的方程，将它们相加，得

$$\sum \frac{d}{dt}\boldsymbol{M}_O(m_i \boldsymbol{v}_i) = \sum \boldsymbol{M}_O(\boldsymbol{F}_i^{(i)}) + \sum \boldsymbol{M}_O(\boldsymbol{F}_i^{(e)})$$

将求和与求导顺序交换，又因为内力都是大小相等、方向相反地成对出现，即 $\sum \boldsymbol{M}_O(\boldsymbol{F}_i^{(i)}) = 0$，所以上式成为

$$\frac{d\boldsymbol{L}_O}{dt} = \sum \boldsymbol{M}_O(\boldsymbol{F}_i^{(e)}) \tag{13-22}$$

这就是**质点系的动量矩定理**。它表明，质点系对于任一固定点的动量矩对时间的一阶导数，等于作用于质点系的所有外力对同一点的矩的矢量和。

将式(13-22)投影到直角坐标轴上，得

$$\left.\begin{aligned}\frac{\mathrm{d}L_x}{\mathrm{d}t} &= \sum M_x(\boldsymbol{F}_i^{(\mathrm{e})}) \\ \frac{\mathrm{d}L_y}{\mathrm{d}t} &= \sum M_y(\boldsymbol{F}_i^{(\mathrm{e})}) \\ \frac{\mathrm{d}L_z}{\mathrm{d}t} &= \sum M_z(\boldsymbol{F}_i^{(\mathrm{e})})\end{aligned}\right\} \tag{13-23}$$

这就是<u>质点系动量矩定理的投影形式</u>。它表明，质点系对于某定轴的动量矩等于作用于质点系的外力对同一轴的矩的代数和。

由式(13-22)及式(13-23)可知，若 $\sum M_O(\boldsymbol{F}_i^{(\mathrm{e})}) = 0$（或 $\sum M_x(\boldsymbol{F}_i^{(\mathrm{e})}) = 0$），则 $\boldsymbol{L}_O$ = 常矢量（或 L_x = 常量）。就是说，如果质点系所受的外力对某一固定点（或固定轴）的矩始终等于零，则质点系对该点（或轴）的动量矩保持为常量。此结论称为<u>质点系动量矩守恒定律</u>（law of conservation of moment of momentum）。

动量矩守恒定律在科学技术上、生产和日常生活中，都有着广泛的应用。例如，图 13-10 所示为摩擦式离合器的示意图。在离合器接合之前，如图 13-10a 所示，飞轮 I 以角速度 ω_1 转动，而摩擦盘 II 则静止不动。离合器接合后，如图 13-10b 所示，飞轮与摩擦盘则以相同角速度 ω 一起转动。设飞轮、摩擦盘及其后的传动系统对转动轴的转动惯量分别为 J_1 和 J_2。将飞轮和摩擦盘及其后的传动系统视为一质点系，因为整个质点系不受外力矩（轴承处摩擦不计）作用，所以对转动轴的动量矩守恒。故有

$$J_1 \omega_1 = (J_1 + J_2) \omega$$

即

$$\omega = \frac{J_1 \omega_1}{J_1 + J_2}$$

又如，舞蹈演员绕着通过脚尖的铅直轴旋转时，可借着伸张和收缩两臂来调整旋转的速度。

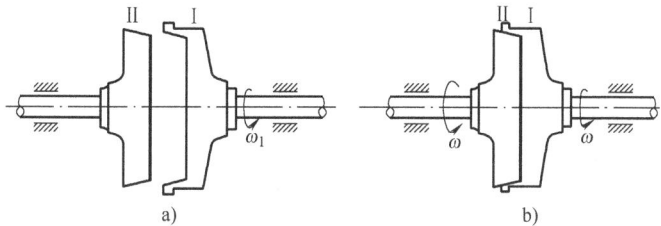

图 13-10

【例 13-8】 图 13-11 所示，滑轮的重量为 W，半径为 r，可视为匀质圆盘绕轴 O 转动，其上绕一绳子，绳子的一端挂一重量为 Q 的重物。滑轮上作用一转矩 M，使得重物上升。设绳的重量及轴承处的摩擦不计，试求重物上升的加速度。

【解】 取滑轮、绳及重物组成的质点系为研究对象。作用于其上的外力有滑轮重力 W、重物重力 Q、转矩 M、轴承约束力 $\boldsymbol{F}_{Ox}$、$\boldsymbol{F}_{Oy}$，如图 13-11 所示。

滑轮作定轴转动，重物作直线平动。设任一瞬时，重物上升的速度为 v，加速度为 a，而滑轮的角速度为 ω，角加速度为 ε，如图 13-11 所示。

应用质点系对转动轴 O 的动量矩定理

$$\frac{\mathrm{d}L_O}{\mathrm{d}t} = \sum M_O(\boldsymbol{F}_i^{(\mathrm{e})}) \tag{1}$$

质点系对轴 O 的动量矩

$$L_O = \frac{1}{2}\frac{W}{g}r^2\omega + \frac{Q}{g}vr \quad (2)$$

所有外力对轴 O 的力矩之和

$$\sum_{i=1}^{n} M_O(\boldsymbol{F}_i^{(e)}) = M - Qr \quad (3)$$

将式(2)和(3)代入式(1)，可解得

$$a = \frac{2(M-Qr)g}{(W+2Q)r}$$

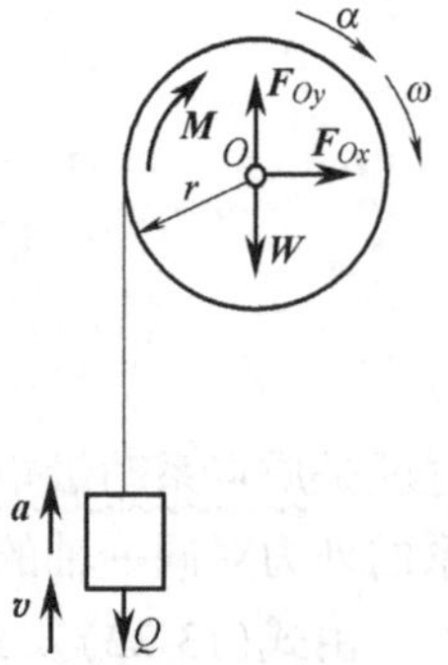

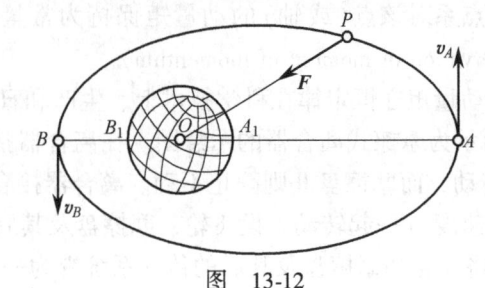

图 13-11

【例 13-9】 我国第一颗人造地球卫星沿着椭圆轨道运动，地球的中心 O 是这椭圆的焦点之一，如图 13-12 所示。已知卫星的近地点 B 离地面距离为 $BB_1 = 439$ km，远地点 A 离地面距离为 $AA_1 = 2384$ km，地球半径取 6370 km，求卫星在近地点的速度与远地点的速度之比。

【解】 取卫星为研究对象，视为质点，作用于其上的力 $\boldsymbol{F}$ 始终通过地心 O，根据质点的动量矩守恒定律可知，卫星对点 O 的动量矩保持为常量。设卫星的质量为 m，v_A 和 v_B 分别是远地点和近地点时卫星的速度，则得

$$L_O = mv_A \cdot OA = mv_B \cdot OB = 常量$$

由题设条件知，$OA = (6370+2384)\text{ km} = 8754$ km，$OB = (6370+439)\text{ km} = 6809$ km，代入上式，得

$$\frac{v_B}{v_A} = \frac{OA}{OB} = \frac{8754}{6809} = 1.28$$

图 13-12

第四节　刚体的平面运动微分方程

由运动学可知，刚体的平面运动可以分解为随同基点的平移和相对于基点的转动。在动力学中，一般取质心为基点，将刚体的平面运动分解为随同质心的平移和相对于质心的转动。这两部分的运动分别由质心运动定理和相对于质心的动量矩定理来确定。

如图 13-13 所示，作用在刚体上的外力简化为质心所在平面内的一平面力系 $\boldsymbol{F}_i^{(e)}$（$i=1, 2, \cdots, n$），在质心 C 处建立平移坐标系 $Cx'y'$，由质心运动定理和相对于质心的动量矩定理得

$$\left.\begin{array}{l}m\boldsymbol{a}_C = \sum \boldsymbol{F}_i^{(e)} \\ \dfrac{\mathrm{d}}{\mathrm{d}t}(J_C\omega) = \sum M_C(\boldsymbol{F}_i^{(e)})\end{array}\right\} \quad (13\text{-}24\text{a})$$

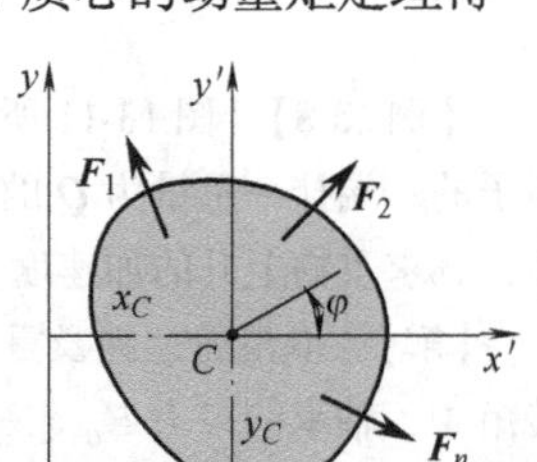

上式的投影形式为

$$\left.\begin{array}{l}ma_{Cx} = \sum F_{ix}^{(e)} \\ ma_{Cy} = \sum F_{iy}^{(e)} \\ J_C\varepsilon = \sum M_C(\boldsymbol{F}_i^{(e)})\end{array}\right\} \quad (13\text{-}24\text{b})$$

图 13-13

式(13-24)为刚体平面运动微分方程，利用此方程可求解刚体平面运动的两类动力学问题。

【例 13-10】 如图 13-14a 所示，已知匀质杆 AB 长为 l，质量为 m。若不计滑块 A 的质量和滑槽摩擦，试求当绳子 BO 断裂瞬间滑槽的约束力以及杆 AB 的角加速度。

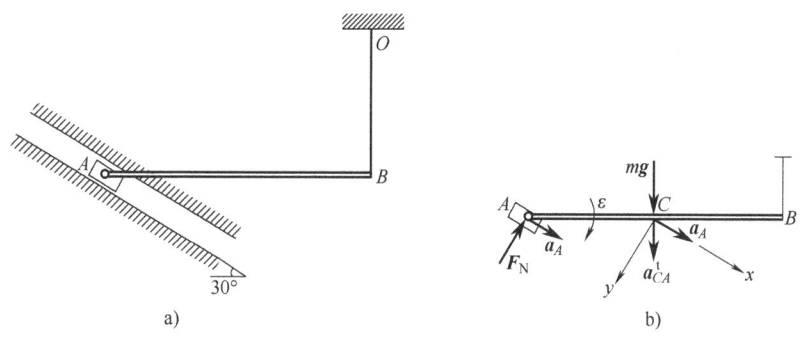

图 13-14

【解】 选取杆 AB（含滑块 A）为研究对象。在绳断裂瞬间，杆 AB 的角速度为零，其受力分析和运动分析如图 13-14b 所示。

建立图示坐标系，根据刚体平面运动微分方程，有

$$\left. \begin{array}{l} ma_{Cx} = mg\sin 30° \\ ma_{Cy} = mg\cos 30° - F_N \\ \dfrac{1}{12}ml^2 \varepsilon = F_N \dfrac{l}{2}\cos 30° \end{array} \right\} \quad (a)$$

上述三方程中包含了四个未知量，不可解。需要根据运动学知识建立补充方程。绳断后杆 AB 作平面运动。取点为基。由基点法，质心 C 的加速度

$$\boldsymbol{a}_C = \boldsymbol{a}_A + \boldsymbol{a}_{CA}^t + \boldsymbol{a}_{CA}^n \quad (b)$$

其中，$a_{CA}^n = \dfrac{l}{2}\omega^2 = 0$，$a_{CA}^t = \dfrac{l}{2}\varepsilon$。将式（b）两边向 y 轴投影，有

$$a_{Cy} = \dfrac{l}{2}\varepsilon\cos 30° \quad (c)$$

联立式（a）与式（c）解得当绳子 BO 断裂瞬间，滑槽约束力以及杆 AB 的角加速度为

$$F_N = \dfrac{2\sqrt{3}}{13}mg, \quad \varepsilon = \dfrac{18g}{13l}$$

第五节　动力学普遍定理的综合应用

动能定理、动量定理和动量矩定理通常称为**动力学普遍定理**（general theorems of dynamics），又称为动力学的三大定理。这些定理从不同的方面给出了研究对象（质点或质点系）的运动特征量和力的作用量之间的关系。它们可分为两类：动能定理属于一类，动量定理和动量矩定理属于另一类。前者是标量形式，后者是矢量形式；两者都用于研究机械运动，而前者还用于研究机械运动与其他运动形式有能量转化的问题。

由于各个定理有各自的特点，这就需要根据问题的性质和所给的条件及要求，恰当地选择合适的定理。由于选用普遍定理解题有相当的灵活性，不可能定出几条固定不变的规则，因而综合应用普遍定理求解动力学问题必须根据问题的具体条件和要求灵活掌握。下面介绍求解动力学综合应用问题的一般方法和步骤，仅供参考。

一、一般方法

（1）首先判断是否是某种运动守恒问题，如动量守恒、质心运动守恒、动量矩守恒或相对于质心的动量矩守恒等。若是守恒问题，可根据相应的守恒定律求未知的运动（速度、角速度或位移）。

（2）对于非自由质点系，建立动力学方程时，若已知主动力求质点系的运动，最好使方程中不包含未知的约束力。这时，如果质点系在保守力作用下（或有非保守力作用，但非保守力不做功），用机械能守

恒定律较为方便。如约束力不做功，可用质点系动能定理。如约束力与某定轴相交或平行，可用质点系动量矩定理。如约束力均与某轴垂直，可用质点系动量定理或质心运动定理在此轴上的投影式。

（3）若已知运动（包括用动能定理和动量矩定理求得的运动），求质点系的约束力，通常用动量定理（包括质心运动定理）和动量矩定理。若要求的是内力，则需取分离体或用动能定理。

（4）对于既要求运动又要求力的综合性问题，总的思路是，先求运动，再求力。对有的问题虽只求运动，但问题比较复杂时，往往用一个定理不能求解。以上两种问题需要综合应用动力学普通定理求解，求解时还要充分利用题中的附加条件（如运动学关系、最大静摩擦力定律等），增列补充方程，使方程中的未知数与方程数相等，方能求解。

二、解题步骤

（1）选取研究对象。首先明确所研究的质点系包括哪些物体，是整个系统还是其中的某一部分；

（2）物体的受力分析和运动分析。根据所选研究对象，画出受力图和运动分析图，分清每个物体的运动形式、特点，为计算基本物理量和建立运动学补充方程做准备；

（3）选择定理。根据以上分析及对已知量和待求量的分析，选取合适的定理，建立方程式；

（4）求解并讨论。

三、动力学普遍定理的应用举例

【例13-11】 船上吊杆从船舱中吊货，货物是钢块，质量 $m = 3000$ kg，如图13-15所示。在卸货过程中，钢块吊起距甲板高度 $H = 1.5$ m 时，由于滑轮卡住，吊货索突然断裂，钢块落在甲板上，碰撞时间 $t = 0.01$ s。试求作用在甲板上的平均碰撞力。

【解】 取钢块为研究对象。钢块从高度 H 处自由下落过程中只受重力作用，设它与甲板刚要接触时所具有的速度为 v，由动能定理得

$$\frac{1}{2}mv^2 - 0 = mgH$$

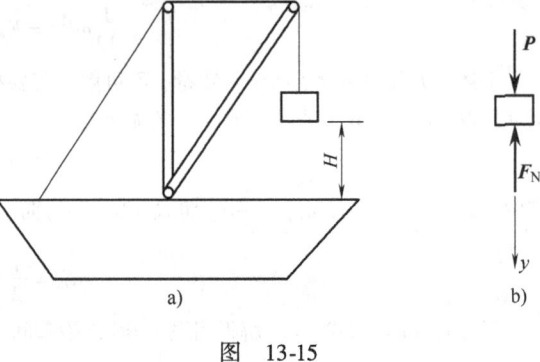

图 13-15

所以

$$v = \sqrt{2gH} = \sqrt{2 \times 9.8 \times 1.5} \text{ m/s} = 5.42 \text{ m/s}$$

钢块接触甲板后到停止的过程中，除受钢块的重力 P 作用外，还受甲板作用于钢块上的约束力 F_N。这个反力是变力，在极短的碰撞时间间隔 t 内迅速变化，我们用平均碰撞反力来代替，如图13-15b所示。

取铅垂轴 y，向下为正，根据质点动量定理，得

$$mv_{2y} - mv_{1y} = (P - F_N) t$$

这时，$v_{2y} = 0$，$v_{1y} = v = 5.42$ m/s，$P = mg$，代入上式，得

$$F_N = P + \frac{mv}{t} = \left(3000 \times 9.8 + \frac{3000 \times 5.42}{0.01}\right) \text{N} = 1655.4 \text{ kN}$$

钢块的重量 $P = mg = 29.4$ kN，撞击时作用在甲板上的平均力是钢块重量的56.3倍，可见甲板受的冲击力相当大，因此，在船上装卸货物时，必须注意操作安全。

【例13-12】 如图13-16所示三角柱体 ABC 质量为 M，放置于光滑水平面上。质量为 m 的均质圆柱体沿斜面 AB 向下滚动而不滑动，若斜面倾角为 θ，求三角柱体的加速度。

【解】 设圆柱体质心 O 相对三角柱的速度为 u，三角柱体向左滑动的速度为 v 并设系统开始时静止，根据动量守恒定理，有

$$p_x = -Mv + m(u\cos\theta - v) = 0$$

得

$$u = \frac{M+m}{m\cos\theta}v \qquad ①$$

初始时刻系统的动能为零，即 $T_1 = 0$

任意时刻的动能

$$T_2 = \frac{1}{2}Mv^2 + \frac{1}{2}m(v^2 + u^2 - 2vu\cos\theta) + \frac{1}{2}J_O\omega^2$$

其中，$J_O = \frac{1}{2}mr^2$，$\omega = \frac{u}{r}$，代入上式，得

$$T_2 = \frac{1}{2}Mv^2 + \frac{1}{2}m(v^2 + u^2 - 2vu\cos\theta) + \frac{1}{4}mu^2$$

在运动过程中，作用于系统的力只有重力 $m\boldsymbol{g}$ 做功，故

$$W = mgs\sin\theta$$

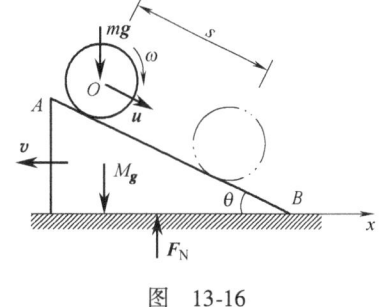

图 13-16

由动能定理，得
$$\frac{1}{2}Mv^2 + \frac{1}{2}m(v^2 + u^2 - 2vu\cos\theta) + \frac{1}{4}mu^2 = mgs\sin\theta \qquad ②$$

将式①代入式②，得
$$\frac{M+m}{4m\cos^2\theta}[3(M+m) - 2m\cos^2\theta]v^2 = mgs\sin\theta$$

将上式两边对时间 t 求导，并注意到 $\dfrac{\mathrm{d}v}{\mathrm{d}t} = a$，$\dfrac{\mathrm{d}s}{\mathrm{d}t} = u = \dfrac{M+m}{m\cos\theta}v$

可得三角柱体的加速度
$$a = \frac{mg\sin 2\theta}{3M + m + 2m\sin^2\theta}$$

思 考 题

1. 分析下述论点是否正确：

（1）当轮子在地面作纯滚动时，滑动摩擦力做负功；

（2）不论弹簧是伸长还是缩短，弹性力的功总等于 $-k\delta^2/2$；

（3）当质点作曲线运动时，沿切线及法线方向的分力都做功；

（4）质点的动能愈大，表示作用于质点上的力所做的功愈大。

2. 一人站在高塔顶上，以大小相同的初速度 u_0，分别沿水平、铅直向上、铅直向下抛出小球，当这些小球落到地面时，其速度的大小是否相等？（空气阻力不计）

3. 质点作匀速直线运动和匀速圆周运动时，其动量有无变化？为什么？

4. 如果给某一运动的质点系施加一力偶，那么该质点系的动量是否会发生改变？

5. 质点系动量守恒时，其质心作什么运动？

6. 二物块 A 和 B，质量分别为 m_A 和 m_B，初始静止。如 A 沿斜面下滑的相对速度为 $\boldsymbol{v}_r$，如图 13-17 所示。设 B 向左的速度为 $\boldsymbol{v}$，根据动量守恒定律，有 $m_A v_r \cos\theta = m_B v$。对吗？

7. 图 13-18 所示均质细直杆 OA 长为 l，质量为 M，可绕定轴 O 转动。设某瞬时直杆质心 C 的速度为 v_C，则杆的动量 $p = Mv_C$，于是求得直杆对轴 O 的动量矩为 $L_O = Mv_C \dfrac{l}{2} = \dfrac{1}{2}Mv_C$。这样计算对吗？为什么？

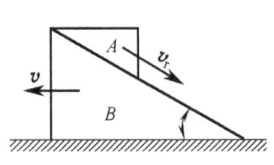

图 13-17

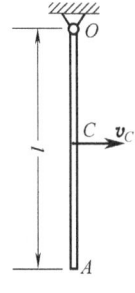

图 13-18

8. 有一火车以匀速度 u 直线行驶，车厢内一重为 G 的人以同方向、相对于车厢为 v 的速度向前行走，问该人的动量为何？如人原在车上相对静止，其动量的变化是如何产生的？

9. 炮弹飞出炮膛后，如无空气阻力，质心沿抛物线运动。炮弹爆炸后，质心运动规律不变。若有一块碎片落地，质心是否还沿原抛物线运动？为什么？

习　题

13-1 计算题 13-1 图所示系统的动量。

① 如题图 a 所示，质量为 m 的均质圆盘，沿水平面纯滚动，某瞬时质心速度为 v_C。

② 如题图 b 所示，非均质圆盘以角速度 ω 绕 O 轴转动，圆盘质量为 m，质心为 C，且 $OC = l/2$。

③ 如题图 c 所示，质量为 m 的均质杆，长为 l，角速度为 ω。

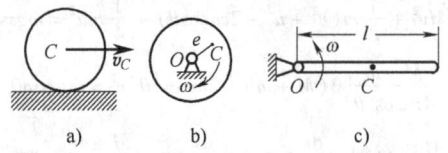

题 13-1 图

13-2 一物块质量为 1 kg，开始静止在光滑的水平面上，后受一水平向右的力作用，此力的大小随时间而变化的关系为 $F = 5 + 2t$（其中 F 的单位为 N，t 的单位为 s）。试求 $t = 2$ s 时物块的速度。

13-3 一汽车以速度 $v_0 = 90$ km/h 沿水平直线匀速行驶。轮胎与路面间的摩擦因数为 $f = 0.6$，如果每个车轮都装有制动闸，试求：（1）欲使汽车停止需要多少时间；（2）刹车过程中汽车行驶了多少路程。

13-4 如题 13-4 图所示的通风机，转动部分以初角速度 ω_0 绕其轴转动，空气的阻力矩与角速度成正比，$M = A\omega_0$，其中 A 为常数。如转动部分对其轴的转动惯量为 J，问经过多少时间后其转动角速度减少为初角速度的一半？又在此时间内共转过多少转？

13-5 题 13-5 图 a 所示电动机的外壳用螺栓固定在水平基础上，外壳与定子的总质量为 m_1，质心位于转轴的中心 O 处；转子的质量为 m_2，由于制造和安装时的误差，转子的质心 A 到转轴中心 O 的距离为 e。若转子以角速度 ω 作匀速转动，试求螺栓和基础的约束力。

13-6 题 13-6 图所示在一质量为 6 000 kg 的驳船上，用绞车拉动一质量为 1 000 kg 的箱子 A。开始时，船与箱均为静止。

（1）当箱子在船上拉过 10 m 时，求驳船移动的水平距离（不计水的阻力）。

（2）设在船上测得木箱移动的速度为 3 m/s，求驳船移动的速度及木箱的绝对速度。

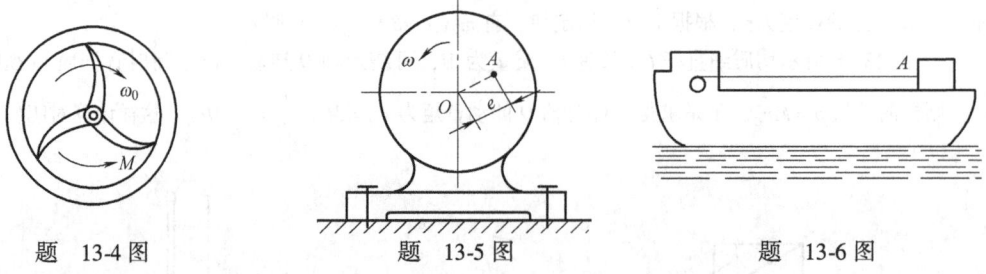

题 13-4 图　　　题 13-5 图　　　题 13-6 图

13-7 如题 13-7 图所示，一物体质量为 98 kg，以初速 $v_0 = 1$ m/s 在光滑的水平面上向右运动。今有 $F = 98$ N 的力向左作用于该物体上。求 5 s 后该物体的速度，并求该力在此时间内所做的功。

13-8 机车质量为 m_1，以速度 v_1 与静止在平直轨道上的车厢对接，车厢质量为 m_1，不计摩擦，试求对接后列车的速度 v_2 以及机车损失的动量。

13-9 题 13-9 图中所示，子弹质量为 0.15 kg，以速度 $v_1 = 600$ m/s 沿水平线击中圆盘的中心。设圆盘质量为 2 kg，静止地放置在光滑水平支座上。如子弹穿出圆盘时的速度 $v_2 = 300$ m/s，求此时圆盘的速度 v_3。

13-10 题 13-10 图所示质量 $m_1 = 20000$ kg 的浮动起重机举起质量 $m_2 = 2000$ kg 的重物。已知吊杆长 $OA = 8$ m；开始时吊杆与铅直位置成 60°角。若水的阻力与杆重略去不计，当吊杆 OA 转到与铅直位置成 30°角时，试求起重机的位移。

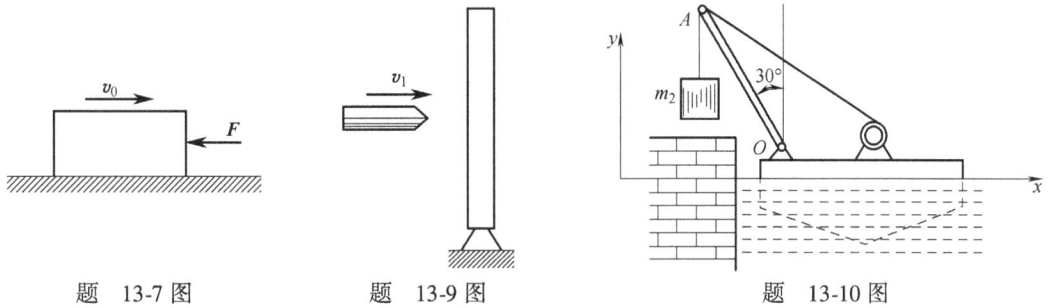

题 13-7 图　　　　　　题 13-9 图　　　　　　题 13-10 图

13-11 题 13-11 图所示机构中，鼓轮的质量为 m_1，质心位于转轴 O 上。重物 A 的质量为 m_2、重物 B 的质量为 m_3。斜面光滑，倾角为 θ。若已知重物 A 的加速度为 a，试求轴承 O 处的约束力。

13-12 题 13-12 图中各物体都是均质物体，设各物体的质量为 m，试计算各刚体对固定轴 O 的动量矩。

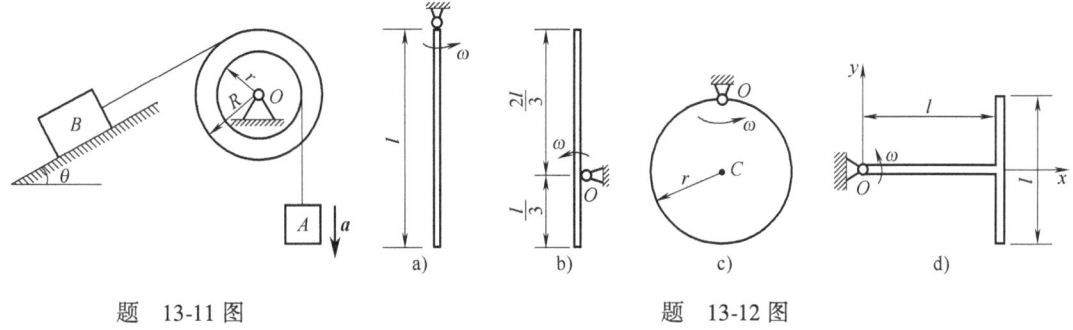

题 13-11 图　　　　　　　　　　　题 13-12 图

*13-13 题 13-13 图所示传送带的运煤量恒为 20 kg/s，带速恒为 1.5 m/s。求传送带对煤块作用的水平总推力。

13-14 如题 13-14 图所示，电动机的轴 A 装有半径为 r_1 的带轮，其转动惯量为 J_1；传动轴 B 上装有半径为 r_2 的带轮，其转动惯量为 J_2。带长为 l，重 P，带假设不伸长，略去轴承摩擦。如在电动机轴上作用一常力矩 M，求电动机轴的角加速度。

13-15 题 13-15 图所示两根质量各为 8 kg 的均质细杆固连成 T 字形，可绕通过点 O 的水平轴转动，当 OA 处于水平位置时，T 形杆具有角速度 $\omega = 4$ rad/s。求该瞬时轴承 O 处的约束力。

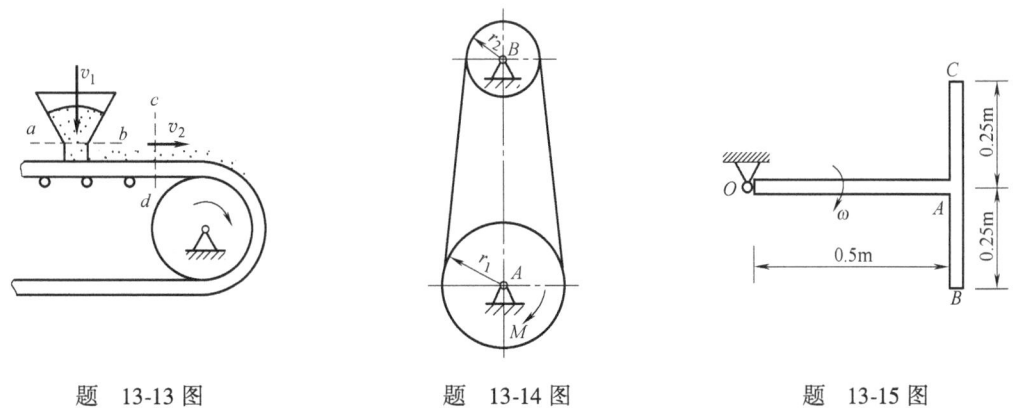

题 13-13 图　　　　　　题 13-14 图　　　　　　题 13-15 图

13-16 题 13-16 图所示电绞车在主动轴 O_1 上受有一力偶矩 M 作用，从而提升重物 G。设主动轴、从动轴及安装于这两轴上的齿轮和其他附件的转动惯量分别为 J_{O1} 和 J_{O2}，各轮半径如题图所示。求重物的加速度。

13-17 重为 G 的物体 A，系在绳子上，如题 13-17 图所示。绳子跨过固定滑轮 D，并绕在鼓轮上。由于重物下降，带动了轮 C，使它沿水平轨道滚动而不滑动。设鼓轮半径为 r，轮 C 的半径为 R，两者固连在一起，总重为 Q，对于其水平轴 O 的回转半径为 ρ。求重物 A 的加速度。

13-18 如题 13-18 图所示，板重 G，受水平力 F 作用，沿水平面运动，板与平面间摩擦因数为 f。在板上放一重为 Q 的均质实心圆柱，此圆柱对板只滚不滑。求板的加速度。

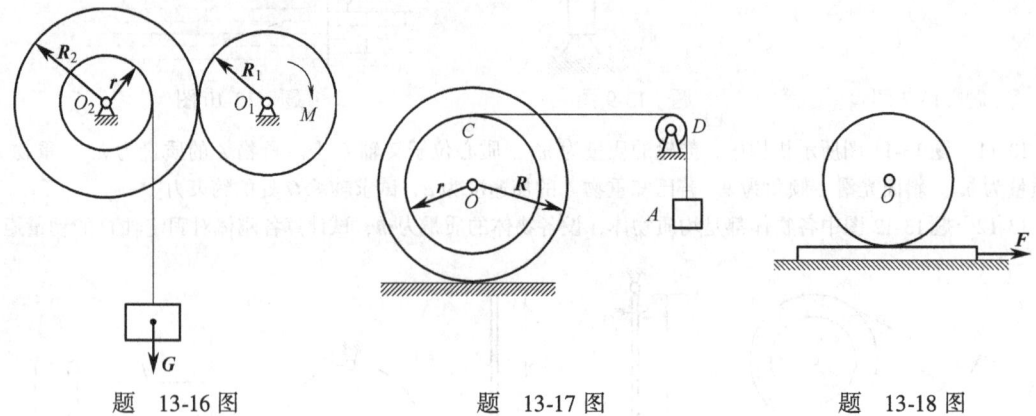

题 13-16 图   题 13-17 图   题 13-18 图

13-19 如题 13-19 图所示两个重物 M_1、M_2 的重量是 G_1、G_2。分别系于两根重量不计的细绳上，绳子则分别卷绕在半径为 r_1 和 r_2 的塔轮上。若塔轮的重量略去不计，试求在重物作用下塔轮的角加速度。

13-20 题 13-20 图所示平面上放一均质三棱柱 A，在其斜面上又放一均质三棱柱 B。两三棱柱的横截面均为直角三角形。三棱柱 A 的质量 m_A 为三棱柱 B 质量 m_B 的三倍，其尺寸如图所示。设各处摩擦不计，初始时系统静止。求当三棱柱 B 沿三棱柱 A 滑下接触到水平面时，三棱柱 A 移动的距离。

13-21 均质杆 AB 和 OD，质量均为 m，长度都为 l，垂直地固接成 T 字形。杆可绕光滑固定轴 O 转动，如题 13-21 图所示。开始时系统静止，OD 杆铅垂。现在一力偶矩为 $M = \dfrac{20}{\pi}mgl$ 的常值力偶作用下转动。求 OD 杆转至水平位置时，(1) OD 杆角速度和角加速度；(2) 支座 O 处的约束力。

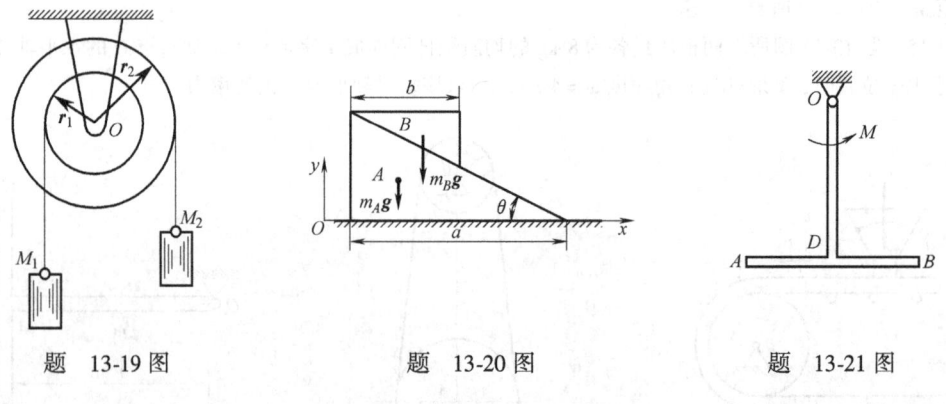

题 13-19 图   题 13-20 图   题 13-21 图

*第十四章 机械振动基础

我们生活在一个充满着振动的世界中。当我们步入高雅的音乐厅时,流畅、悠扬的旋律给人以一种美的享受;而在遭受一场地动山摇的大地震后,家毁人亡,给人的是撕心裂肺的哀伤;我们乘坐的汽车、火车和飞机在运行中都不停地振动;我们建造的楼房、桥梁甚至水坝受外界的干扰也会发生振动;远眺浩瀚的宇宙,有电磁波在不停地发射、传播;近观家中的录音机、洗衣机、电冰箱乃至电动刮须刀,一旦它们启动后,就始终伴随着振动。所以,振动现象比比皆是。

什么是振动呢?振动就是物体经过它的平衡位置所作的往复运动,或者某个物理量在其平衡值(平均值)附近的来回波动。

许多振动会给人们带来危害,如振动引起的噪声会影响人们的健康;车辆、船舶、飞机等载人工具的振动,会使人感到不适;机床的振动会影响加工精度;结构的振动会引起建筑物的破坏等。但是,振动又被广泛地应用于工程中,例如钟摆的振动、振动送料、振动打桩以及各种测振仪、振动台等。研究机械振动基本理论的目的,在于掌握振动的基本规律,以便有效利用振动有利的方面,防止和减少其不利的方面。对振动的研究领域广阔、意义深远。振动是力学最早研究的专题课题之一。在我们身边发生的振动现象往往很复杂而又多样,本章作为机械振动基础,仅简要讨论机械中常见到的振动问题。

按照振动产生的原因,可以把振动分为<u>单自由度系统</u>和<u>无限多自由度系统</u>,即弹性体的振动;按照系统的参数特性,可以把振动分为线性振动和非线性振动等。

第一节 单自由度系统的自由振动

一、自由振动微分方程

如图 14-1 所示质量-弹簧单自由度系统中,设质量为 m,弹簧原长为 l_0,刚性系数为 k。为分析其运动规律,先列出其运动微分方程。

取重物平衡位置为坐标原点 O,x 轴铅直向下。重物在平衡位置时,在重力 $F_P = mg$ 的作用下,弹簧的变形为 δ_{st} 称为<u>静变形</u>(static deformation)。由平衡条件得知,重物所受的重力与弹簧的拉力大小相等而方向相反,即

$$F_P = k\delta_{st} \tag{14-1}$$

而重物在任意位置 x 处弹簧力 F 在 x 轴上的投影为

$$F_x = -k\delta = -k(\delta_{st} + x)$$

其运动微分方程为

$$m\frac{d^2x}{dt^2} = F_P - k(\delta_{st} + x)$$

将式 (14-1) 代入上式有

$$m\frac{d^2x}{dt^2} = -kx \tag{14-2}$$

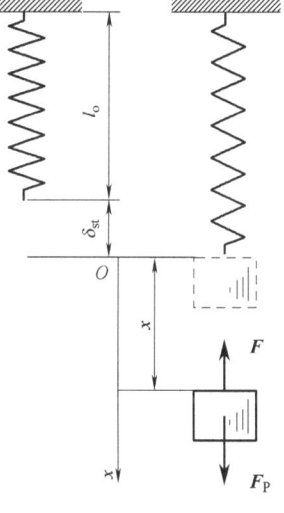

图 14-1

上式表明,物体偏离平衡位置于坐标 x 处,将受到与偏离距离成正比、与偏离方向相反的合力,称此力为<u>恢复力</u>(restoring force)。仅在恢复力作用下维持的振动称为<u>无阻尼自由振动</u>(undamped free vibration)。将式 (14-2) 各项除以 m,并令 $k/m = \omega_n^2$,则上式可写为:

$$\frac{d^2x}{dt^2} + \omega_n^2 x = 0 \tag{14-3}$$

上式为无阻尼自由振动微分方程的标准形式,它是一个二阶齐次常系数线性微分方程。其解具有如下形式

$$x = e^{rt}$$

式中,r 为特定常数。将上式代入微分方程式(14-3)后,消去公因子,得特征方程为

$$r^2 + \omega_n^2 = 0$$

特征方程的两个根为

$$r_1 = +i\omega_n, \quad r_2 = -i\omega_n$$

式中,$i = \sqrt{-1}$;r_1 和 r_2 为两个共轭虚根。

由数学理论,微分方程式(14-3)的通解为

$$x = C_1\cos\omega_n t + C_2\sin\omega_n t \tag{14-4}$$

式中,C_1 和 C_2 为积分常数,由运动的初始条件确定。

令

$$A = \sqrt{C_1^2 + C_2^2}, \quad \tan\theta = \frac{C_1}{C_2}$$

则式(14-4)可改写为

$$x = A\sin(\omega_n t + \theta) \tag{14-5}$$

上式表明,单自由度系统在线性恢复力作用下的自由振动是在平衡位置(称<u>振动中心</u>(vibrating centre))附近作简谐振动。其运动曲线如图 14-2 所示。

二、无阻尼自由振动的特点

1. 固有频率

无阻尼自由振动是简谐振动,一种周期振动,任何瞬时 t,其运动规律 $x(t)$ 总可以写为

$$x(t) = x(t+T)$$

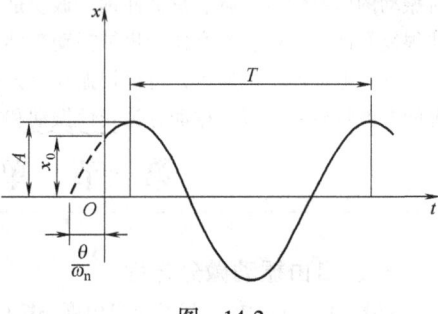

图 14-2

式中,T 为常数称为<u>周期</u>(period),单位为 s。这种振动经过时间 T 后又重复原来的运动。由式(14-5),正弦函数的周期为 2π,即

$$[\omega_n(t+T) + \theta] - (\omega_n t + \theta) = 2\pi$$

由此得自由振动的周期为

$$T = \frac{2\pi}{\omega_n} \tag{14-6}$$

周期的倒数,即每秒振动的次数称为<u>振动频率</u>(vibration frequency),用 f 表示,即

$$f = \frac{1}{T}$$

其单位为 1/s 或赫兹(Hz)。

由式(14-6)可得

$$\omega_n = 2\pi f = \sqrt{\frac{k}{m}} \tag{14-7}$$

可见,ω_n 代表 2π 秒内的振动次数,称为<u>圆频率</u>(circular frequency),其单位和角速度的单位相同,为弧度/秒(rad/s)。上式表明,自由振动的圆频率 ω_n 只与表征系统本身特性的质量 m 和弹簧刚度 k 有关,而与运动的初始条件无关,它是振动系统的固有特性,所以称 ω_n 为<u>固有频率</u>(natural frequency)。固有频率是振动理论中的重要概念,它反映了振动系统的动力学特性,计算系统的固有频率是研究振动问题的重要课题之一。

由式 (14-1) 得

$$k = \frac{F_P}{\delta_{st}} = \frac{mg}{\delta_{st}}$$

代入式 (14-7) 中得

$$\omega_n = \sqrt{\frac{g}{\delta_{st}}} \tag{14-8}$$

上式表明，对上述振动系统，只要知道重力作用下的静变形，就可以求得系统的固有频率。可见，弹簧在重力作用下的静变形愈大，则系统的固有频率愈低；反之，则系统的固有频率愈高。

2. 振幅与初相位

在简谐振动表达式 (14-5) 中，A 表示偏离平衡位置的最大位移，称为振幅 (amplitude)。$(\omega_n t + \theta)$ 称为相位 (phase)，或相位角。相位决定了质点在某瞬时 t 的位置，它具有角度的量纲，而 θ 称为初相位 (initial phase)，它决定了质点运动的起始位置。

振幅 A 和初相位 θ 可以由运动的初始条件确定。设 $t = 0$ 时，$x = x_0$，$v_x = v_0$。为求 A 和 θ，将式 (14-5) 两端对时间 t 求一阶导数，得到物块的速度为

$$v_x = \frac{dx}{dt} = A\omega_n \cos(\omega_n t + \theta) \tag{14-9}$$

将初始条件代入式 (14-5) 和式 (14-9) 可得

$$x_0 = A\sin\theta, \quad v_0 = A\omega_n \cos\theta$$

由此求出

$$\left.\begin{aligned} A &= \sqrt{x_0^2 + \frac{v_0^2}{\omega_n^2}} \\ \tan\theta &= \frac{\omega_n x_0}{v_0} \end{aligned}\right\} \tag{14-10}$$

从上式可见，自由振动的振幅和初相位都与初始条件有关。

【例 14-1】 如图 14-3 所示，质量 $m = 0.5$ kg 的物块，沿光滑斜面无初速滑下。当物块下落高度 $h = 0.1$ m 时撞到无质量弹簧上并与弹簧不再分离。弹簧刚度系数 $k = 0.8$ kN/m，倾角 $\beta = 30°$。求系统振动的固有频率和振幅，并给出物块的运动方程。

【解】 物块在弹簧的自然位置 A 处碰上弹簧。若物块平衡时，由于斜面的影响，弹簧应有变形量

$$\delta_0 = \frac{mg\sin\beta}{k} \tag{a}$$

以物块平衡位置 O 为原点，取 x 轴如图所示。物块在任意位置 x 处受重力 $m\boldsymbol{g}$、斜面约束力 $\boldsymbol{F}_N$ 和弹性力 $\boldsymbol{F}$ 作用，物块沿 x 轴的运动微分方程为

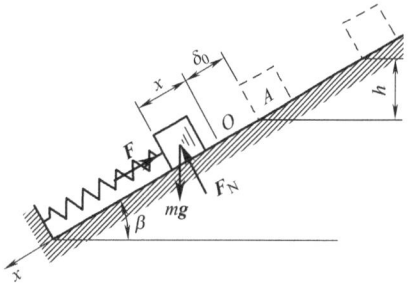

图 14-3

$$m\frac{d^2 x}{dt^2} = mg\sin\beta - k(\delta_0 + x)$$

将式(a)代入上式，得

$$m\frac{d^2 x}{dt^2} = -kx$$

上式与式(14-2)完全相同，表明斜面倾角 β 与物块运动微分方程无关。由式(14-5)，此系统的通解为

$$x = A\sin(\omega_n t + \theta) \tag{b}$$

可见，固有频率与斜面倾角 β 无关。

当物块碰上弹簧时，取时间 t_0 作为振动的起点，此时物块的坐标即为初位移

$$x_0 = -\delta_0 = -\frac{0.5 \times 9.8 \times \sin 30°}{0.8 \times 1000} \text{ m} = -3.06 \times 10^{-3} \text{ m}$$

物块碰上弹簧时，初始速度为

$$v_0 = \sqrt{2gh} = \sqrt{2 \times 9.8 \times 0.1} \text{ m/s} = 1.4 \text{ m/s}$$

代入式（14-10），得振幅及初相位为

$$A = \sqrt{x_0^2 + \frac{v_0^2}{\omega_n^2}} = 0.0351 \text{ m} = 35.1 \text{ mm}$$

$$\theta = \arctan \frac{\omega_n x_0}{v_0} = -0.087 \text{ rad}$$

则此物块的运动方程为

$$x = 35.1 \sin(40t - 0.087)$$

第二节 单自由度有阻尼的自由振动

前面研究的无阻尼自由振动是简谐振动，振幅和周期不变，运动永远持续。但实际上，由于存在阻力，不断消耗系统的能量，使自由振动逐渐衰减直至完全停止。

<u>阻尼</u>（damping）就是振动的阻力。工程中常见的阻尼有不同的形式，如物体在介质（空气、水、油）中运动时的粘滞阻尼、物体在接触面滑动时的摩擦阻尼、高速运动物体所受到的非线性阻尼。

这里仅研究最简单的介质阻尼。通过实验可知，物体在阻尼介质中低速运动时，介质对物体的阻力近似地与物体速度成线性正比，方向与物体的速度方向相反。即

$$\boldsymbol{F}_c = -c\boldsymbol{v}$$

式中，系数 c 称为<u>粘滞阻尼系数</u>（viscous damping coefficient），取决于物体的形状、尺寸及介质的性质，单位是 kg/s。

图 14-4a 为有阻尼的单自由度系统的振动模型。以平衡位置为坐标原点，任意位置物块受重力 $\boldsymbol{W}$、弹性力 $\boldsymbol{F}_k$、粘滞阻力 $\boldsymbol{F}_c$ 的作用，有

$$m\ddot{x} = \sum F_x, \quad m\ddot{x} = W - F_k - F_c$$
$$W = mg, \quad F_k = k(\delta_{st} + x),$$
$$F_c = c\dot{x}, \quad mg = k\delta_{st}$$
$$\ddot{x} + \frac{c}{m}\dot{x} + \frac{k}{m}x = 0$$

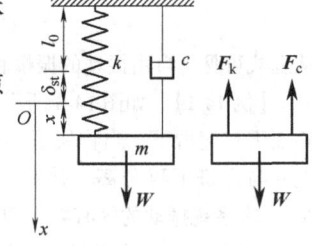

图 14-4

令

$$2\delta = \frac{c}{m} \tag{14-11}$$

有

$$\ddot{x} + 2\delta\dot{x} + \omega_n^2 x = 0 \tag{14-12}$$

式中，δ 称为<u>阻尼系数</u>（damping coefficient），单位是 1/s。式（14-12）是有阻尼的自由振动微分方程的标准形式。其通解与参数 δ、ω_n 大小有关，以下分三种情况讨论。

一、小阻尼情况（$\delta < \omega_n$）

式（14-12）的通解

$$x = Ae^{-\delta t}\sin\left(\sqrt{\omega_n^2 - \delta^2}\,t + \theta\right) \tag{14-13}$$

式中，A 和 θ 是积分常数，据初始条件确定。

$$A = \sqrt{x_0^2 + \frac{(v_0 + \delta x_0)^2}{\omega_n^2 - \delta^2}} \tag{14-14}$$

$$\theta = \arctan \frac{x_0 \sqrt{\omega_n^2 - \delta^2}}{v_0 + \delta x_0} \tag{14-15}$$

据上可得 $x-t$ 的关系图,如图14-5所示。

在小阻尼情况下,振动不是等幅的简谐振动,振幅随时间衰减,称为**衰减振动**(damped vibration)。严格来说也不是周期性振动。

以 ω_d 表示有阻尼自由振动的圆频率,有

$$\omega_d = \sqrt{\omega_n^2 - \delta^2}$$

从一个最大偏离位置到下一个最大偏离位置所需的时间称为衰减振动的**周期**,记为 T_d,

$$T_d = \frac{2\pi}{\omega_d} = \frac{2\pi}{\sqrt{\omega_n^2 - \delta^2}}$$

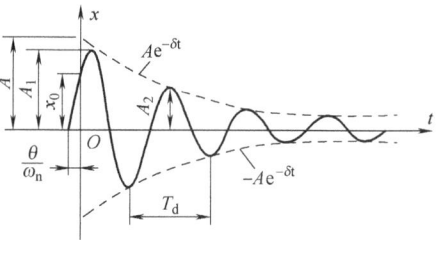

图 14-5

在质量和刚度系数相同的条件下,衰减振动的周期比无阻尼振动的周期略长。阻尼小,对周期的影响并不显著。如 $\delta = 0.05\omega_n$ 时,$T_d = 1.00125\ T$;当 $\delta = 0.3\omega_n$ 时,$T_d = 1.048T$。因此,可以近似地认为与无阻尼自由振动的周期相等。

值得注意的是振幅衰减,在任意时刻 t 的振幅为 $Ae^{-\delta t}$,经过一个周期以后,振幅变为 $Ae^{-\delta(t+T_d)}$,其比值用 η 表示,称为**减缩因子**:

$$\eta = \frac{Ae^{-\delta t}}{Ae^{-\delta(t+T_d)}} = e^{\delta T_d} \tag{14-16}$$

可见,衰减振动的振幅按几何级数迅速衰减。

减缩因子的自然对数称为**对数减缩因子**(logarithmic decrement factor),记作 Λ,

$$\Lambda = \ln\eta = \delta T_d \tag{14-17}$$

当 $\delta = 0.05\omega_n$ 时,$\eta = 1.370$,每一次振幅为上一次的 0.7301,每振动一次振幅衰减 27%。经过 10 次振动后振幅将减少到原来的 $(0.7301)^{10} = 0.043$,即 4.3%。虽然阻尼很小,但是振幅的衰减显著。随着 δ 值的增加,振幅衰减得更快。

二、大阻尼情况 ($\delta > \omega_n$)

式(14-12)的通解是

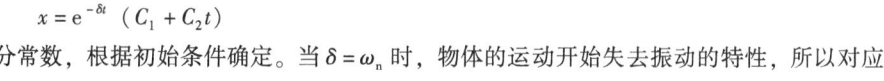

式中,C_1 C_2 积分常数,据初始条件确定。运动图线如图14-6所示。

从图中看出,大阻尼情况的运动随时间增大,x 逐渐趋向零,运动不具有振动的特性。电工仪表中,为消除指针振动,使 $\delta > \omega_n$,指针能迅速稳定在所指的准确读数上。

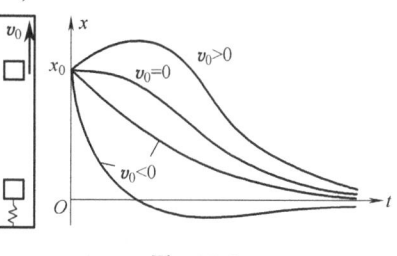

图 14-6

三、临界阻尼情况 ($\delta = \omega_n$)

式(14-12)的通解是

$$x = e^{-\delta t}(C_1 + C_2 t)$$

式中,C_1、C_2 为积分常数,根据初始条件确定。当 $\delta = \omega_n$ 时,物体的运动开始失去振动的特性,所以对应的阻尼系数称为**临界阻尼系数**(critical damping coefficient),用 c_c 表示:

运动图线同上。

$$c_c = 2m\omega_n = 2\sqrt{mk} \tag{14-18}$$

【**例 14-2**】 质量 $m = 5$ kg 的重物挂在刚度系数为 $k = 2000$ N/m 的弹簧上,已知介质阻力与速度的一次方成正比,经4次振动后振幅减到原来的 1/12,求振动的周期和对数减缩因子。

【**解**】 重物在瞬时 t 的振幅为 $Ae^{-\delta t}$,4次振动后即 $(t + 4T_d)$ 时的振幅为 $Ae^{-\delta(t+4T_d)}$,可得两者比值的自然对数值,即衰减振动的对数减缩因子为

$$\Lambda = \delta T_d = \frac{\ln 12}{4} = 0.6212 \tag{1}$$

衰减振动的周期为

$$T_d = \frac{2\pi}{\sqrt{\omega_n^2 - \delta^2}} \tag{2}$$

由式（1）、式（2）消去 δ，得

$$T_d = \frac{\sqrt{4\pi^2 + \Lambda^2}}{\omega_n}$$

$$\omega_n = \sqrt{\frac{k}{m}} = \sqrt{\frac{2000}{5}} \text{ rad/s} = 20 \text{ rad/s}$$

$$T_d = \frac{\sqrt{4\pi^2 + 0.6212^2}}{20} \text{ s} = 0.3157 \text{ s}$$

*第三节　单自由度系统的强迫振动

工程中自由振动，都会因为存在阻尼而逐渐衰减至停止。但是实际上还存在着大量的不衰减的持续的振动，这是因为有外界能量输入以补充阻尼的损耗。在外加持续周期激励作用下的振动称为**强迫振动**（forced vibration）。持续激励可以是力激励也可以是位移激励。工程中的**激振力**（exciting force）大多是周期性的，一般回转机械、往复运动机械、交流电磁铁等多会引起周期性的激振力。也有无规律的，还可能是随机的。我们仅讨论简谐激振力作用下的强迫振动，这是最简单、也是最基本的受迫振动，它是研究更复杂激振力作用下的受迫振动的基础。简谐激振力可表示为

$$F = H\sin\omega t \tag{14-19}$$

式中，H 为激振力的幅值；ω 为激振力的角频率。它们都是定值。

一、受迫振动微分方程及其解

如图 14-7 所示，具有黏性阻尼的质量-弹簧系统，其上作用着简谐干扰力 F。

以静平衡位置 O 原点，建立向下为正的 x。考虑到重力与弹簧静变形所产生的弹性力相平衡，重物 m 的运动微分方程为

$$m\frac{d^2 x}{dt^2} = -kx - c\frac{dx}{dt} + H\sin\omega t$$

令 $n = \frac{c}{2m}$，$\omega_n^2 = \frac{k}{m}$，$h = \frac{H}{m}$，代入上式可得

$$\frac{d^2 x}{dt^2} + 2n\frac{dx}{dt} + \omega_n^2 x = h\sin\omega t \tag{14-20}$$

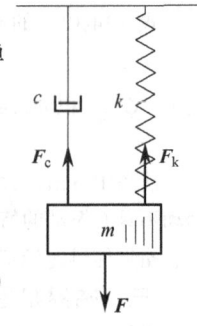

图 14-7

这是具有黏性阻尼的单自由度系统强迫振动微分方程的标准形式，它是一个二阶常系数线性非齐次的微分方程，其解由两部分组成，即

$$x = x_1 + x_2$$

式中，x_1 为对应于式（14-20）的齐次方程的通解，这在第二节已进行了讨论，在小阻尼（$n < \omega$）的情形下，就是式（14-13），即

$$x_1 = Ae^{-nt}\sin(\sqrt{\omega_n^2 - n^2}\, t + \theta) \tag{14-21}$$

这是衰减振动；x_2 为方程(14-20)的一个特解，称为强迫振动，设它具有下面的形式：

$$x_2 = B\sin(\omega t - \varepsilon) \tag{14-22}$$

式中，B 受迫振动的振幅；ε 表示受迫振动与激振力之间的相位差，均为待定常数。

将式（14-22）代入式（14-20）可得

$$-B\omega^2\sin(\omega t-\varepsilon)+2nB\omega\cos(\omega t-\varepsilon)+\omega_n^2 B\sin(\omega t-\varepsilon)=h\sin\omega t$$

将上式等号右端改写为

$$h\sin\omega t=h\sin[(\omega t-\varepsilon)+\varepsilon]=h\cos\varepsilon\sin(\omega t-\varepsilon)+h\sin\varepsilon\cos(\omega t-\varepsilon)$$

这样前式可整理为

$$[B(\omega_n^2-\omega^2)-h\cos\varepsilon]\sin(\omega t-\varepsilon)+(2nB\omega-h\sin\varepsilon)\cos(\omega t-\varepsilon)=0$$

对任意瞬时 t 上式都必须是恒等式，则有

$$B(\omega_n^2-\omega^2)-h\cos\varepsilon=0$$
$$2nB\omega-h\sin\varepsilon=0$$

由此可求得振幅 B 和相位差 ε 为

$$B=\frac{h}{\sqrt{(\omega_n^2-\omega^2)^2+4n^2\omega^2}} \tag{14-23}$$

$$\tan\varepsilon=\frac{2n\omega}{\omega_n^2-\omega^2} \tag{14-24}$$

于是方程式(14-20)的通解为

$$x=Ae^{-nt}\sin(\sqrt{\omega_n^2-n^2}\,t+\theta)+B\sin(\omega t-\varepsilon) \tag{14-25}$$

由式 (14-25)可知：有阻尼受迫振动由两部分合成，第一部分是衰减振动，如图 14-8a 所示；第二部分是受迫振动，如图 14-8b 所示。其中衰减振动部分经过一定时间后，很快衰减并逐渐消失，这段过程称为瞬态过程。一般说来，瞬态过程是短暂的，以后系统基本上按第二部分受迫振动的规律进行振动，仅剩下受迫振动的过程称为稳态过程（steady state process），如图 14-8c 所示。

我们仅讨论稳态过程的振动。由式 (14-22) 可知：在简谐激振力作用下的受迫振动是简谐振动，振动频率等于激振力的频率 ω；其相位较激振力落后一个相位角 ε；振幅 B 和相位差 ε 只与系统本身的固有参数（质量 m、刚度系数 k、阻尼 c）和激振力的幅值、频率有关，而与初始条件无关。

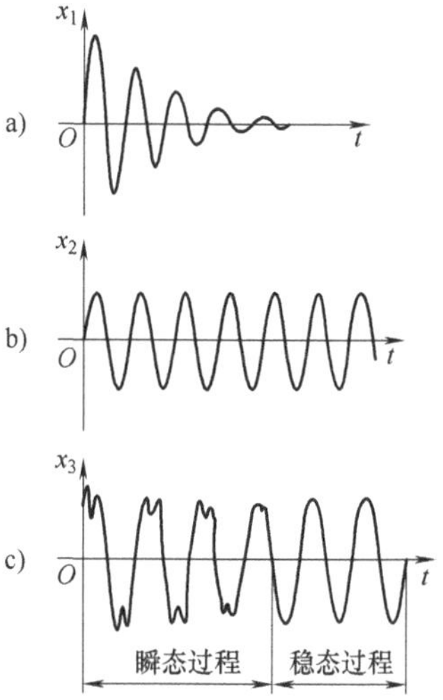

二、振幅的变化规律

研究受迫振动的振幅大小具有重要的现实意义，振幅过大会影响机构、仪器的正常工作，严重时会造成构件的破坏，因此在实际工程中必须控制振幅，使其在允许的范围内。为此，我们将各个参数对振幅的影响简要分析如下。

图 14-8

将式 (14-23) 改写为

$$B=\frac{h/\omega_n^2}{\sqrt{\left[1-\left(\frac{\omega}{\omega_n}\right)^2\right]^2+4\left(\frac{n}{\omega_n}\right)^2\left(\frac{\omega}{\omega_n}\right)^2}}=\frac{B_0}{\sqrt{(1-\lambda^2)^2+4\zeta^2\lambda^2}}$$

式中，$B_0=\frac{h}{\omega_n^2}=\frac{H/m}{k/m}=\frac{H}{k}$，是弹簧在激振动幅值 H 静止地作用下所引起的静变形；$\lambda=\frac{\omega}{\omega_n}$ 为频率比；$\zeta=\frac{n}{\omega_n}$ 为阻尼比。

令 $\beta=\frac{B}{B_0}$，β 称为振幅的**放大因子**，则由上式得

$$\beta=\frac{B}{B_0}=\frac{1}{\sqrt{(1-\lambda^2)^2+4\zeta^2\lambda^2}} \tag{14-26}$$

可见，振幅的放大因子的大小只与频率比 λ 和阻尼比 ξ 有关。以 ξ 为参变量可绘制一系列的 $\beta-\lambda$ 曲线，这

些曲线称为**幅频响应曲线**（amplitude-frequency response curve），如图 14-9 所示。由图可知：

（1）**低频区** 即当 $\lambda = \dfrac{\omega}{\omega_n} \ll 1$ 时，$\beta \approx 1$，即 $B \approx B_0$。受迫振动的振幅近似等于弹簧在激振力幅值静止地作用下所引起的静变形。

（2）**高频区** 即当 $\lambda = \dfrac{\omega}{\omega_n} \gg 1$ 时，$\beta \to 0$，即 $B \to 0$，当激振力的频率相对于系统的固有频率很高时，物体由于本身的惯性几乎来不及振动，因而振幅趋近于零。

（3）**共振区** 这是工程中最关心的问题，即 ζ 在什么情形下达到最大值。为此，在式（14-26）中

$$\beta_{\max} = \dfrac{1}{2\zeta\sqrt{1-\zeta^2}}$$

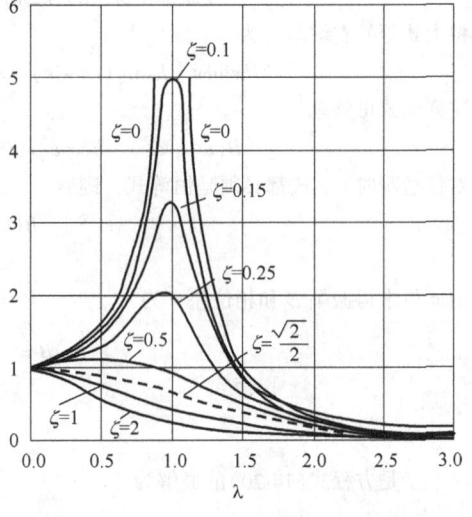

图 14-9

振幅为最大时的频率 $\omega = \omega_n\sqrt{1-2\zeta^2}$ 称为**共振频率**。但是，在一般情形下，阻尼比 ζ 较小（例如 $\zeta = 0.05 \sim 0.20$），则可近似取 $\omega = \omega_n$ 为共振频率，即当激振力的频率等于系统的固有频率时，系统发生共振，共振时的 $\beta_{\max}$ 为

$$\beta_{\max} \approx \dfrac{1}{2\zeta} \tag{14-27}$$

（4）**阻尼对振幅的影响** 由图 14-9 可知，当 $\lambda \ll 1$ 或 $\lambda \gg 1$ 时，阻尼对振幅的影响很小；在共振附近的一定范围内，阻尼对振幅有较大的影响，随着阻尼的增加，振幅明显地下降。

【**例 14-3**】 如图 14-10 所示，AB 杆为无重刚杆，A 端铰支，距 A 端为 l 有一质量为 m 的质点，距 A 端为 $2l$ 有一阻尼系数为 c 的阻尼器，端点 B 处有一刚度系数为 k 弹簧支撑，并作用一简谐干扰力 $F = F_0\sin\omega t$。刚杆在水平位置平衡，试列出系统的振动微分方程，并求系统的固有频率，以及当激振力频率 ω 等于 ω_n 时质点的振幅。

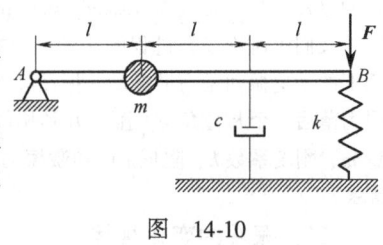

图 14-10

【**解**】 设刚杆在振动时的摆角为 θ，由刚体转动微分方程可建立系统的振动微分方程为

$$ml^2\ddot{\theta} = -4cl^2\dot{\theta} - 9kl^2\theta + 3F_0 l\sin\omega t$$

整理后得

$$\ddot{\theta} + \dfrac{4c}{m}\dot{\theta} + \dfrac{9k}{m}\theta = \dfrac{3F_0}{ml}\sin\omega t$$

从上式可得

$$\omega_n = \sqrt{\dfrac{9k}{m}}, \quad n = \dfrac{2c}{m}, \quad h = \dfrac{3F_0}{ml}$$

ω_n 即为系统的固有频率，当 ω 等于 ω_n 时，其振幅可由式（14-27）求出：

$$b = \dfrac{h/\omega_n^2}{2\zeta} = \dfrac{h}{2n\omega_n} = \dfrac{3F_0}{4c\omega_n l} = \dfrac{F_0}{4cl}\sqrt{\dfrac{m}{k}}$$

这时质点的振幅为

$$B = lb = \dfrac{F_0}{4c}\sqrt{\dfrac{m}{k}}$$

第四节 隔 振

由于存在产生激振力的来源,在工程实际中,振动现象是不可避免的。对这些不可避免的振动,我们可采取各种方法进行隔离或减弱。将振源与需要防振的物体之间用弹性元件和阻尼元件进行隔离,这种措施称为隔振,减弱的措施称为减振,我们主要研究隔振。隔振分为主动隔振和被动隔振两类,下面将分别进行讨论。

一、主动隔振

主动隔振(active vibration isolation)是将振源与支持振源的基础隔离开来。如图 14-11 所示,电动机为一振源。在电动机与基础之间用橡胶块隔离开来,以减弱通过基础传到周围物体上去的振动。

如图 14-11 所示为主动隔振的简化模型。由振源产生的激振力 $F(t) = F_0 \sin\omega t$ 作用在质量为 m 的物块上,防止激振力直接由地基传出去,在物块 m 与地基之间用刚度系数为 k 的弹簧和阻尼系数为 c 的阻尼元件进行隔离。

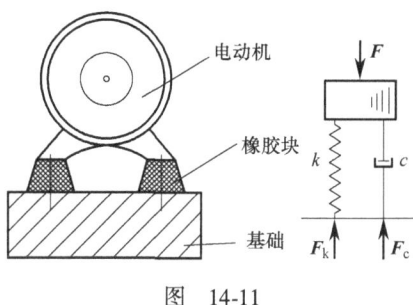

图 14-11

由第三节关于有阻尼受迫振动的理论知,物块的振幅为

$$B = \frac{h}{\sqrt{(\omega_n^2 - \omega^2)^2 + 4n^2\omega^2}} = \frac{B_0}{\sqrt{(1-\lambda^2)^2 + 4\zeta^2\lambda^2}}$$

物块振动时传递到地基上的力由两部分合成,一部分是由于弹簧变形而作用于基础上的力,为

$$F_k = kx = kB\sin(\omega t - \varepsilon)$$

另一部分是通过阻尼元件作用于基础上的力为

$$F_c = c\mathrm{d}x/\mathrm{d}t = cB\omega\cos(\omega t - \varepsilon)$$

这两部分相位差为 $\pi/2$,而频率相同,其合力的幅值为

$$F_{Nmax} = \sqrt{F_{kmax}^2 + F_{cmax}^2} = \sqrt{(kB)^2 + (cB\omega)^2}$$

或改写为

$$F_{Nmax} = kB\sqrt{1 + 4\zeta^2\lambda^2}$$

F_{Nmax} 是振动时传递给基础的力的最大值,它与激振力的力幅 H 之比为

$$\eta = \frac{F_{Nmax}}{H} = \sqrt{\frac{1 + 4\zeta^2\lambda^2}{(1-\lambda^2)^2 + 4\zeta^2\lambda^2}} \tag{14-28}$$

η 称为力的传递率(transmissibility),力的传递率与阻尼和激振频率有关。

图 14-12 是在不同阻尼情形下,传递率 η 与频率比 λ 之间的关系曲线。由传递率 η 的定义知,只有当 $\eta < 1$ 时,隔振才有意义。又从图 14-12 中看到,只有当频率比 $\lambda > \sqrt{2}$,即 $\omega > \sqrt{2}\omega_n$ 时,有 $\eta < 1$,才能达到隔振的目的,为了达到较好的隔振效果,要求系统的固有频率 ω_n 越小越好。为了降低固有频率,必须选用刚度小的弹簧作为隔振弹簧。至于阻尼的作用,当 $\lambda > \sqrt{2}$ 时,阻尼越大反而使振幅越大,所以加大阻尼却使隔振效果降低。但是阻尼太小,机器在越过共振区时将产生很大的振动,因此在采取隔振措施时,要选择恰当的阻尼。

二、被动隔振

被动隔振(passive vibration isolation)是将需要防振的物体与振源隔离开。例如,安装在飞机上的仪表和电子设备随着机身的振动而振动,影响了工作精度,若在机身和仪表盘之间配置隔振器,可以降低仪表和电子设备的振动。

图 14-13 所示为一被动隔振的简化模型。物块表示被隔振的物体，其质量为 m，弹簧和阻尼器表示隔振元件。设弹簧的刚性系数为 k，阻尼器的阻尼系数为 c。外界传来的振动就是地基的振动。地基的振动为简谐振动，即

$$x_1 = a\sin\omega t$$

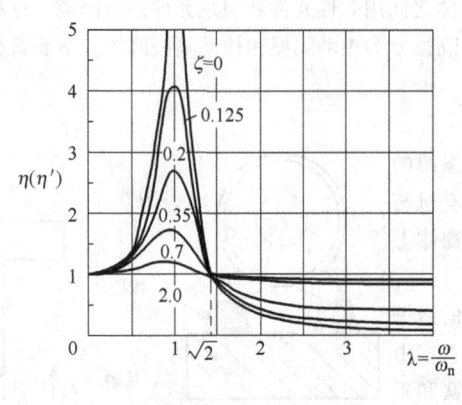

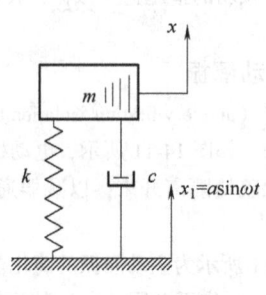

图 14-12   图 14-13

由于地基振动将引起搁置在其上物体的振动，这种激振称为位移激振。设物块的振动位移为 x，则作用在物块上的弹簧力为 $-k(x-x_1)$，阻尼力为 $-c(\dot{x}-\dot{x}_1)$，质点运动微分方程为

$$m\ddot{x} = -k(x-x_1) - c(\dot{x}-\dot{x}_1)$$

整理得

$$m\ddot{x} + c\dot{x} + kx = kx_1 + c\dot{x}_1$$

将 x_1 的表达式代入得

$$m\ddot{x} + c\dot{x} + kx = ka\sin\omega t + c\omega a\cos\omega t$$

将上式右端两个同频率的谐振动合成后得

$$m\ddot{x} + kx + c\dot{x} = H\sin(\omega t + \theta) \tag{14-29}$$

式中

$$H = a\sqrt{k^2 + c^2\omega^2}, \quad \theta = \arctan\frac{c\omega}{k}$$

设上述方程的特解（稳态振动）为

$$x = B\sin(\omega t - \varepsilon)$$

将上式代入方程式（14-29）中有

$$B = a\sqrt{\frac{1 + 4\zeta^2\lambda^2}{(1-\lambda^2)^2 + 4\zeta^2\lambda^2}} \tag{14-30}$$

写成无量纲形式为

$$\eta' = \frac{B}{a} = \sqrt{\frac{1 + 4\zeta^2\lambda^2}{(1-\lambda^2)^2 + 4\zeta^2\lambda^2}} \tag{14-31}$$

式中，η' 是振动物体的位移与地基激振位移之比，称为位移的<u>传递率</u>（transmissibility）。因式（14-31）与式（14-28）完全相同，故位移传递率曲线与力的传递率曲线（如图 14-12 所示）相同。这样，在被动隔振问题中，对隔振元件的要求与主动隔振一样，要使隔振弹簧刚度尽量地小，以使得系统的固有频率 ω_n 远小于激振频率（至少要使 $\omega > \sqrt{2}\omega_n$），同时也要有适当的阻尼。

【**例 14-4】 图 14-14 所示汽车在波形路面行走的力学模型。路面的波形可用公式 $y_1 = a\sin\frac{2\pi}{L}x$ 表

示，其中，幅度 $a = 2.5$ cm，波长 $L = 5$ m。汽车的质量为 $m = 3000$ kg，弹簧的刚性系数为 $k = 294$ kN/m。忽略阻尼，求汽车以速度 $v = 45$ km/h 匀速前进时，车体的垂直振幅为多少？汽车的临界速度为多少？

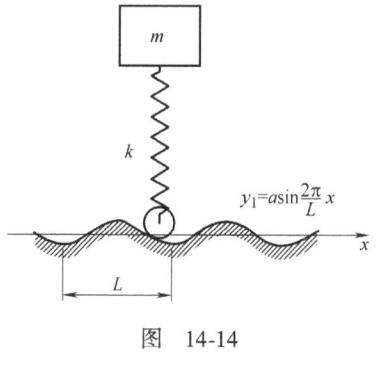

图 14-14

【解】 因汽车匀速行驶，则行驶位移为

$$x = vt$$

若以汽车起始位置为坐标原点，则路面波形方程可写为

$$y_1 = a\sin\frac{2\pi}{L}x = a\sin\frac{2\pi v}{L} \cdot t$$

令 $\omega = \dfrac{2\pi v}{L}$，则

$$y_1 = a\sin\omega t$$

式中，ω 相当于位移激振频率，将速度 $v = 45$ km/h $= 12.5$ m/s 代入，求得

$$\omega = \frac{2\pi v}{L} = \frac{2\pi \times 12.5}{5} \text{ rad/s} = 5\pi \text{ rad/s}$$

系统的固有频率为

$$\omega_n = \sqrt{\frac{k}{m}} = \sqrt{\frac{294 \times 10^3}{3000}} \text{ rad/s} = 9.9 \text{ rad/s}$$

激振频率与固有频率的频率比为

$$\lambda = \frac{\omega}{\omega_n} = \frac{5\pi}{9.9} = 1.59$$

由式（14-31）求得位移传递率为

$$\eta' = \frac{B}{a} = \sqrt{\frac{1}{(1-\lambda^2)^2}} = 0.66$$

因此振幅为

$$B = \eta' \cdot a = 0.66 \times 2.5 \text{ cm} = 1.65 \text{ cm}$$

当 $\lambda = 1$ 时，系统发生共振，有

$$\omega = \frac{2\pi v_{cr}}{L} = \omega_n$$

解得临界速度为

$$v_{cr} = \frac{L\omega_n}{2\pi} = \frac{5 \times 9.9}{2\pi} \text{ m/s} = 7.88 \text{ m/s} = 28.36 \text{ km/h}$$

思 考 题

1. 图 14-15 所示的水平摆和铅垂摆都处于重力场中，杆重不计，摆长 l、弹簧刚度 k 以及摆锤质量 m 都是相同的。试问两个摆微幅摆动的固有频率是否相同？如果二者脱离了重力场，其固有频率是否相同？又，图中的弹簧方向都与摆杆垂直，如弹簧与摆杆成 45°角连接，其固有频率有什么不同？

2. 图 14-16 所示装置，重物 M 可在螺杆上上下滑动，重物的上方和下方都装有弹簧。问是否可以通过螺帽调节弹簧的压缩量来调节系统的固有频率？

3. 什么是临界阻尼？小阻尼和大阻尼情况的自由振动有什么不同？

4. 有阻尼受迫振动中，什么是稳态过程？与刚开始的一段运动有什么不同？

5. 汽轮发电机主轴的转速已大于其临界转速，启动与停车过程中都必然经过其共振区，为什么轴并没有剧烈振动而破坏？

6. 什么是主振动？两个主振动的合成是否为简谐振动？是否都是周期运动？

7. 确定两个自由度系统的自由振动需要几个运动初始条件？

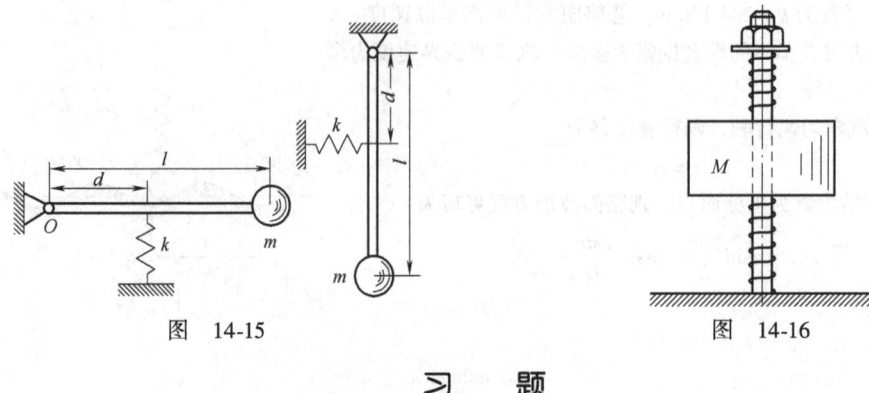

图 14-15　　　　　　　　　　　　　　图 14-16

习　题

14-1　如题 14-1 图 a 所示，长为 l_0 的弹簧与质量为 m 的物块所组成的系统，测得其周期为 0.46 s。今将弹簧的两端固定，把物块放于弹簧的中点，如题 14-1 图 b 所示，试求它的周期。

14-2　如题 14-2 图所示，一盘悬挂在弹簧上。当盘上放质量为 m_1 的物体时，作微幅振动，测得振动周期为 T_1。如盘上换一质量为 m_2 的物体时，测得振动周期为 T_2。求弹簧的刚度系数 k。

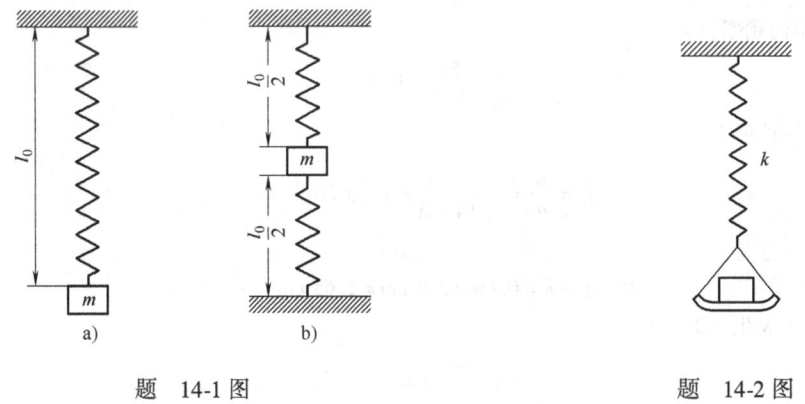

题　14-1 图　　　　　　　　　　　　题　14-2 图

14-3　如题 14-3 图所示，重 $W=2$ kN 的重物在吊索上以等速度 $v=5$ m/s 下降。下降过程中，由于吊索嵌入滑轮的夹子内，吊索的上端突然被夹住。吊索的刚度系数 $k=4$ kN/cm。如不计吊索重量，求此后重物振动时吊索中的最大张力。

***14-4**　如题 14-4 图所示，一小球的质量为 m，紧系在完全弹性的线 AB 的中部，线长 $2l$。设线完全拉紧时张力的大小为 F，当球作水平运动时，张力不变。重力忽略不计。试证明小球在水平线上的微幅振动为谐振动，并求其周期。

***14-5**　如题 14-5 图所示，质量为 m 的重物，初速为零，自高度 $h=1$ m 处落下，打在水平梁的中部后与梁不再分离。梁的两端固定，在此重物静力的作用下，该梁中点的静止挠度 δ_0 等于 5mm。如以重物在梁上的静止平衡位置 O 为原点，作出铅直向下的轴 y，梁的重量不计，写出重物的运动方程。

***14-6**　质量为 m 的小车在斜面上自高度 h 处滑下，而与缓冲器相碰，如题 14-6 图所示。缓冲弹簧的刚度系数为 k，斜面倾角为 θ。求小车碰着缓冲器后自由振动的周期与振幅。

14-7　如题 14-7 图所示，电动机质量 $m=250$ kg，由四个刚度系数 $c=30$ kN/m 的弹簧支持。在电动机上装有一质量 $m=0.2$ kg 的偏心物体，偏心距 $e=0.01$ m。求：(1) 发生共振时的角速度；(2) 当角速度为 $\omega=105$ rad/s 时的振幅。

14-8　如题 14-8 图所示，弹簧的刚度系数 $c=20$ N/m，其下悬一质量为 $m=0.1$ kg 的磁棒。磁棒的下端穿过一线圈,线圈内通过 $i = 20\sin 8\pi t$ (A) 的电流。电流自时间 $t = 0$ 开始流通,并将磁间棒吸入线圈中。在此以前,磁棒在弹簧上保持不动。已知磁棒与线圈互相间的吸力为 $F = 1.6 \times 10^{-4} \pi i$ (N),求磁棒的受迫振动。

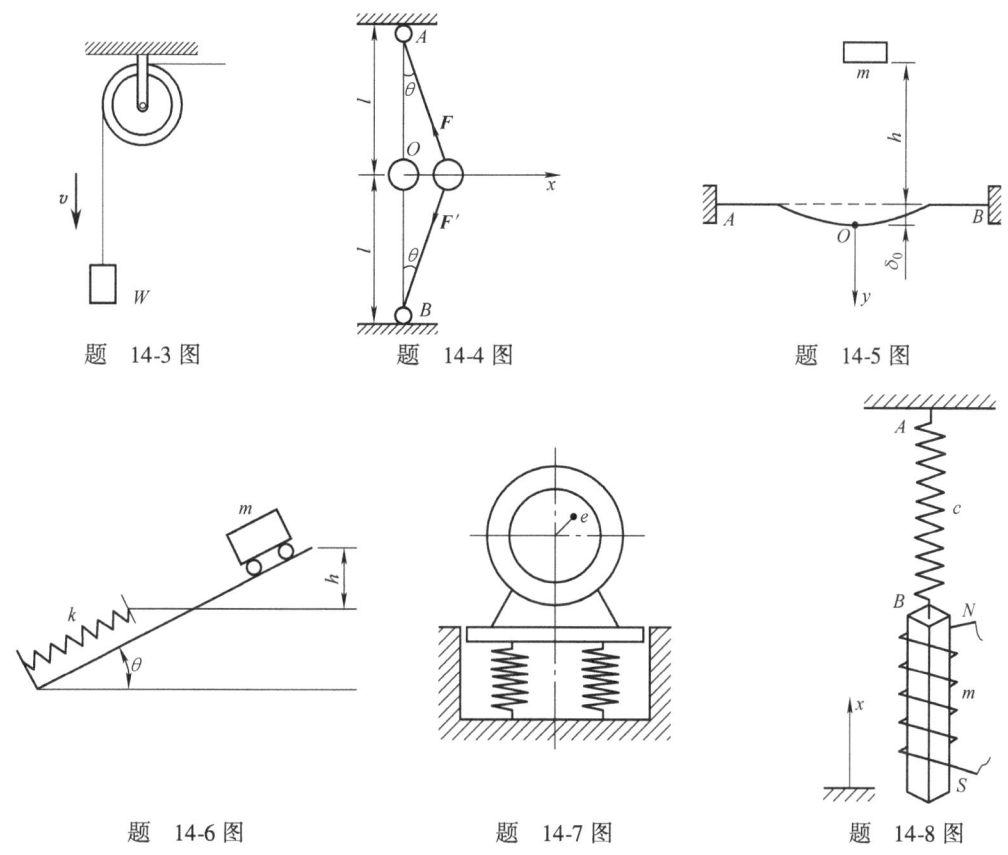

题 14-3 图　　　题 14-4 图　　　题 14-5 图

题 14-6 图　　　题 14-7 图　　　题 14-8 图

14-9　题 14-9 图所示为用来产生振动的振动机,由两个装置在两根平行轴上的偏心圆盘所组成。每个圆盘质量为 m_1,整个机器质量为 m_2。两圆盘的偏心距都等于 r。在初始位置时,圆盘中心与转轴连线都与水平线成 α 角,两圆盘同时以等角速度 ω 按反向转动。机器用螺钉固定在弹性漏斗壁上,漏斗壁的刚度系数为 c,不计漏斗壁的质量,求漏斗壁受迫振动的振幅。

*14-10　电机转速 $n = 1800$ r/min,重 $W = 1$ kN,今将此电机安装在如题 14-10 图所示的隔振装置上。欲使传到地基的干扰力达到不安装隔振装置的 1/10。求隔振装置弹簧的刚性系数 k。

14-11　如题 14-11 图所示,转子质量 $m = 50$ kg,安在长 $z = 0.6$ m 的钢轴中央,轴的角速度 $\omega = 804$ rad/s,钢的弹性模量 $E = 210$ GPa。为避免共振,必须 $\omega \leqslant 0.7\ \omega_{cr}$ 或 $\omega \geqslant 1.3\ \omega_{cr}$。试计算在此两情况下,轴应有的直径 d 为多大?

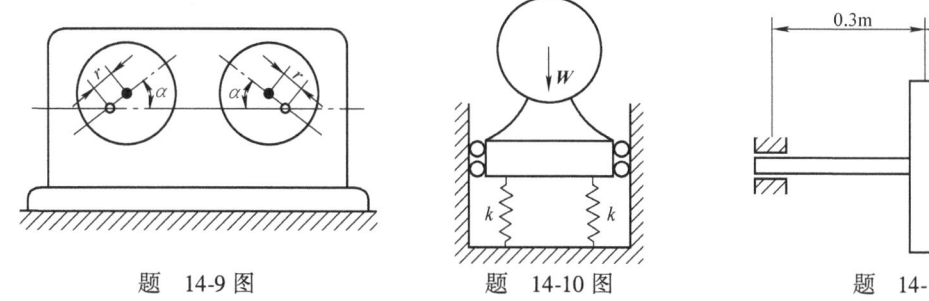

题 14-9 图　　　题 14-10 图　　　题 14-11 图

附　录

附录 A　几种常见刚体的重心(或形心)

图形	重心位置	图形	重心位置
三角形	在中线的交点 $y_C = \dfrac{1}{3}h$	梯形	$y_C = \dfrac{h(2a+b)}{2(a+b)}$
圆弧	$x_C = \dfrac{r\sin\varphi}{\varphi}$ 对于半圆 $x_C = \dfrac{2r}{\pi}$	弓形	$x_C = \dfrac{2}{3}\dfrac{r^3\sin^3\varphi}{A}$ $A = \dfrac{r^3(2\varphi-\sin 2\varphi)}{2}$
扇形	$x_C = \dfrac{2}{3}\dfrac{r\sin\varphi}{\varphi}$ 对于半圆 $x_C = \dfrac{4r}{3\pi}$	部分圆环	$x_C = \dfrac{2}{3}\dfrac{R^3-r^3}{R^2-r^2}\dfrac{\sin\varphi}{\varphi}$
二次抛物线面	$x_C = \dfrac{5}{8}a$ $y_C = \dfrac{2}{5}b$	二次抛物线面	$x_C = \dfrac{3}{4}a$ $y_C = \dfrac{3}{10}b$
半圆球体	$z_C = \dfrac{3}{8}r$	正圆锥体	$z_C = \dfrac{1}{4}h$

附录 B 均质物体的转动惯量和回转半径

物体的形状	简图	转动惯量	惯性半径
细直杆		$J_{zC} = \dfrac{m}{12}l^2$ $J_z = \dfrac{m}{3}l^2$	$\rho_{zC} = \dfrac{l}{2\sqrt{3}} = 0.289l$ $\rho_z = \dfrac{l}{\sqrt{3}} = 0.577l$
薄壁圆筒		$J_z = mR^2$	$\rho_z = R$
圆柱		$J_z = \dfrac{1}{2}mR^2$ $J_x = J_y = \dfrac{m}{12}(3R^2 + l^2)$	$\rho_z = \dfrac{R}{\sqrt{2}} = 0.707R$ $\rho_x = \rho_y = \sqrt{\dfrac{1}{12}(3R^2 + l^2)}$
空心圆柱		$J_z = \dfrac{m}{2}(R^2 + r^2)$	$\rho_z = \sqrt{\dfrac{1}{2}(R^2 + r^2)}$
薄壁空心球		$J_z = \dfrac{2}{3}mR^2$	$\rho_z = \sqrt{\dfrac{2}{3}}R = 0.816R$
立方体		$J_z = \dfrac{m}{12}(a^2 + b^2)$ $J_y = \dfrac{m}{12}(a^2 + c^2)$ $J_x = \dfrac{m}{12}(b^2 + c^2)$	$\rho_z = \sqrt{\dfrac{1}{12}(a^2 + b^2)}$ $\rho_y = \sqrt{\dfrac{1}{12}(a^2 + c^2)}$ $\rho_x = \sqrt{\dfrac{1}{12}(b^2 + c^2)}$
矩形薄板		$J_z = \dfrac{m}{12}(a^2 + b^2)$ $J_y = \dfrac{m}{12}a^2$ $J_x = \dfrac{m}{12}b^2$	$\rho_z = \sqrt{\dfrac{1}{12}(a^2 + b^2)}$ $\rho_y = 0.289a$ $\rho_x = 0.289b$

附录 C 关于习题参考答案的说明

关于本书各章习题的参考答案,教师可登陆机械工业出版社教材服务网(www.cmpedu.com)注册查询,或参见与本书配套出版的《理论力学辅导与习题解》(此书有详细的解题过程或解题提示)。

参 考 文 献

[1] 孟庆东. 工程力学:上册[M]. 青岛:青岛海洋大学出版社,1991.
[2] 孟庆东. 工程力学:下册[M]. 青岛:青岛海洋大学出版社,1993.
[3] 西北工业大学. 理论力学[M]. 北京:人民教育出版社,1990.
[4] 哈尔滨工业大学理论力学教研组. 理论力学[M]. 6版. 北京:高等教育出版社,2002.
[5] 王长连. 建筑力学[M]. 北京:清华大学出版社,2006.
[6] 重庆建筑大学. 理论力学[M]. 北京:高等教育出版社,1999.
[7] 王虎. 静力学、运动学和动力学[M]. 西安:西北工业大学出版社,2000.
[8] R C Hibbeler. 工程力学:动力学[M]. 3版. 王崧,等译. 北京:电子工业出版社,2006.
[9] R C Hibbeler. 工程力学:静力学[M]. 3版. 董春敏,等译. 北京:电子工业出版社,2006.
[10] 郝桐生. 理论力学[M]. 北京:高等教育出版社,1982.
[11] 胡运康. 理论力学[M]. 北京:高等教育出版社,2006.
[12] 华东水利学院《理论力学》编写组. 理论力学[M]. 北京:高等教育出版社,1985.
[13] 张秉荣. 工程力学[M]. 北京:机械工业出版社,2007.
[14] 冯维明. 理论力学[M]. 北京:国防工业出版社,2006.
[15] 谢传锋. 理论力学[M]. 北京:中央广播电视大学出版社,1987.
[16] 陈莹莹. 理论力学[M]. 北京:高等教育出版社,1993.
[17] 刘思俊. 工程力学[M]. 2版. 北京:机械工业出版社,2006.
[18] 焦永树,等. 理论力学教程[M]. 北京:机械工业出版社,2010.
[19] 穆能玲. 工程力学[M]. 北京:机械工业出版社,2002.
[20] 唐国兴,王永廉. 理论力学[M]. 2版. 北京:机械工业出版社,2011.
[21] 王永廉. 理论力学学习指导与题解[M]. 北京:机械工业出版社,2010.